高等学校土木工程专业教材

SCIENTIFIC METHODS FOR ANALYZING CIVIL ENGINEERING DATA

土木工程科学数据分析方法

张　明　主　编

刘红坡　黄胜前　刘占辉
杨俊斌　王学芳　李燕强　副主编

人民交通出版社股份有限公司

北　京

内 容 提 要

本书旨在系统介绍土木工程科学数据分析的常用方法，为开展土木工程数据分析课程教学提供参考教材，引导学生采用数据分析软件分析实际工程和试验所产生的数据，以揭示和验证工程结构的工作规律。全书共分8章，包括：绪论、工程数据处理常用软件、试验数据误差及处理、线性回归分析、假设检验、方差分析、动态规划算法、其他数据分析方法。书末附表列出标准正态分布表、t分布表、χ^2分布表和F分布表供查用。另外，书中还列举较多的数据分析例题，章末附有习题。

本书可作为高等院校土木工程专业本科生的教材，也可用作大学专科的教材，还可供土木工程研究人员参考。

图书在版编目(CIP)数据

土木工程科学数据分析方法 / 张明主编. — 北京 ：人民交通出版社股份有限公司, 2024.1

ISBN 978-7-114-18895-4

Ⅰ.①土… Ⅱ.①张… Ⅲ.①土木工程—数据处理 Ⅳ.①TU

中国国家版本馆 CIP 数据核字(2023)第134984号

高等学校土木工程专业教材

Tumu Gongcheng Kexue Shuju Fenxi Fangfa

书　　名：**土木工程科学数据分析方法**
著 作 者：张　明
责任编辑：卢俊丽　王景景
责任校对：赵媛媛
责任印制：刘高彤
出版发行：人民交通出版社股份有限公司
地　　址：(100011)北京市朝阳区安定门外外馆斜街3号
网　　址：http://www.ccpcl.com.cn
销售电话：(010)59757973
总 经 销：人民交通出版社股份有限公司发行部
经　　销：各地新华书店
印　　刷：北京虎彩文化传播有限公司
开　　本：787×1092　1/16
印　　张：11.5
字　　数：280千
版　　次：2024年1月　第1版
印　　次：2024年1月　第1次印刷
书　　号：ISBN 978-7-114-18895-4
定　　价：40.00元

前言
PREFACE

在土木工程领域,任何研究、工程实践都离不开数据分析,以揭示和验证工程结构的工作规律,其中认知并选取适用的分析方法是进行数据分析的前提条件。现代土木工程的数字化,对专业人员的数据分析能力提出了更高的要求——掌握系统的数据分析知识和方法。对数据分析方法的选取,有三个问题需要思考:①是否能够从数据中发掘出新的知识,分析结果是否正确可信?②几种分析方法可能都适用,但分析精度差异较大,究竟选择哪种方法更好?③有时为了验证一种分析方法的分析结果是否正确,可能需要选择另外一种适用方法进行同样的分析,以便相互佐证,要选择哪种佐证的方法?要应对数据分析中的这些问题,需要经过系统的学习和应用数据分析方法的训练,才能掌握数据分析的基本技能。因此,大学生在本科学习期间应与时俱进,系统学习数据分析方法,进行数据分析训练,以适应数字化时代的要求。

2019 年,西南交通大学土木工程学院对"道路桥梁与渡河工程"专业和"工程造价"专业人才培养方案进行了修订,开设了"工程数据分析方法"课程。这门课程是旨在培养理论基础扎实、分析能力优异的人才课程体系的组成部分。但是,目前数据分析的方法分散于不同学科教材或资料中,缺乏系统介绍土木工程数据分析方法的教材。因此,特撰写《土木工程科学数据分析方法》一书,系统介绍土木工程行业中计算数据、试验数据、监测数据的实用分析方法,为教师开展土木工程数据分析课程教学提供参考教材,为学生开展土木工程数据分析打下基础。

参与本书编写的有张明(第 1 章、第 8 章)、刘占辉(第 2 章)、黄胜前(第 3 章)、杨俊斌(第 4 章)、李燕强(第 5 章)、刘红坡(第 6 章)、王学芳(第 7 章)。

本书编写时,参考、引用了一些公开发表的文献,在此谨向这些文献的作者表示深深的谢意。

限于编者水平,书中难免会有错漏,敬请读者批评指正,以利于今后修订,使之更臻完善。

张　明

2023 年 4 月于西南交通大学

目录
CONTENTS

第1章
绪论

1.1 土木工程科学数据

土木工程科学数据是用来记录、描述和识别土工建/构筑物工作行为的按一定规律排列组合的物理符号，是一组表示数量、行动和目标的非随机的、可鉴别的符号，是客观事物的属性、数量、位置及其相互关系等的抽象表示，以便用人工或自然的方式进行保存、传递和处理。它可以是数字、文字、图形、图像、声音或者味道。土木工程科学数据用属性描述，属性也称变量、特征、字段或维。人们对土木工程科学数据进行系统收集、整理、提炼、加工、管理和分析，可以从土木工程科学数据中提取信息，从信息中挖掘、认识土工建/构筑物的物理规律，进而对土木工程生产实践进行有效干预。土木工程领域的数据分析已经形成系统化与公式化的知识，成为土木工程科学的重要组成部分，其中包括各种数据分析方法。

土木工程科学数据内容非常丰富，分类方法也很多，可以按照数据与时间的关系进行划分，也可以从描述、度量等不同角度划分。对于土木工程结构系统，科学数据可分为结构构造数据、结构输入数据（土木工程结构可能遭受的外部作用）和结构输出数据（土木工程结构的响应）。

1. 结构构造数据

从结构构造的角度可以把数据划分为四种类型：

(1)尺寸参数,一般指土木工程结构或构件的外轮廓尺寸,如结构平面尺寸、结构立面尺寸、构件截面尺寸等。

(2)约束条件,一般指土木工程结构或构件之间或内部连接的刚度和承载能力,连接方式有简支连接、刚性连接、半刚性连接等。

(3)材料性质,包括材料的物理性质(如密度、孔隙率、亲水性、吸水性、导热性等)、力学性质(如强度、弹性、塑性、脆性、韧性等)、耐久性、自身结构等。

(4)质量分布,主要指结构或构件质量的分布形式,如集中质量分布、均匀分布等。

2. 结构输入数据

(1)永久荷载,包括结构自重、土压力、预应力等。

(2)可变荷载,包括楼面活荷载、屋面活荷载和积灰荷载、风荷载、雪荷载、温度作用等。

(3)偶然荷载,包括爆炸力、撞击力等。

(4)地震作用,指由地震动引起的结构动态作用,包括水平地震作用和竖向地震作用。

3. 结构输出数据

(1)内力,如轴力、弯矩、剪力、扭矩等。

(2)变形,如挠度、转角、侧移、裂缝等。

土木工程科学数据是土木工程生产实践和科研活动的重要成果,更是土木工程学科创新的数据资源基础。作为新时代传播速度快、影响面广、开发利用潜力大的战略性、基础性科技资源,土木工程科学数据已经成为当前国际相关领域竞争的战略高地,深刻影响着各国的基础工程建设、科技进步、经济发展,甚至影响到国家安全和综合竞争力。近年来,随着一系列重大科学工程的开展、国家科学数据共享服务平台的持续运行服务等,我国科学数据开放共享的成效特别是其驱动创新型国家建设的作用日益凸显。

1.2 数据分析的作用

在土木工程领域,数据分析是指用适当的分析方法对大量的结构构造、结构输入和结构输出等土木工程科学数据进行分析,提取诸如材料性能指标、结构工作过程特征、结构破坏特征等信息,揭示数据中存在的结构系统工作规律,如结构失效机理、结构/构件损伤指标等。数据分析可以帮助土木工程师作出判断,以便制订适当的设计方案,采取有效的施工措施、加固改造措施等。

数据分析的作用体现在模式分类、验证与预测土木工程结构或构件的工作行为、揭示原因与机理等方面。

1. 模式分类

模式分类又叫模式识别,指利用算法对所采集的数据样本进行分析,并根据数据样本特征将数据样本划分到一定的类别中去,如结构或构件的失效和可靠分类等。

一个完整的模式分类系统主要由数据获取、预处理、特征提取/选择、分类决策等环节组成,如图 1.2-1 所示。

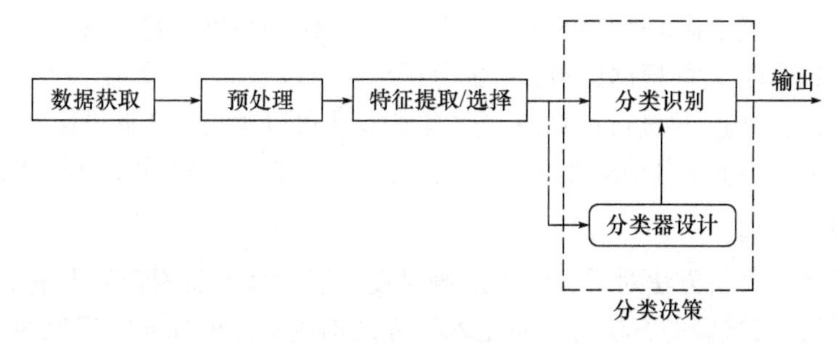

图 1.2-1　模式分类系统组成

(1)数据获取。

数据获取一般通过数据采集设备或测量设备将反映外部作用、结构构造、结构/构件响应的数据转化为数字信号或图像等。

(2)预处理。

数据预处理是指对数据采集设置或测量设备采集数据的过程中产生的随机噪声进行滤除,有时还需要对采集到的数据样本进行校正等处理。

(3)特征提取/选择。

数据特征提取是指排除与模式分类无关的信息,从获取的模式信息中提取最能反映异类模式间本质差异的信息,这种信息称为模式的特征值/信息。数据特征选择是指从模式的特征集中按某种准则选择部分模式辨识能力强的特征子集作为模式的特征描述,可降低特征的维数、节省模式的存储空间、提高计算效率,更重要的是通过特征选择,还可以发现反映模式差异的更本质的特征,为后续的模式分类识别提供参考。

(4)分类决策。

经过特征提取或特征选择后,模式就由特征来描述,常常是以向量的形式表示,称为特征向量。模式可抽象为特征空间中的一个点,而模式识别或模式分类就是根据一定的规则,将分布于特征空间的模式特征向量划归为不同的模式类别。所谓分类器就是执行分类规则的计算模块(单元),因此,分类器设计本质上就是分类规则设计。

通过模式分类系统可以对土木工程结构或构件可能遭受的外部作用进行分类,也可以将结构/构件的工作状态归类为基本完好、轻微损伤、中等破坏等。

模式分类的核心问题是如何让机器获得有效的模式分类规则。机器获取分类规则有两种途径。第一种途径是将人的知识和经验进行归纳总结后形成机器可以执行的规则,例如在各种专家系统中,专家的知识和经验经过归纳总结,形成对特定模式(如失效状态界定等)的辨识规则,输入机器后,机器可以模仿专家进行模式辨识。但是,专家的知识和经验是在长期的学习和实践中获得的,这些知识和经验有时难以用有限的规则来描述和概括,因此,在现代模式分类中,机器对分类规则的获取主要是通过第二种途径,即训练和学习来实现的。通过收集大量有代表性的样本,并采用机器学习的方法,让机器在大量样本的学习中产生有效的分类规则。这一过程一般反复多次进行,并不断地反馈以修正错误,使机器的正确辨识率达到最佳,形象地说,这一过程就是培养机器"专家"的过程。经过学习和训练后的机器,将产生的分类规则用于未知类别的模式对象,并对该模式对象的类别属性进行判断。

2. 验证与预测土木工程结构或构件的工作行为

对于采集设备或测量设备所收集到的大量土工数据,可以利用不同的数据分析方法进行分析,从而验证与预测土木工程结构或构件的工作行为。例如,对于结构的解析分析结果、有限元数值模拟结果的正确性、精确性,均能根据试验数据的分析结果予以验证。又如在岩土工程方面,采用支持向量机可以对岩土结构位移进行预测,采用决策树算法可以预测隧道掘进速度、岩爆烈度等;在建筑结构工程方面,采用细胞自动机可以预测单层网壳结构和砌体墙板的破坏模式和失效荷载。

3. 揭示原因与机理

利用不同的数据分析方法对采集设备或测量设备所收集或监测到的大量土工数据进行分析后,采用数值模拟或试验的方法可以对土木工程结构或构件出现异常现象的原因进行分析。如贵州某隧道穿越高水压煤系地层时,多处出现仰拱隆起问题。通过现场观察和衬砌结构变形监测,并采用数值模拟方法对隧道仰拱隆起的原因进行分析,结果表明,基底围岩软化和高水压力是导致隧道仰拱隆起的两大因素,且基底围岩软化对仰拱结构安全的影响更大。对原因的分析一定程度上也是机理分析的一部分,数据分析可以揭示结构中各要素的内在工作方式以及诸要素在一定环境条件下相互联系、相互作用的运行规则和原理。

1.3 常用数据分析方法

在土木工程各个研究领域中,对于各种结构与荷载工况均进行了大量的模型试验、数值模拟、场地实测,包括建筑材料、结构构件制造加工,结构建造过程,运行维护,加固改造,健康检测与监测等,均获得了巨量的数据。这些数据应用于各种各样的研究与工程项目中,服务于各种分析理论与方法,同时也发展了各种分析数据的方法,以呈现数据中存在的结构工作性能与材料性能,进而为结构工程设计与工程实践提供借鉴。更确切地说,这些数据及其分析方法是科研成果不可分割的重要组成部分。下面简要介绍目前常用的数据及其分析方法。

1. 常用的数据

(1)数据的类别:输入数据——加载数据;输出数据——应变数据,位移数据,应力数据;模型数据——各种试件、构件、结构模型的构造数据。

(2)数据的载体:各种材料性能测试试件;结构基本构件,包括杆件、柱子、梁、节点;各种结构模型、实际结构。

(3)荷载数据:静力单调递增试验的荷载数据,例如结构承载能力测试的加载数据;往复递增荷载数据,例如模拟地震的拟静力试验加载数据;往复循环荷载数据,例如道路、桥梁等交通荷载数据,以及构件或结构的疲劳试验加载数据;振动台荷载数据,例如结构抗震试验的加载数据;风荷载数据,例如高层结构与大跨结构抗风试验的加载数据;波浪荷载数据,例如海岸工程抗波浪冲击试验的加载数据。

2. 数据分析方法

数据的记录、存储、调用技术已经相当发达,不断累积的巨量数据为衍生新的研究课题,激发研究的动力,不断促进研究领域的拓展,以及发展各种数据分析方法奠定了基础。本书介绍典型的、常用的数据分析方法,包括:

(1)线性回归分析。

(2)假设检验。

(3)方差分析。

(4)动态规划算法。

(5)其他数据分析方法,如神经网络、支持向量机、聚类分析、主成分分析、因子分析、判别分析、遗传算法、决策树算法、关联规则算法、贝叶斯分类算法等。

数据分析方法是实现研究意图的必要工具,服务于某种研究目的,即从数据中获取所需要的信息来达到研究目的。因此,掌握数据分析方法的程度反映了一个人的学习能力与研究能力。目前,上述数据分析方法均在土木工程领域中得以应用。大学生在各门课程学习过程中、未来土木工程职业生涯中,特别是面对已经来临的数字化、智能化时代,掌握一定的数据分析方法已经是必备的基本工作技能。但是,目前土木工程本科课程体系中缺乏一门系统地介绍基础性数据分析方法的课程,换句话说,目前还缺少一本供学生在数据分析有关课程学习中参考、培养数据分析能力的教材。

本书重点讲解了线性回归分析、假设检验、方差分析及动态规划算法,而将其他数据分析方法合并到第8章进行概述。另外,数据分析工作离不开统计软件,第2章重点介绍了数据分析常用的软件工具。

第 2 章

工程数据处理常用软件

2.1 概　　述

复杂、系统的科学研究往往需要收集和处理大量反映系统特征的数据信息,这类原始数据的样本数巨大,各种指标变量众多,并带有随机性。我们需要认识和分析复杂数据的内在规律,对高维复杂数据进行综合、变换,将其中的重要信息提取出来,方能清晰地展现系统的结构与其中元素之间的内在联系,有助于取得正确的研究成果。这项工作的完成往往离不开统计分析,而统计分析软件的使用可以大大提高分析效率。

现在常用于统计分析的软件有 SPSS 统计分析软件、Origin 软件、Stata 软件、SAS 软件、Excel软件(数据统计分析功能)以及 MATLAB 软件[统计工具箱(Static Toolbox)]等。通过其中一种或者几种软件相结合可以实现:基础和高级统计、误差分析、假设检验、回归和方差分析、决策分析、可信度分析、相关分析、聚类分析、因子分析等。以使用 SPSS 软件在工程招标中进行因子分析为例:工程项目的招标阶段需要对承包商的多项指标进行评价,选择对承包商的投标报价与业主标底比值、工程质量水平、按期完工率、固定时间内的工程完成数、资产负债率、流动比率等指标进行评定,对多家投标商进行综合评价,最终生成结果。使用 SPSS 统计分析软件的因子分析方法对统计数据进行分析,可以得出各因子特征根和贡献率的变化情况,以便更好地对不同投标商的标书进行评定。

随着计算机的普及,越来越多的研究者享受到了使用统计分析软件处理数据所带来的便捷和高效。采用统计分析软件对数据进行整理和分析,已经成为一种流行趋势。下面对 SPSS 统计分析软件、MATLAB 软件、Origin 软件、Excel 软件的数据统计分析功能等作简要介绍,其他统计分析软件可参考相关资料学习。

2.2 SPSS 统计分析软件

2.2.1 SPSS 软件简介

SPSS 是全球优秀的数据统计分析软件包之一。SPSS 在社会科学、自然科学的各个领域的数据整理和分析中都能发挥巨大作用,并已经应用于经济学、生物学、教育学、心理学、医学,以及体育、工业、农业、林业、商业和金融等各个领域。

1968 年,美国斯坦福大学的研究生 Norman H. Nie 为解决社会学研究中的统计分析问题,和其他两位合作者一起开发了一个软件包,即“社会科学统计软件包(Statistical Package for the Social Sciences,SPSS)”,并于 1975 年在芝加哥成立了 SPSS 公司。1984 年,全球第一个统计分析软件微机版本 SPSS/PC + 率先推出,并很快地应用于自然科学、社会科学和技术科学中的各个领域。2000 年,随着产品服务领域的扩大和服务深度的增加,该软件包改名为“统计产品与服务解决方案(Statistical Product and Service Solutions,SPSS)”。2009 年 4 月,SPSS 公司成为预测分析领域的领导者,将旗下主要产品的名称前面统一冠以 PASW(Predictive Analysis Soft Ware),即“预测分析软件”。2010 年,随着 SPSS 公司被 IBM 公司并购,各子产品的名称前面不再冠以 PASW,而统一冠以 IBM SPSS。

作为统计工具,SPSS 在自动统计绘图、数据的深入分析、界面友好性、使用方便性、功能齐全性等方面得到了高度赞誉,是研究者最常用的数据统计分析软件之一。甚至在国际学术交流中有条不成文的规定,凡是用 SPSS 软件完成的计算和统计分析,可以不必说明算法,由此可见其影响之大和信誉之高。SPSS 具有强大的数据管理和分析功能:能够帮助研究者快速录入和整理数据,获得需要的数据基本信息;数据分析处理操作非常简单,只需选择相应的变量和选项就可以获得统计结果,不需要编程和手动计算。因此,研究者掌握 SPSS 后可以更轻松地完成数据分析工作。下面以 SPSS 19 为例进行说明。

2.2.2 SPSS 的常用文件类型

目前常用的 SPSS 文件主要有 SPSS 数据文件和 SPSS 结果输出文件。

(1)SPSS 数据文件:主要功能是录入、编辑、整理和分析数据,如图 2.2-1 所示。

(2)SPSS 结果输出文件:主要功能是记录数据编辑的操作过程,呈现数据分析结果,如图 2.2-2所示。

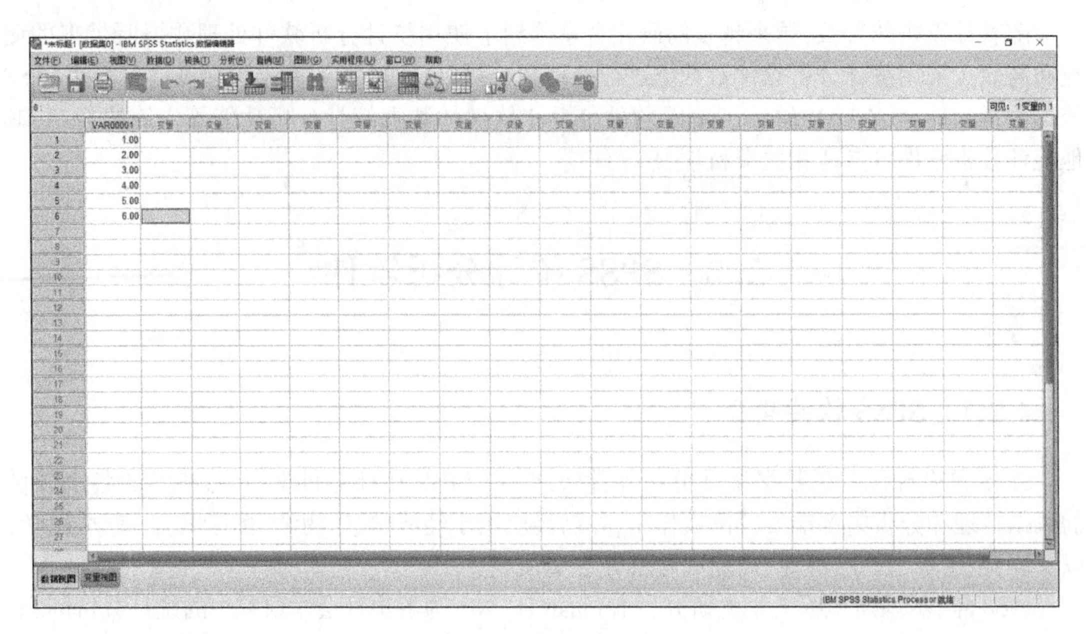

图 2.2-1　SPSS 数据文件

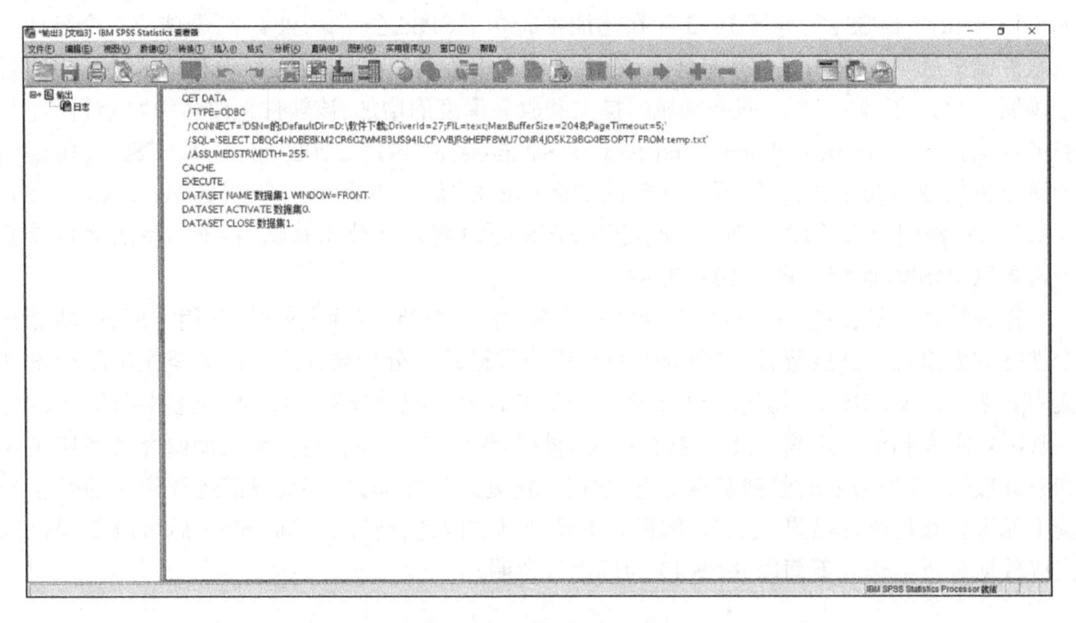

图 2.2-2　SPSS 结果输出文件

2.2.3　SPSS 统计分析界面及主要操作方式

1. SPSS 统计分析界面

SPSS 中常用的窗口有数据编辑器窗口、输出窗口、语句窗口、图表编辑窗口等，以下重点介绍数据编辑器窗口。

成功启动 SPSS 后，屏幕上就会出现数据编辑器窗口。图 2.2-3 所示为数据编辑器窗口的各部分构成。

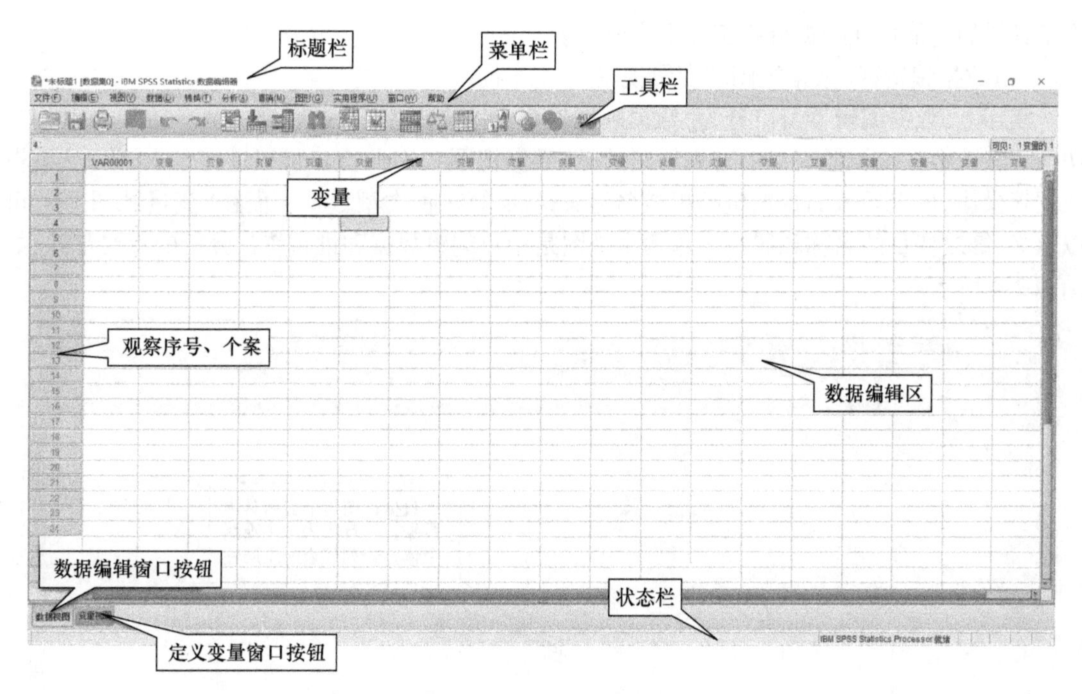

图2.2-3　数据编辑器窗口构成

(1)标题栏。

标题栏用于显示数据文件的名称。若是未命名的SPSS数据文件,则显示“未标题X[数据集X-1]”,其中“X-1”是未标题数据集的序号,例如图2.2-3的标题为“未标题1[数据集0]”。若是已命名的数据文件,则显示具体的文件名,例如标题“调查.sav[数据集1]”。

(2)菜单栏。

菜单栏包括文件、编辑、视图、数据、转换、分析、直销、图形、实用程序、窗口、帮助共11个菜单,每个菜单下都有相应的下拉操作列表。

①文件:用于对文件进行管理。

②编辑:用于对当前窗口进行复制、粘贴、剪切等操作。

③视图:用于对当前窗口视图进行显示切换,也可自定义视图。

④数据:主要实现文件级别的数据管理。

⑤转换:主要实现变量级别的数据管理。

⑥分析:提供了90%以上的统计分析功能,以及少数与分析功能紧密相关的统计绘图功能。

⑦直销:提供了一组用于改善直销活动效果的工具。

⑧图形:提供了90%左右的统计绘图功能。

⑨实用程序:提供了一些比较方便的数据文件管理功能和界面编辑功能。

⑩窗口:用于对各个窗口进行切换和管理。

⑪帮助:为不同层次的用户提供完整而系统的帮助功能。

(3)工具栏。

工具栏即快捷编辑命令栏,它包含了平时使用频率较高的一些功能键,以图标的形式形象地展示各功能键的作用。如果不熟悉或一时想不起图标的功能,用户只要把鼠标光标移到相应图标上,就能看到关于功能键的文字说明。虽然工具栏的功能在菜单栏中均可以实现,但熟悉工具栏的功能可让数据分析工作更高效。

(4)数据编辑区(数据视图和变量视图)。

实际上,数据编辑器窗口分为“数据视图”和“变量视图”,通过底部的两个按钮可以相互切换。进入数据编辑器窗口后首先看到的是“数据视图”,在此窗口可以进行录入、修改、编辑数据等操作,可以导入的数据包括扩展名为 sav、xls 等多种类型数据。而在“变量视图”中,可以定义、修改变量的名称和属性。这两个视图是用户编辑数据和进行统计分析的重要基础,如图 2.2-4 所示。

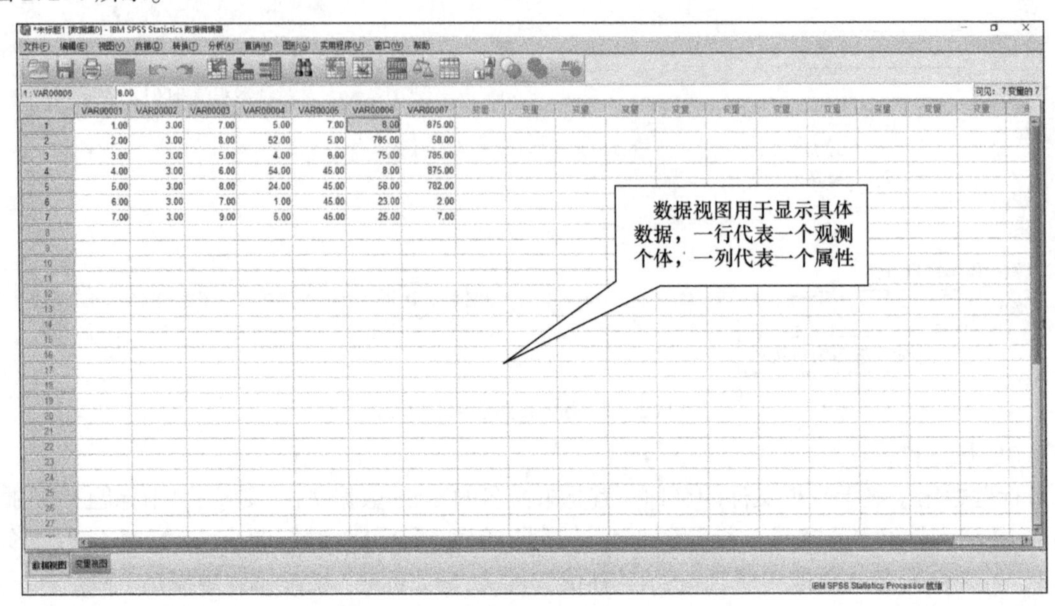

a) 数据视图

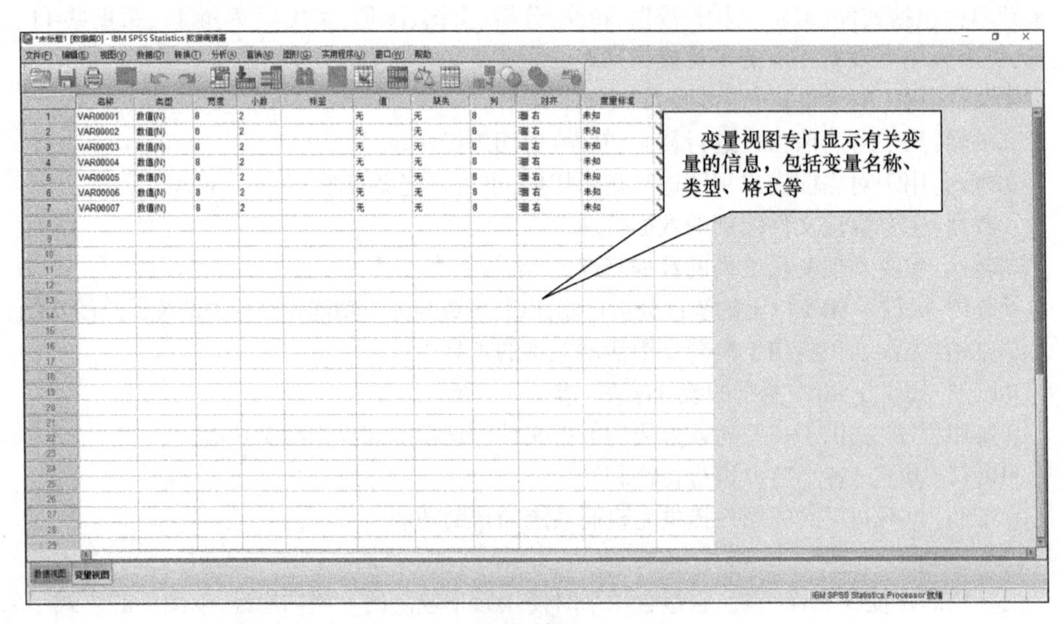

b) 变量视图

图 2.2-4　数据视图与变量视图

(5)状态栏。

状态栏位于窗口底部,用于显示 SPSS 的当前运行状态和操作提示信息。例如,当 SPSS 被打开时,状态栏中会显示“IBM SPSS Statistics Processor 就绪”的提示信息。

2. SPSS 主要操作方式

(1)窗口菜单方式。

SPSS 的大部分功能都可以通过简单的窗口菜单操作实现,用户只需通过鼠标选择相应功能即可,如图 2.2-5 所示。窗口菜单方式比较简单,适合初学者和一般的统计分析人员。

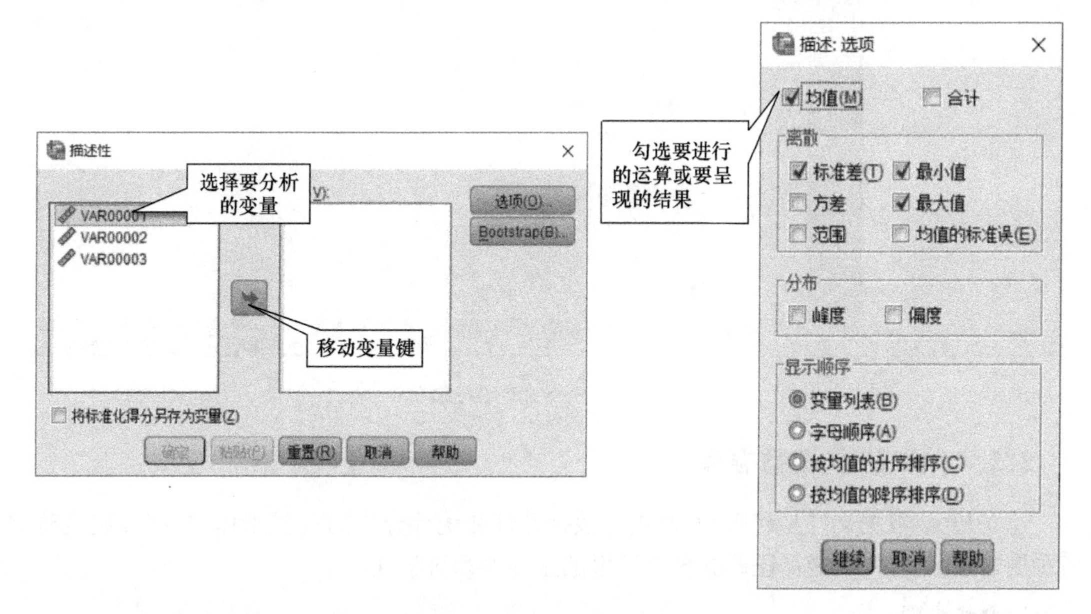

图 2.2-5　SPSS 窗口菜单方式

(2)命令语句方式。

SPSS 也支持通过命令语句方式进行操作。用户可以手动编写 SPSS 命令语句,提交给 SPSS 执行,进而得到统计分析结果。

在菜单栏中选择【文件】→【新建】→【语法】菜单命令,打开语法编辑器窗口,如图 2.2-6 所示。

在语法编辑器窗口,用户手动输入语法命令后选择保存,SPSS 会将语法命令文件以扩展名为 sps 的格式存储在电脑中。

编写好命令语句后,在菜单栏选择【运行】下拉菜单中的相应菜单命令即可运行,具体分为以下 4 种情况。

①全部:运行语法编辑器窗口中所有的命令语句。

②选择:运行语法编辑器窗口中当前选中的命令语句。此命令对应工具栏中的【运行选定内容】按钮。

③至结束:运行语法编辑器窗口中从光标所在位置到结束的命令语句。

④逐步前进:从语法编辑器窗口中的开始处(即【从起点】)或光标所在位置(即【从当前】)一次一个命令地运行命令语句。

一般而言,命令语句方式适合 SPSS 进阶者或高级用户。在 SPSS 执行窗口菜单方式后,其结果也会呈现出对应的语句,这些命令语句可以保存,以便日后提取运行。用户也可将运行过的命令语句保存下来,以供日后统计分析使用。

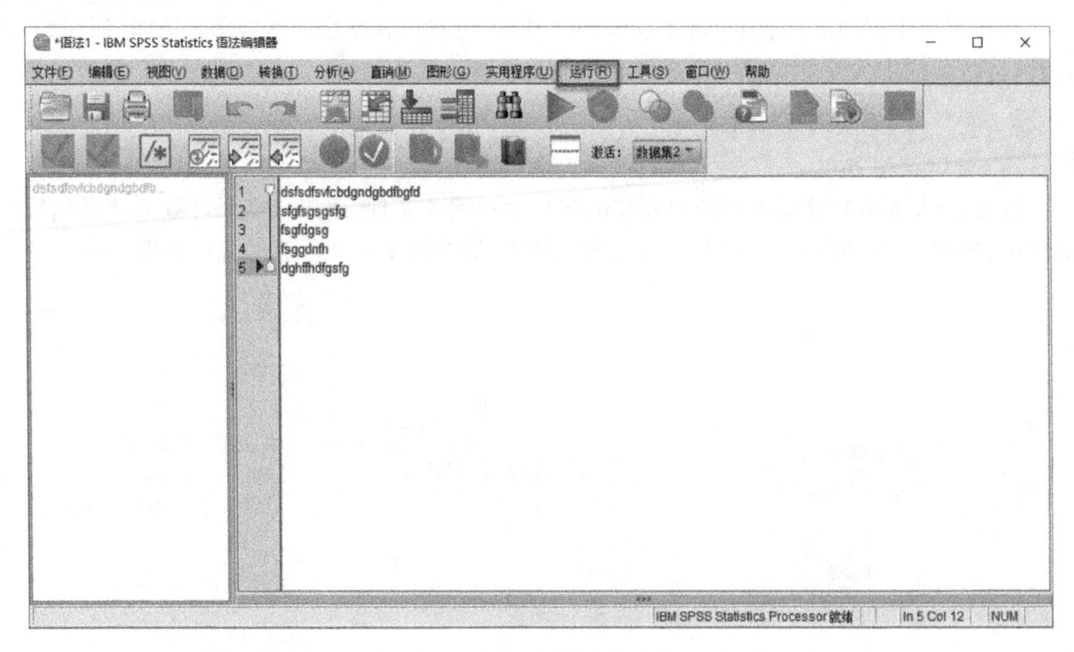

图 2.2-6　SPSS 命令语句方式

2.2.4　SPSS 构建数据库

建立 SPSS 数据文件是利用 SPSS 进行数据管理和统计分析的首要工作,只有准确地建立高质量的数据文件,才能保证数据分析结果的正确性和科学性。

1. 操作步骤

(1)依次单击【文件】→【新建】→【数据】命令或【文件】→【打开】→【数据】命令,打开数据编辑器窗口。

(2)在"变量视图"窗口进行变量的编辑。

(3)在"数据视图"窗口编辑具体数据。

(4)保存数据。

2. 模块解读

一个完整的 SPSS 数据变量结构模块包括变量名、变量类型、变量名标签、变量值标签、缺失值的定义、计量尺度以及数据的显示属性。

变量名(Name)是变量参与分析的唯一标识,定义变量结构时首先应给出每个变量的变量名,SPSS 默认的变量名为 VAR00001、VAR00002、VAR00003 等。变量命名应遵循一定的原则,具体可参阅相应资料,在此不再赘述。

SPSS 的变量类型(Type)有 3 种:数值型、日期型和字符型。数值型变量分为标准型、逗号型、句号型、科学计数型、美元型和自定义货币型,系统默认的为标准数值型变量。日期型变量(Date)适用于表示日期和时间,SPSS 提供了 29 种日期型变量格式供用户选择。字符型变量(String)由字符串组成。图 2.2-7 和图 2.2-8 分别为变量类型和自定义货币型变量的对话框。

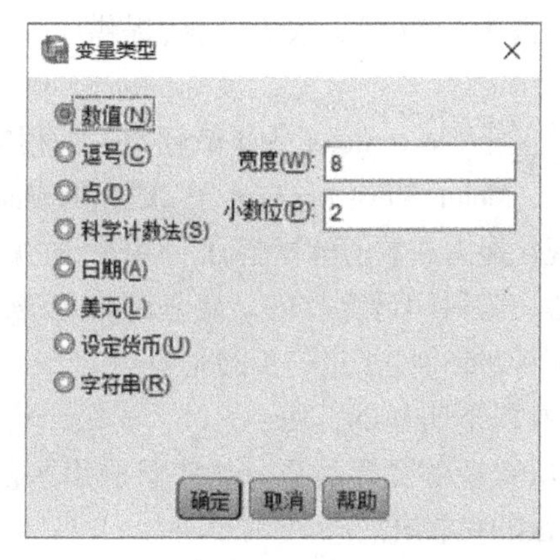

图 2.2-7 变量类型对话框

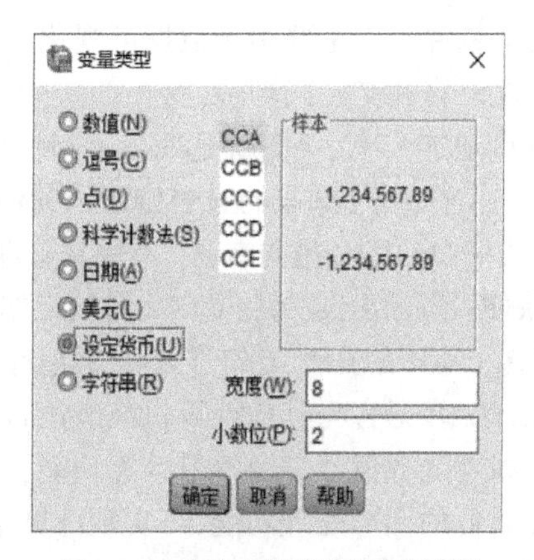

图 2.2-8 自定义货币型变量对话框

变量标签(Label)是对变量名和变量值的进一步解释和说明,包括变量名标签和变量值标签。因为某种原因使所记录的数据失真,在统计分析中不能被使用而需要剔除的,就需要使用变量缺失值定义。

一般当数据量较小时,可以通过直接输入的方式建立数据库;当数据量较大时,可采用其他方式建立数据库(如 Excel、EpiData),然后直接导入建成 SPSS 数据库。图 2.2-9 所示为"数据视图"下的某数据库。

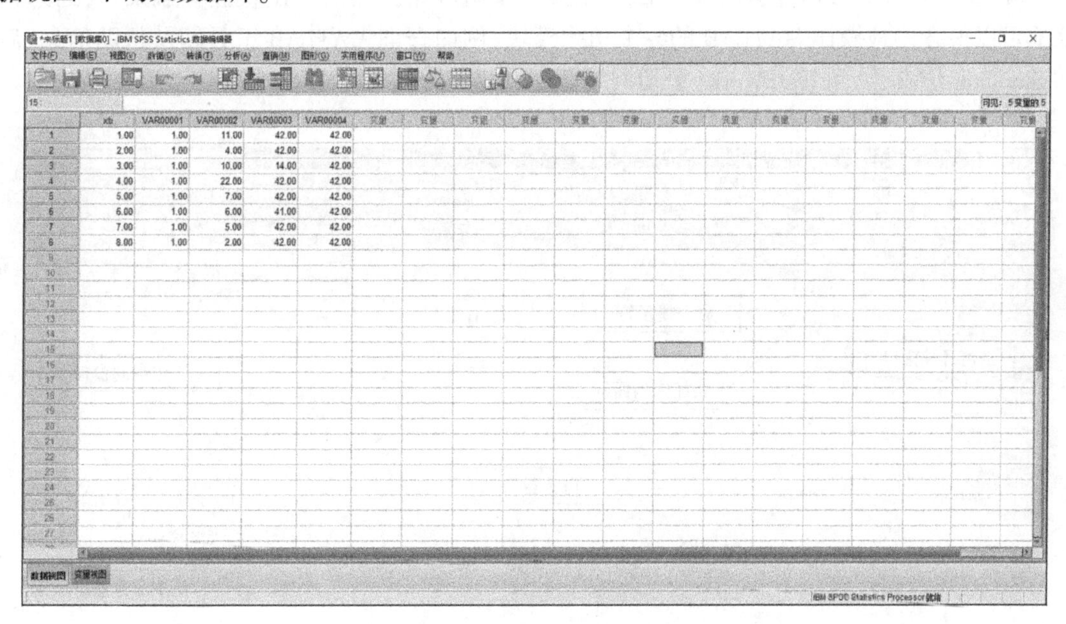

图 2.2-9 数据库建立(数据视图)

2.3 MATLAB 软 件

2.3.1 MATLAB 软件简介

MATLAB 是 Matrix(矩阵)和 Laboratory(实验室)两个词的组合,意为矩阵实验室,是一款商业数学软件。它主要用于数据可视化、算法开发、数据分析以及数值计算，提供了一种高级技术计算语言和交互式环境。

20世纪70年代，美国新墨西哥大学计算机科学系主任Cleve Moler为了减轻学生编程的负担，用FORTRAN编写了最早的MATLAB。1984年，由Little、Moler、Steve Bangert合作成立的MathWorks公司正式把MATLAB推向市场。其因具有卓越的可视化能力和数值计算能力，简单易学、编程效率高，很快便脱颖而出，成为深受广大科技工作者欢迎的一款科学计算软件。截至目前，该软件已经经历了多个版本的升级，在符号计算、数值计算等方面的功能得到了进一步的完善。

MATLAB语言与其他计算机高级语言相比，有着以下明显的优势：

①高效的数值计算及符号计算功能，能使用户从繁杂的数学运算分析中解脱出来。

②完备的图形处理功能，可实现计算结果和编程的可视化。

③友好的用户界面及接近数学表达式的自然化语言，易于学习和掌握。

④功能丰富的应用工具箱（如信号处理工具箱、通信工具箱等），为用户提供了大量方便、实用的处理工具。

2.3.2 MATLAB操作界面

用户启动MATLAB2021a后，将出现如图2.3-1所示的工作界面。经过一段时间的初始化后，界面左下角开始按钮旁会出现“就绪”字样。单击开始按钮后弹出快捷导航菜单，通过该菜单可以很方便地操作MATLAB的各个功能模块，例如查询MATLAB工具箱及帮助信息、启动Simulink仿真、访问MathWorks公司网站等。

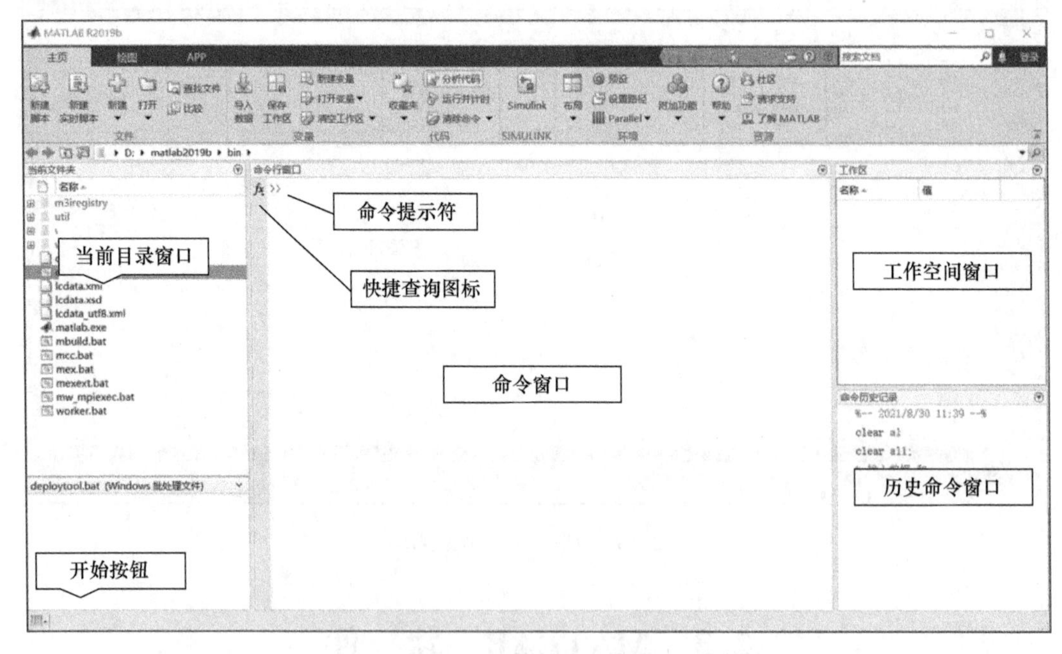

图2.3-1　MATLAB工作界面

整个工作界面被分成了4个子窗口（不同版本的工作界面布局会稍有不同），其中最左边是当前目录窗口（Current Directory），显示了当前路径“D:\matlab2019b\bin”下的所有文件。界面中间面积最大的窗口是命令窗口（Command Window），该窗口左上角“>>”是MATLAB命令提示符,在其后面输入 MATLAB 命令,按 Enter 键即可执行所输入的命令并返回相应的结果。命令提示符前面的 *fx* 图标是快捷查询按钮,单击该图标可以快速查询 MATLAB 各工具箱中函数的用法,类似于 MATLAB 自带的帮助功能。工作界面的右上角是工作空间窗口,也可称为当前变量窗口,在命令窗口定义过的变量都会在这里显示。工作界面的右下角是历史命令窗口,在命令窗口用过的命令会在这里显示,双击某条历史命令可以重新运行该命令。

单击子窗口右上角的⊙图标(取消停靠),该子窗口将从 MATLAB 工作界面中脱离出来,成为独立的窗口,此时 MATLAB 工作界面的布局会发生相应的变化。以 MATLAB 命令窗口为例,独立的命令窗口如图 2.3-2 所示。

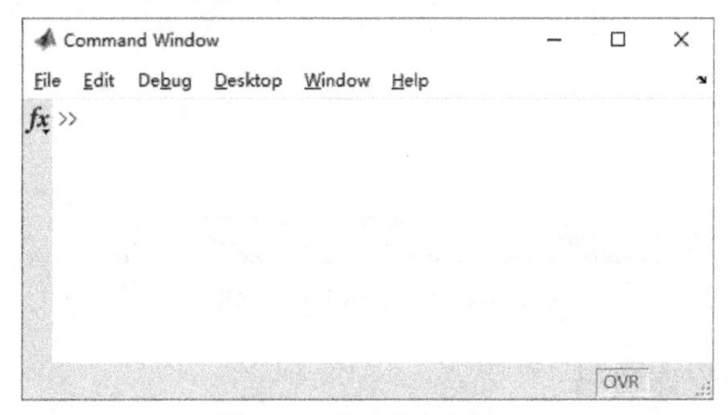

图 2.3-2 独立的命令窗口

单击图 2.3-2 所示窗口右上角的 ↘ 图标(停靠),命令窗口将重新嵌入 MATLAB 工作界面。

单击 MATLAB 工作界面上的【Desktop】菜单,在弹出的下拉菜单中通过勾选(或取消勾选)各选项,也可改变 MATLAB 工作界面布局。如果工作界面布局已经改变,依次单击菜单项【Desktop】→【Desktop Layout】→【Default】可恢复默认工作界面布局。

MATLAB 有着非常完备的帮助系统,可以满足不同层次用户的需求。详细的帮助信息可以通过工作界面上的【Help】菜单项来查看,也可以通过单击工作界面工具栏中的 ? 图标打开帮助界面,如图 2.3-3 所示(不同版本的帮助界面会稍有不同)。这里可以通过查找目录、索引和搜索关键词的方式来查询帮助信息,也可以查找 MATLAB 自带的"Video""Demos"(演示视频和程序)。实际上 MATLAB 自带的帮助功能就是一个内部函数的使用说明书,它不仅列出了每个函数的各种调用格式,还给出了相应的例子。

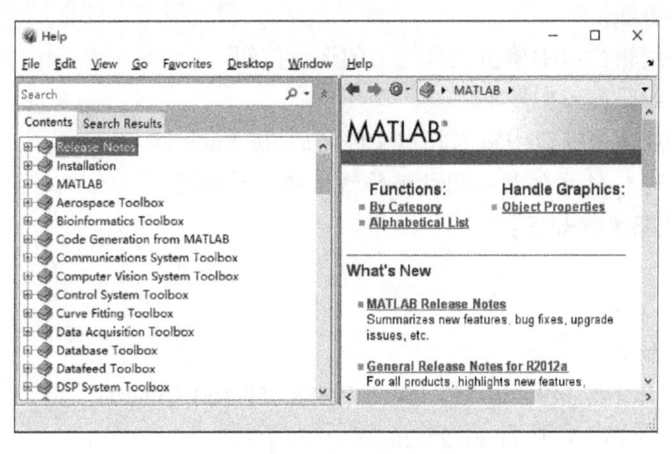

图 2.3-3 MATLAB 帮助界面

这里需要说明的是,打开一个 MATLAB 自带的内部函数或者自定义一个 MATLAB 函数,通常需要在程序编辑窗口(Editor)中完成。单击工作界面工具栏中的图标或者依次单击菜单项【File】→【New】→【Blank M -File】均可打开程序编辑窗口,如图 2.3-4 所示。

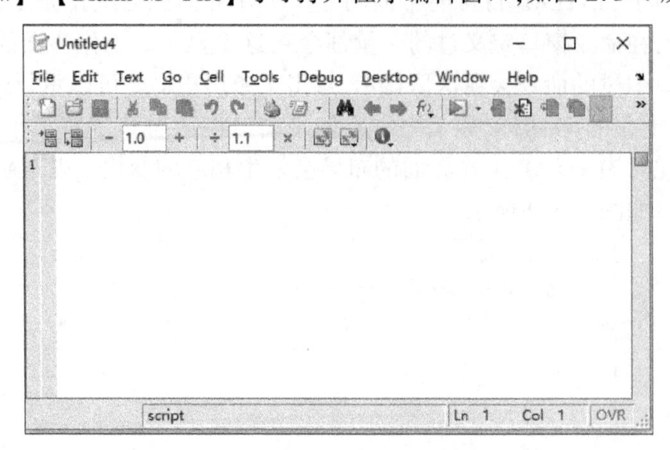

图 2.3-4　MATLAB 程序编辑窗口

2.3.3　M 文件程序设计

M 文件是用于保存 MATLAB 源程序的文本文件,其扩展名为 m。用户如想灵活应用 MATLAB 解决实际问题,充分调用 MATLAB 的科学技术资源,就需要编辑 M 文件。

M 文件有两种形式,一种是脚本 M 文件(又称为命令 M 文件),另一种是函数 M 文件。函数 M 文件的第一行必须是以字符串 function 开始的函数说明语句,而脚本 M 文件是可直接运行文件。

1. 脚本 M 文件

脚本 M 文件是一系列命令的集合,运行时,其中的变量保存于工作空间中。因此,它可以使用工作空间原有的变量。但反过来,不需要使用原有工作空间中的变量时,工作空间保留机制可能会造成不可预知的错误。因此,规范的脚本文件往往以 clear、close all 等命令开头,以清除工作空间原有变量,关闭其他的图形窗口。

脚本文件名注意不要与预定义或用户自定义的函数文件重名,以免发生错误。执行脚本 M 文件有以下 3 种方法。

(1)在 M 文件编辑窗口中单击工具栏上的运行按钮。

(2)在 M 文件编辑窗口中按 F5 键。

(3)在 MATLAB 命令窗口中输入脚本文件名后,按 Enter 键。

【例 2.3-1】用脚本 M 文件对一组数据作线性回归并绘图。

其 MATLAB 代码编程如下:

```
>> clear all;
% 输入数据 x 和 y
x = [143 145 146 148 149 150 153 154 157 158 159 160 162 164]';
y = [11 13 14 15 16 18 20 21 22 25 26 28 29 31]';
x = [ones(length(x),1),x];  % ones 创建全部为 1 的数组
```

```
% 线性回归
[b,bint,r,rint,stats] = regress(y,x);
% r2越接近1,F越大,p越小(<0.05),回归效果越显著
r2 = stats(1)
F = stats(2)
p = stats(3)
% 绘制原始数据和拟合的直线
z = b(1) + b(2) * x;
subplot(2,1,1);
plot(x,y,'o',x,z,'-');
axis([0 180 0 50]);
% 绘制残差图
subplot(2,1,2);
rcoplot(r,rint)
```

运行程序,输出结果如下,线性回归执行效果如图2.3-5所示。

```
r2 =
     0.9873
F =
     935.8833
p =
     9.3377e-13
```

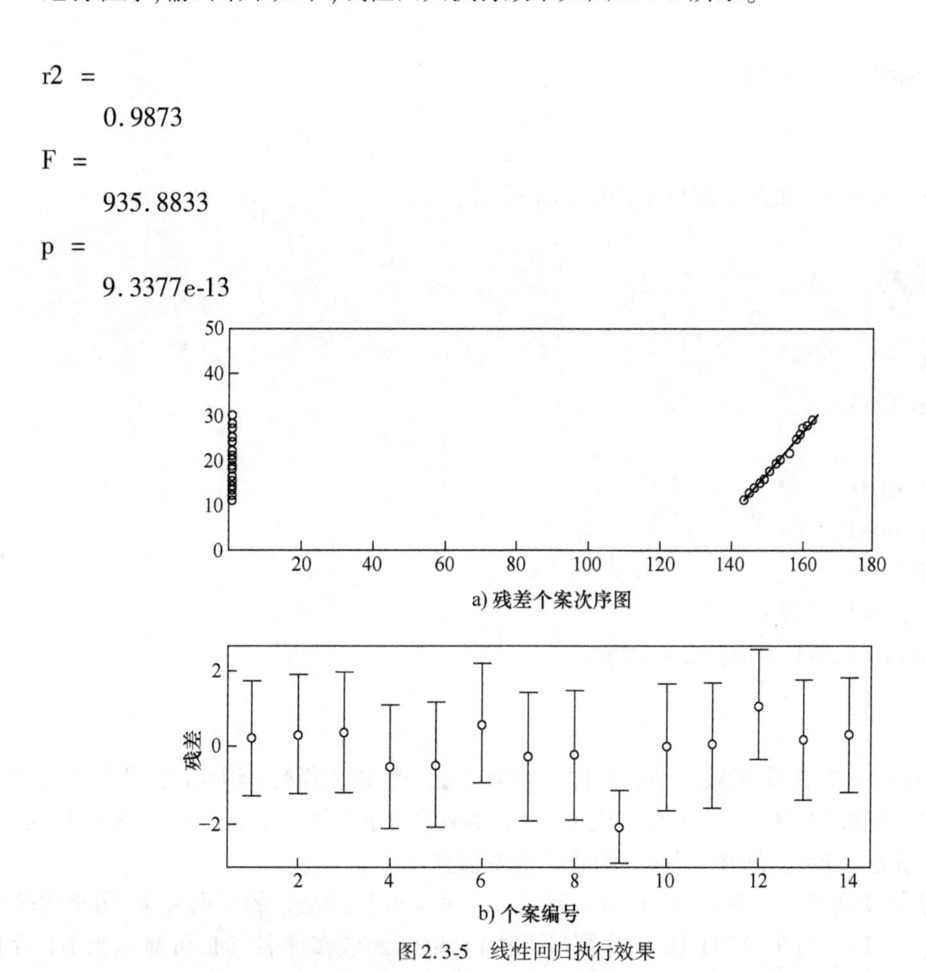

a) 残差个案次序图

b) 个案编号

图2.3-5 线性回归执行效果

2. 函数 M 文件

函数 M 文件与主程序脚本 M 文件的主要区别有三点：①由 function 开头，后跟的函数名必须与文件名相同；②有输入/输出变元(变量)，可进行变量传递；③除非用 global 声明，否则程序中的变量均为局部变量，不保存在工作空间中。

通常，函数文件由五部分构成：函数定义行、H1 行、函数帮助文本、函数体、注释。

下面以在 MATLAB 中创建 func.m 函数为例，介绍函数文件的各个部分。

【例 2.3-2】 创建一个 func.m 函数，如果输入参数只有一个 x，则返回 x；如果输入参数有两个(x,y)，则返回 sqrt(x^2+y^2)。

其 MATLAB 代码编程如下：

```
function b = func(x,y)
% 距离函数
% 假如 nargin = 1,返回 x
% 假如 nargin = 2,返回 sqrt(x^2 + y^2)
if nargin = = 1
    b = x;
else
    b = sqrt(x.^2 + y.^2);
end
```

保存 func.m 函数，在命令窗口中调用 func 函数：

```
>> func(3)
ans =
     3
>> func(3,5)
ans =
     5.8310
>> help func
距离函数
假如 nargin = 1,返回 x
假如 nargin = 2,返回 sqrt(x^2 + y^2)
```

说明：

(1)H1 行——% 距离函数。函数文件中的第 2 行一般是注释行，实际上它是帮助文本中的第一行，这一行称为 H1 行。H1 行可以由“help 函数文件名”命令显示；lookfor 命令只在 H1 行内搜索，因此这一行内容提供了这个函数的重要信息。

(2)函数帮助文本。它是从 H1 行开始到第一个非% 开头行结束的帮助文本，用来比较详细地说明这一函数。当在 MATLAB 命令窗口下执行“help 函数文件名”时，可显示出 H1 行和函数帮助文本。

(3)函数体。函数体是完成指定功能的语句实体,它可采用任何可用的 MATLAB 命令,包括 MATLAB 提供的函数和用户自己设计的 M 函数。

(4)注释。注释行是以"%"开头的行,它可出现在函数的任意位置,也可以加在语句行之后,对本行进行注释。

在函数文件中,除了函数定义行和函数体之外,其他部分都是可以省略的。但为了提高函数的可用性,应加上 H1 行和函数帮助文本;为了提高函数的可读性,应加上适当的注释。

2.3.4 MATLAB 常用快捷键和快捷命令

1. MATLAB 常用快捷键

MATLAB 中常用的快捷键及其说明见表 2.3-1。

MATLAB 中常用的快捷键及其说明 表 2.3-1

快捷键	说明	用在何处
方向键↑	调出历史命令中的前一个命令	命令窗口(Command Window)
方向键↓	调出历史命令中的后一个命令	
Tab	输入几个字符后按 Tab 键,会弹出以这几个字符开头的所有 MATLAB 函数,方便查找所需函数	
Ctrl + C	中断程序的进行,用于耗时过长程序的紧急中断	
Tab 或 Ctrl +]	增加缩进(对多行有效)	程序编辑窗口(Editor)
Ctrl + [	减少缩进(对多行有效)	
Ctrl + I	自动缩进(即自动排版,对多行有效)	
Ctrl + R	注释(对多行有效)	
Ctrl + T	去掉注释(对多行有效)	
F12	设置或清除断点	
F5	运行程序	

把光标放在命令提示符后按方向键↑,可以调出最近用过的一条历史命令;反复按方向键↑,可以调出所有历史命令。在命令提示符后输入命令的前几个字符,然后按方向键↑,可以调出最近用过的以这几个字符开头的历史命令;反复按方向键↑,可以调出所有符合要求的历史命令。方向键↑和↓配合使用可以调出上一条或下一条历史命令。

在程序编辑窗口使用 Tab、Ctrl +]、Ctrl + [、Ctrl + I、Ctrl + R 和 Ctrl + T 等快捷键之前,应先选中一行或多行代码。

2. MATLAB 常用快捷命令

MATLAB 命令窗口中常用的快捷命令及其说明见表 2.3-2。

MATLAB 命令窗口中常用的快捷命令及其说明　　表 2.3-2

快捷命令	说明	快捷命令	说明
help	查找 MATLAB 函数的帮助	cd	返回或设置当前工作路径
lookfor	按关键词查找帮助	dir	列出指定路径的文件清单
doc	查看帮助页面	whos	列出工作空间窗口的变量清单
clc	清除命令窗口中的内容	class	查看变量类型
clear	清除内存变量	which	查看文件所在路径
clf	清空当前图形窗口	what	列出当前路径下的文件清单
cla	清空当前坐标系	open	打开指定文件
edit	新建一个空白的程序编辑窗口	type	显示 M 文件的内容
save	保存变量	more	使显示内容分页显示
load	载入变量	exit/quit	退出 MATLAB

2.3.5　MATLAB 部分数据处理功能

MATLAB 中通过 Princomp、cluster、classify 等简单的几个命令就可以实现方差分析、回归分析、主成分分析、聚类分析、判别分析等。

MATLAB 以其强大的数值分析与处理功能、丰富的仿真功能、方便的编程接口使得数据实时采集与分析无缝对接，为加工误差采集与统计分析问题提供了很好的解决途径。

MATLAB 中的统计工具箱函数具有强大的统计分析功能，利用 anova1 函数可以直接对数据进行单因素方差分析，得到概率值。而采用 anova2 函数对数据进行双因素方差分析，可以明晰影响数据的两个主要因素。若利用函数 aoctool 以协方差分析和回归分析相结合的方法进行数据分析，则可以排除干扰因素，得到更合理的分析结果。而且采用 MATLAB 的控制语句对整个分析过程进行整合，就可以通过一个程序来完成一组数据全部的统计分析，直接得到结果，这使得整个分析过程非常简单、方便。

比如，在 MATLAB 中，多因素试验方差分析由 anova$n$ 实现。当 n 取 1 时，表示单因素试验的方差分析；当 n 取 2 时，表示双因素试验的方差分析。单因素试验方差分析用 anova1(**x**, **group**)实现，其中 **x** 与 **group** 都是向量表示形式，**group** 中的元素和 **x** 的元素一一对应，**group** 中元素值相同表示其对应的 **x** 中的元素在同一组。双因素试验的方差分析一般用函数 anova2(**X**,REPS)实现，其中矩阵 **X** 表示样本数据，不同的行、列的数据分别代表两个不同因素的差异，REPS 表示每一组观察点的数目。协方差分析由函数 aoctool(**x**,**y**,**group**,**alpha**)实现，其中 **x** 表示初始变量或协变量，**y** 表示因变量，**group** 和前面一致，表示组变量，**alpha** 的默认值为 0.05。注意 **x**、**y**、**group**、**alpha** 都是向量的表示形式。运行该函数，将会得到 3 个结果：数据的相互关系图、anova 表，以及参数估计结果。

MATLAB 在回归分析、主成分分析上的应用也很方便，多元线性回归分析主要采用 regress 函数实现，非线性回归分析采用 nlinfit 函数实现，逐步回归则采用 stepwise 函数进行；主成分分析主要求解特征值和特征向量，使用命令 eig。

MATLAB 的统计工具箱提供了一些常用统计绘图函数，如表 2.3-3 所示。

常用统计绘图函数 表 2.3-3

函数名	功能说明	函数名	功能说明
hist/hist3	绘制二维/三维频数直方图	cdfplot	绘制经验分布函数图
histfit	直方图的正态拟合	ecdfhist	绘制经验分布直方图
boxplot	绘制箱线图	lsline	为散点图添加最小二乘线
probplot	绘制概率图	refline	添加参考直线
qqplot	绘制 q-q 图（分位数图）	refcurve	添加参考多项式曲线
normplot	绘制正态概率图	gline	交互式添加一条直线
ksdensity	绘制核密度图	scatterhist	绘制边缘直方图

【例 2.3-3】用 normrnd 函数产生 1000 个标准正态分布随机数，绘出频数直方图和经验分布函数图。

```
>> = normrnd(0,1,1000,1);          % 产生 1000 个标准正态分布随机数
>> hist(x,20);                     % 绘制频数直方图
>> xlabel('样本数据');              % 为 x 轴加标签
>> ylabel('频数');                  % 为 y 轴加标签
>> figure;                         % 新建一个图形窗口
>> cdfplot(x);                     % 绘制经验分布函数图
```

生成的图形如图 2.3-6、图 2.3-7 所示。

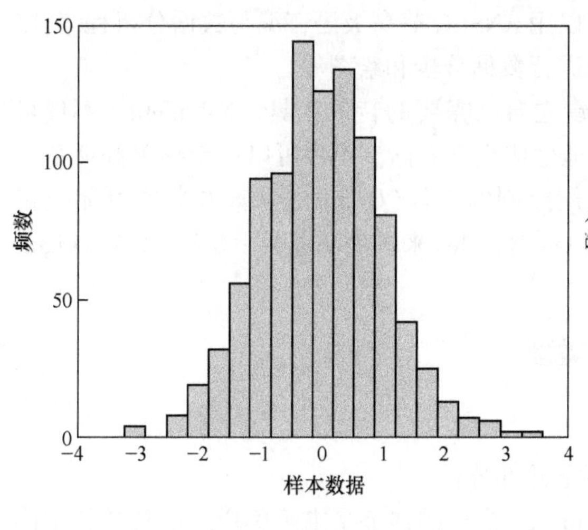

图 2.3-6 频数直方图

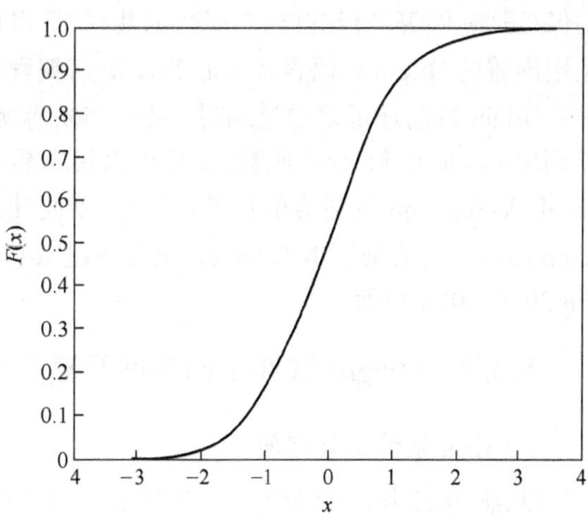

图 2.3-7 经验分布函数图

2.4 Origin 软件

2.4.1 Origin 软件简介

Origin 为 OriginLab 公司开发的一款科学绘图和数据分析软件,既可以满足一般用户的制图需要,也可以满足高级用户数据分析、函数拟合的需要。Origin 最初是一个由 MicroCal 公司开发的、专门为微型热量计设计的软件工具,主要用来根据仪器采集到的数据作图,进行线性拟合以及各种参数计算。1992 年,MicroCal 公司正式公开发布 Origin,该公司后来改名为 OriginLab,位于美国马萨诸塞州的汉普顿市。Origin 自问世以来,版本更迭,软件功能不断推陈出新,逐步完善,为世界上数以万计需要科技绘图、数据分析和图表展示软件的科技工作者提供了一个全面解决方案。由于操作简便、功能开放,其已成为国际流行的分析软件之一,是公认的快速、灵活、易学的工程制图软件。

当前流行的图形可视化和数据分析软件有 MATLAB、Mathematica 和 Maple 等。这些软件功能强大,可满足科技工作中的许多需要,但使用这些软件需要一定的计算机编程知识和矩阵知识,并需要熟悉其中大量的函数和命令。而使用 Origin 就像使用 Excel 和 Word 那样简单,只需单击鼠标,选择菜单命令就可以完成大部分工作,让用户获得满意的结果。像 Excel 和 Word 一样,Origin 是款多文档界面应用程序。它将所有工作都保存在 Project(* . opj)文件中。该文件可以包含多个子窗口,如 Worksheet、Graph、Matrix、Excel 等。各子窗口之间是相互关联的,可以实现数据的即时更新。子窗口可以随 Project 文件一起存盘,也可以单独存盘,以便其他程序调用。

Origin 的两大主要功能为数据分析和绘图。数据分析主要包括统计、信号处理、图像处理、峰值分析和曲线拟合等数学分析功能。先准备好数据,再选择要分析的数据,然后选择相应的菜单命令即可进行数据分析。Origin 提供了 60 余种二维和三维绘图模板,并允许用户定制模板。绘图时,选择所需要的模板就能绘出精美的图形,图形输出时,支持多种格式的图像文件,如 JPEG、GIF、EPS、TIFF 等。此外,Origin 9.1 可以方便地和各种数据库软件、办公软件、图像处理软件等进行链接,实现数据共享;还可以用 ANSI C 等高级语言编写数据分析程序,以及用内置的 Origin C 语言或 Lab Talk 语言编程进行数据分析和绘图等。

Origin 目前还可以通过编写 X-Function 来建立自己需要的特殊工具。X-Function 不仅可以调用 Origin C 和 NAG 函数,而且可以很容易地生成交互界面。用户可以定制菜单和命令按钮,把 X-Function 放到菜单和工具栏上,以便使用定制的工具(Origin 是从 8.0 版本开始支持 X-Function 的,之前版本的 Origin 主要通过 Add-On Modules 来扩展功能)。图 2.4-1 为 OriginPro 2019b 软件界面。

2.4.2 Origin 软件工作空间及窗口类型

1. Origin 软件工作空间

Origin 的工作空间如图 2.4-2 所示,包括以下几部分:

①菜单栏。类似 Office 的多文档界面,Origin 9.1 窗口的顶部是主菜单栏。主菜单栏中的每个菜单项包括下拉菜单和子菜单,通过它们几乎能够实现 Origin 的所有功能。此外,Origin

软件的设置都是在其菜单栏中完成的,因而了解菜单中各菜单选项的功能非常重要。

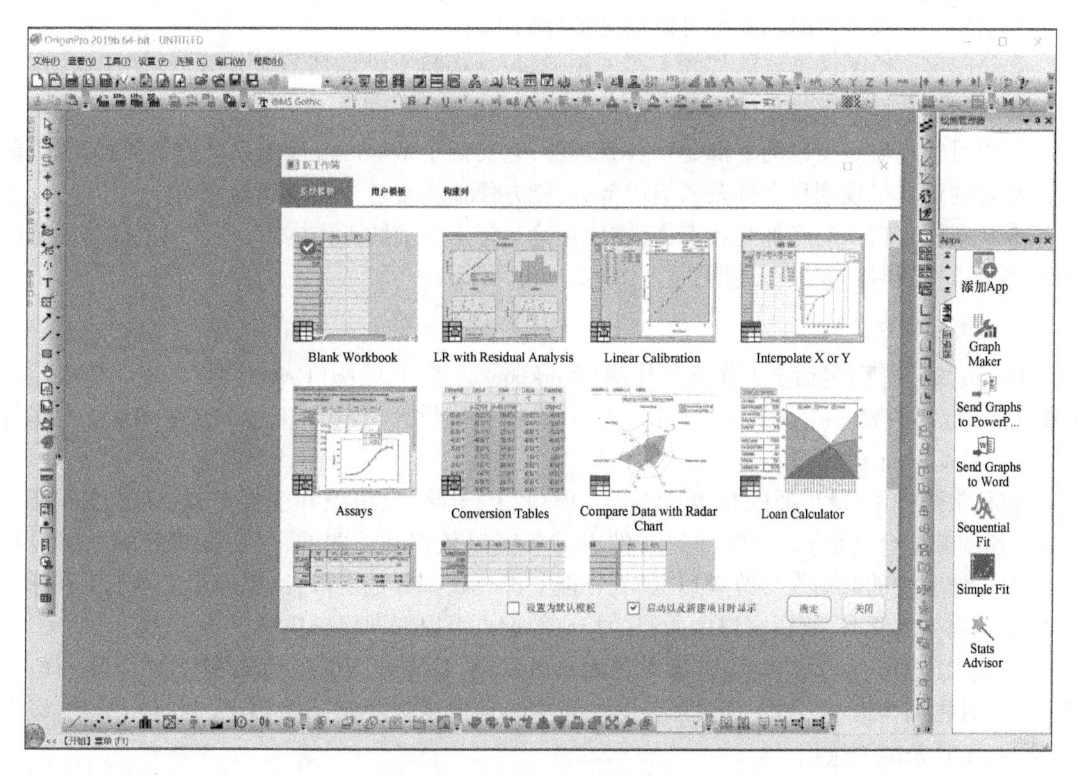

图 2.4-1　OriginPro 2019b 软件界面

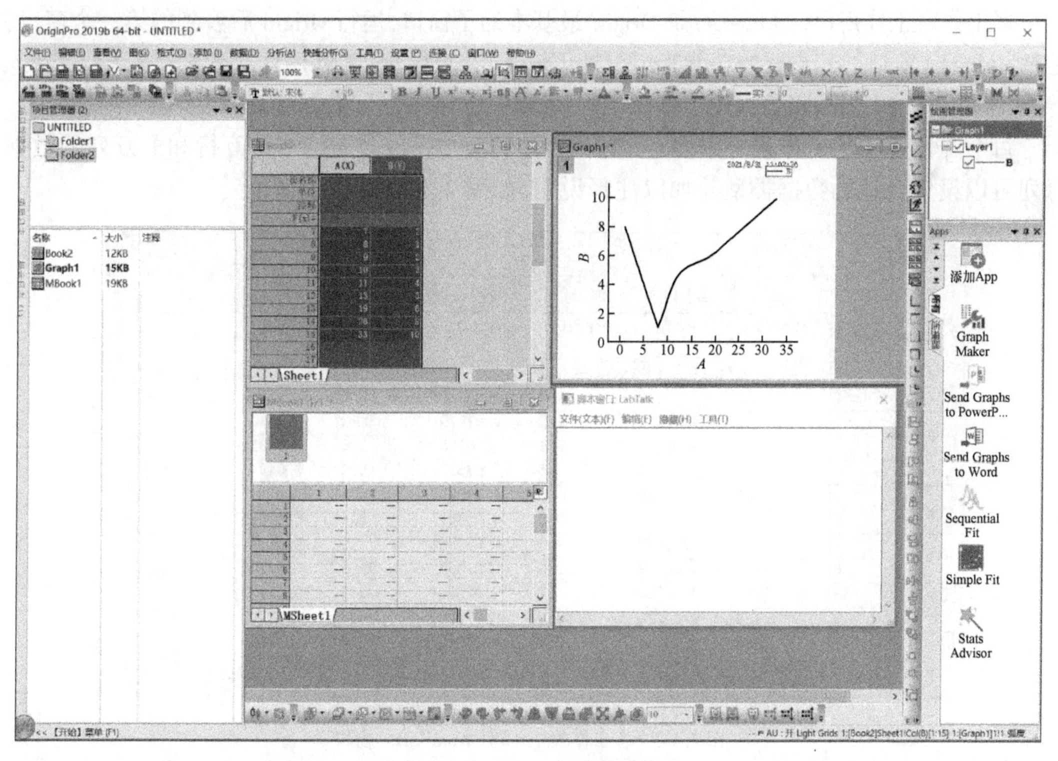

图 2.4-2　Origin 的工作空间

②工具栏。菜单栏下方是工具栏。Origin 9.1 提供了分类合理、直观、功能强大、使用方便的多种工具。一般常用的功能都可以通过工具栏实现。

③绘图区。绘图区是该软件的主要工作区,包括项目文件的所有工作表、绘图子窗口等。大部分绘图和数据处理的工作都是在这个区域内完成的。

④项目管理器。窗口的下部是项目管理器,它类似于 Windows 操作系统的资源管理器,能够以直观的形式呈现项目文件及其组成部分,能方便地实现各个窗口间的切换。

⑤状态栏。窗口的底部是状态栏,主要用途是标出当前的工作内容,以及当鼠标光标悬停于某些菜单按钮时对其进行说明。

2. Origin 窗口类型

Origin 窗口类型包括多工作表工作簿(Workbooks)窗口、绘图(Graph)窗口、多工作表矩阵(Matrix)窗口、函数图(Function Graphs)窗口、版面布局设计(Layout Gage)窗口、Excel 工作簿窗口、记事本(Notes)窗口。

在日常操作中,最重要的是 Workbooks 窗口(用于导入、组织和变换数据)和 Graph 窗口(用于作图和拟合分析)。一个项目文件中的各窗口是相互关联的,可以实现数据的即时更新。当工作表中的数据发生改动后,其变化能立即反映到其他窗口,比如当多工作表工作簿窗口中数据发生变化时,绘图窗口中所绘的相应数据点可以立即得到更新。

正是因为 Origin 功能强大,其菜单界面比较复杂,且随着当前激活的窗口类型不一样,主菜单、工具栏结构也不一样。Origin 工作空间中的当前窗口决定了主菜单、工具栏结构,以及菜单条、工具条能否选用。

(1)多工作表工作簿(Workbooks)窗口。

多工作表工作簿(Workbooks)是 Origin 最基本的子窗口,运行 Origin 后看到的第一个窗口就是 Workbooks 窗口。其主要的功能是组织处理输入、存放数据,并利用这些数据进行导入、录入、转换、统计和分析,最终将数据用于作图。除特殊情况外,图形与数据具有一一对应的关系。

每个工作簿中的工作表可以多达 121 个,每个工作表最多支持 100 万行和 1 万列的数据,每列可以设置合适的数据类型并加以注释说明,如图 2.4-3 所示。

Book1 *

	A(X1)	B(Y1)	C(X2)	D(Y2)	E(X3)	F(Y3)	G(X4)
长名称	conc09	conc09	conc10	conc10	conc11	conc11	conc12
单位							
注释	Sensor A x	Sensor A y	Sensor B x	Sensor B y	Sensor C x	Sensor C y	Sensor D x
1	0	0	0.2	0	0.4	0	0.6
2	1.6	0.01251	1.8	0.01679	2	0.06305	2.2
3	3.2	-0.00208	3.4	0.0105	3.6	0.06915	3.8
4	4.8	0	5	0.03357	5.2	0.04272	5.4
5	6.4	0.01038	6.6	0.03565	6.8	0.07733	7
6	8	0	8.2	0.04401	8.4	0.10986	8.6
7	9.6	0.0083	9.8	0.03772	10	0.07935	10.2
8	11.2	-0.00629	11.4	0.065	11.6	0.10986	11.8
9	12.8	0.02289	13	0.07336	13.2	0.13635	13.4
10	14.4	0.04376	14.6	0.07336	14.8	0.17297	15
11	15	0.03333	16.2	0.07965	16.4	0.1648	16.6

Sheet1

图 2.4-3　多工作表工作簿(Workbooks)窗口

工作表默认的标题是 Book1，在标题栏中单击鼠标右键，选择【Rename】命令可重命名。第一行为标题栏，*A*、*B*、*C*、*D* 等是列的名称，*X* 和 *Y* 是列的属性，其中，*X* 表示该列的自变量，*Y* 表示该列的因变量。

在列的标题栏上双击鼠标左键后，弹出"Column Properties"对话框，在对话框中可以更改设置，如加入名称、单位、备注或其他特性。

工作表中的数据可直接输入，也可以从外部文件中导入，或者通过编辑公式换算获得，最后选取工作表中的列完成绘图。

例如，按照图 2.4-3 所示在工作表输入数据并设置列的属性，然后选中 *A*(*X*1)、*B*(*Y*1)列数据，在二维绘图工具栏中单击【Line + Symbol】按钮，所绘制的二维线图如图 2.4-4 所示。

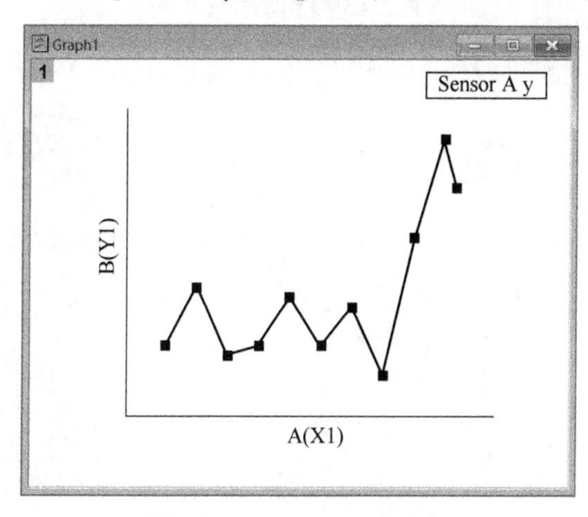

图 2.4-4 绘制成的二维线图

(2)绘图(Graph)窗口。

Graph 是 Origin 中最重要的窗口，相当于图形编辑器，用于图形的绘制和修改，是把实验数据转变成科学图形并进行分析的空间。Origin 共有 60 多种作图类型可以选择，能适应不同领域的特殊作图要求，也可以很方便地定制图形模块。

一个图形窗口由一个或者多个图层(Layer)组成，默认的图形窗口拥有第 1 个图层，每一个绘图窗口都对应着一个可编辑的页面，可包含多个图层，多个轴、注释及数据标注等图形对象。

以"Line + Symbol"为例简述作图过程：

①首先选择 Worksheet(假设数据表中有 4 列数据)，然后选择 Line + Symbol 作图类型(直接在工具栏选择按钮或者打开 Plot 菜单选择)。

②在弹出的 Plot Setup 对话框中进行设置，如图 2.4-5 所示。将 *X* 下的方框选中表示将 *A* 列定为 *x* 轴，即自变量，将其余列定为 *y* 轴，作为因变量。

③单击【OK】按钮生成图形。由于有 1 个 *x* 值、3 个 *y* 值，因此得到的图中有 3 组曲线，如图 2.4-6 所示。

Graph 窗口默认名称为 Graph1，同样可以通过【Rename】命令进行重命名。图 2.4-6 左上角的图例说明了曲线与各组数据的对应关系，本例中用点线图显示各组曲线，也可以改成其他样式，如 Line(直线)型、Scatter(散点)型等，点、线的大小，颜色，形状等属性也可重新设定。

系统默认只显示左和下两条坐标轴，右和上的两条坐标轴可在属性对话框中修改使之呈现。双击坐标轴可重新设定刻度大小、间隔、精密度等，双击坐标轴名称也可对其进行修改。

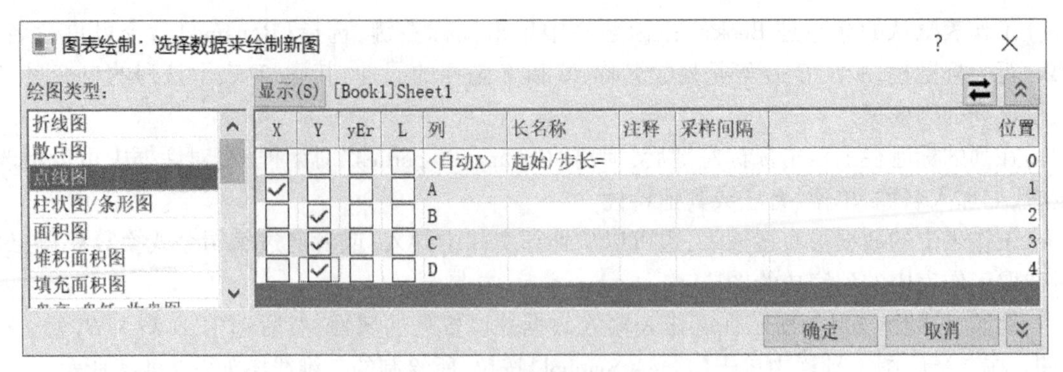

图 2.4-5　绘图数据设置

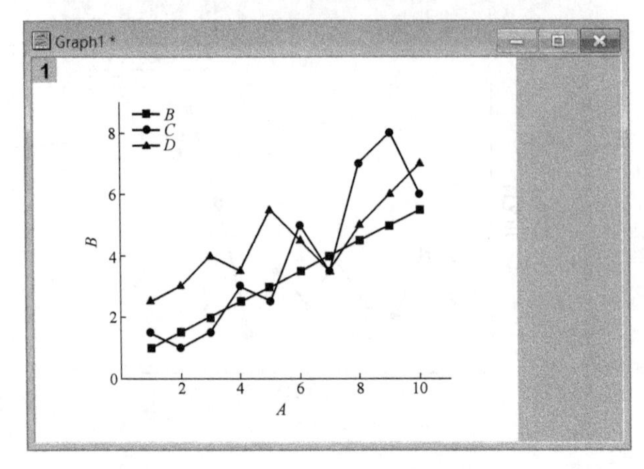

图 2.4-6　Graph1 窗口

(3)多工作表矩阵(Matrix)窗口。

多工作表矩阵(Matrix)窗口与 Origin 中多工作表工作簿相同,也可以由多个矩阵数据表构成,是一种用来组织和存放数据的窗口。当新建一个多工作表矩阵窗口时,默认矩阵窗口和工作表分别以"MBook1"和"MSheet1"命名。

矩阵数据表不显示 x、y 数值,而是用特定的行和列来表示与 x 和 y 坐标轴对应的 z 值,可用来绘制等高线、3D 图和三维表面图等。

矩阵数据表的列标题和行标题分别用对应的数字表示,通过 Matrix 菜单下的命令可以进行矩阵的相关运算,如转置、求逆等,也可以通过矩阵窗口直接输出各种三维图,如图 2.4-7 所示。

Origin 有多个将工作表转换为矩阵的方法,如在工作表被激活时,选取菜单命令,执行菜单命令【Worksheet】→【Convert to Matrix】,如图 2.4-8 所示。

(4)版面布局设计(Layout Page)窗口。

版面布局设计窗口是将绘出的图形和工作簿结合起来进行展示的窗口。当需要在版面布局设计窗口展示图形和工作簿时,执行菜单命令【File】→【New】→【Layout】,如图 2.4-9 所示;或单击标准工具栏中按钮,在该项目文件中新建一个版面布局设计窗口,在该版面布局设计窗口中添加图形和工作簿等。

在版面布局设计窗口里,工作簿、图形和其他文本都是特定的对象,除不能进行编辑外,可进行添加、移动、改变大小等操作。用户通过对图形位置进行排列,可自定义版面布局设计窗口,以 PDF 等格式输出。

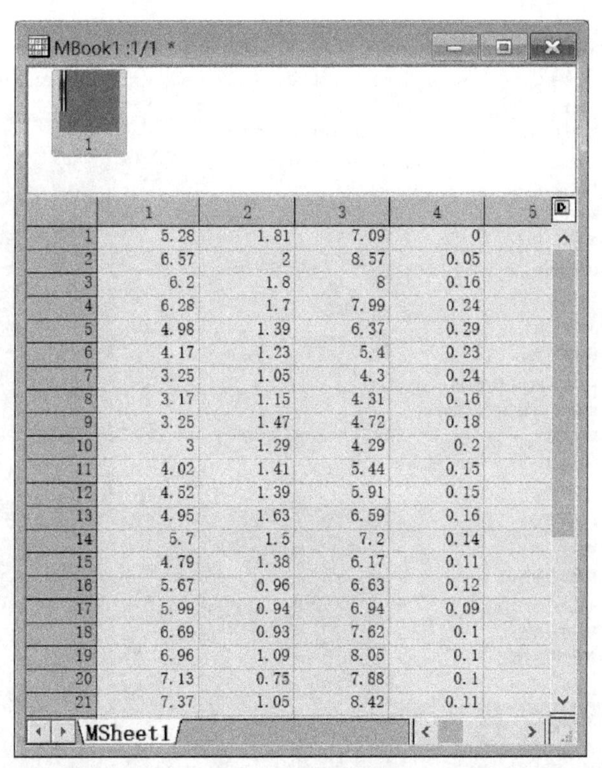

	1	2	3	4	5
1	5.28	1.81	7.09	0	
2	6.57	2	8.57	0.05	
3	6.2	1.8	8	0.16	
4	6.28	1.7	7.99	0.24	
5	4.98	1.39	6.37	0.29	
6	4.17	1.23	5.4	0.23	
7	3.25	1.05	4.3	0.24	
8	3.17	1.15	4.31	0.16	
9	3.25	1.47	4.72	0.18	
10	3	1.29	4.29	0.2	
11	4.02	1.41	5.44	0.15	
12	4.52	1.39	5.91	0.15	
13	4.95	1.63	6.59	0.16	
14	5.7	1.5	7.2	0.14	
15	4.79	1.38	6.17	0.11	
16	5.67	0.96	6.63	0.12	
17	5.99	0.94	6.94	0.09	
18	6.69	0.93	7.62	0.1	
19	6.96	1.09	8.05	0.1	
20	7.13	0.75	7.88	0.1	
21	7.37	1.05	8.42	0.11	

图 2.4-7 Matrix 窗口

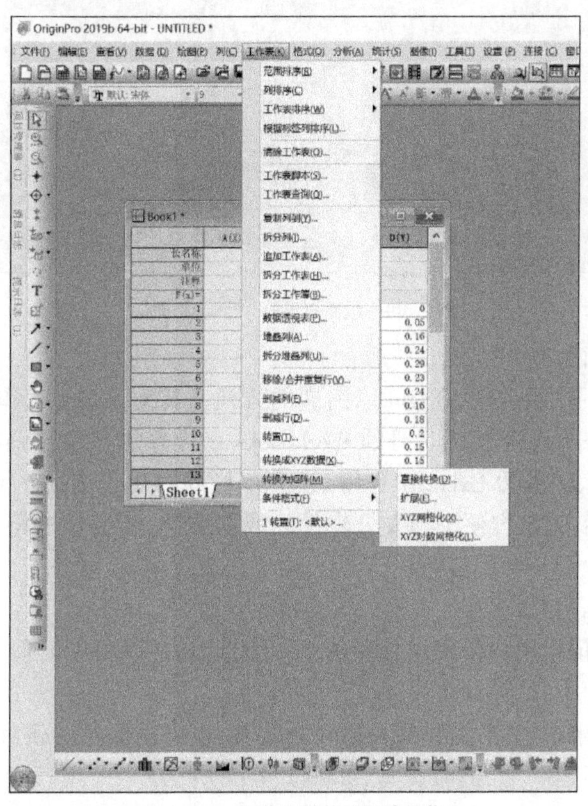

图 2.4-8 工作表转换为矩阵操作

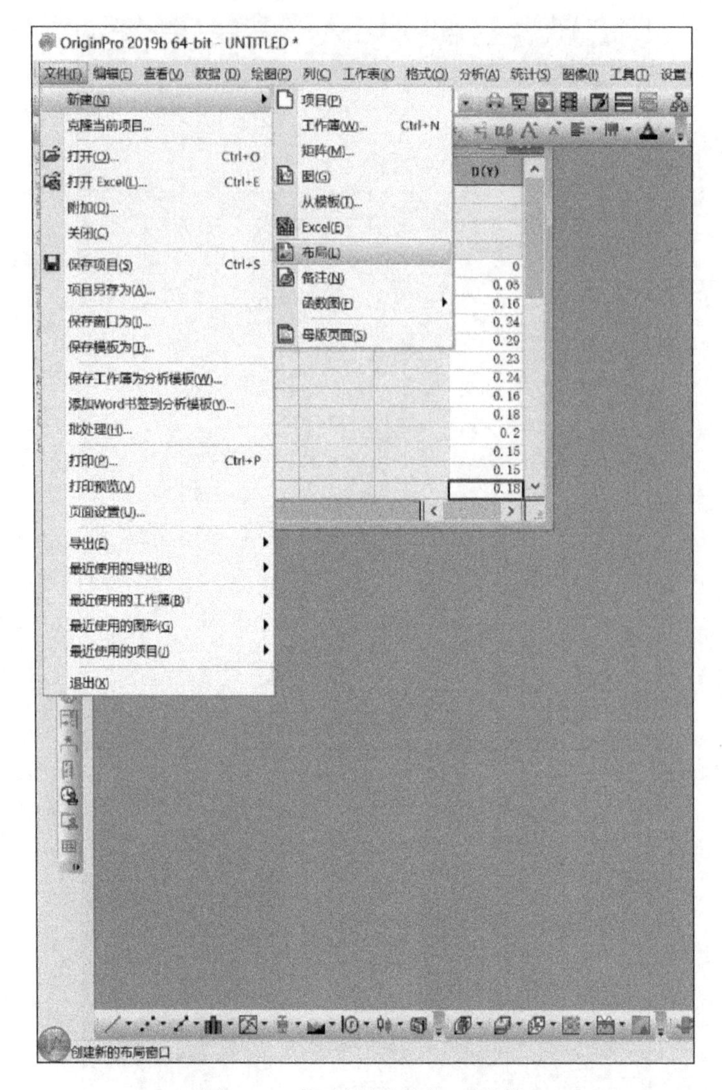

图 2.4-9 版面布局设计窗口菜单栏

(5)Excel 工作簿窗口。

由于 Excel 软件的广泛应用,Origin 以内嵌的方式支持对 Excel 工作簿的使用。在 Origin 中使用 Excel 进行作图几乎与使用自身的 Workbooks 一样方便,如图 2.4-10 所示。

通过新建或打开表,激活 Excel 工作簿后,菜单栏同时出现 Excel 和 Origin 的命令,兼具 Excel 和 Origin 的功能,大大方便了与办公软件的数据交换,相关用法将在后面章节中进行详细的介绍。

(6)记事本(Notes)窗口。

记事本窗口用于记录用户使用过程中的文本信息,它可以用于记录分析过程,与其他用户交换信息。

与 Windows 的记事本类似,其结果可以单独保存,也可以保存在项目文件里。单击标准工具栏中按钮,则可以新建一个 Notes 窗口,如图 2.4-11 所示。

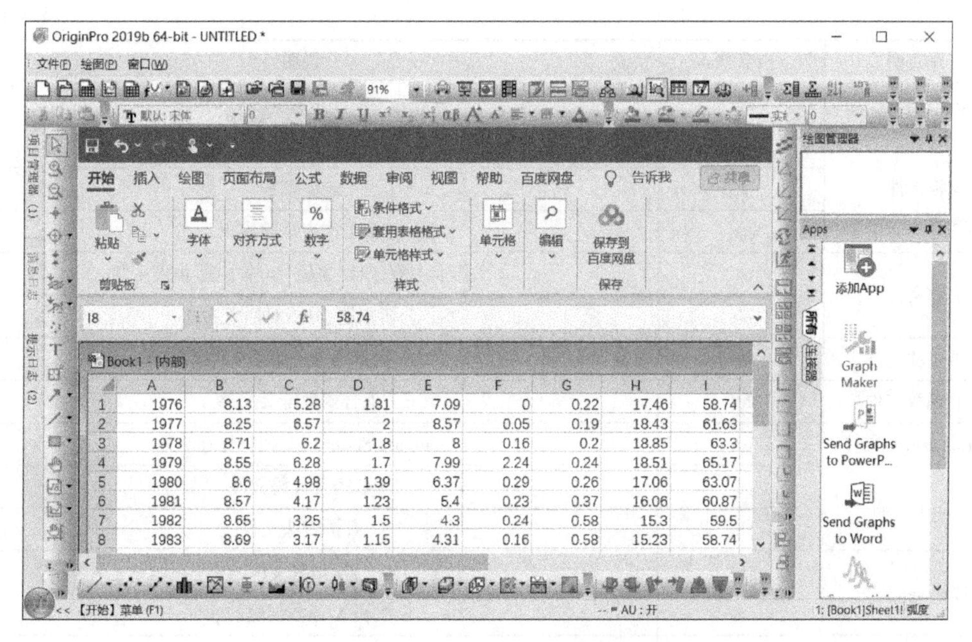

图 2.4-10 嵌入 Origin 中的 Excel 工作簿

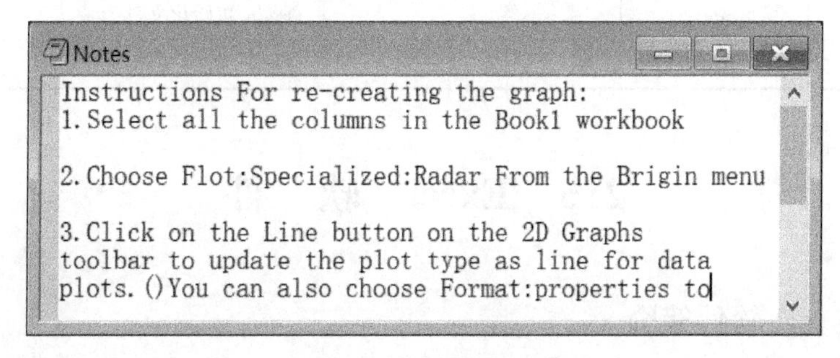

图 2.4-11 记事本窗口

2.4.3 Origin 文件类型

Origin 由项目(Project)文件组织用户的数据分析和图形绘制文件。保存项目文件时,各子窗口,包括多工作表工作簿(Workbooks)窗口、绘图(Graph)窗口、函数图(Function Graphs)窗口、多工作表矩阵(Matrix)窗口和版面布局设计(Layout Page)窗口等将随之一起保存。各子窗口也可以单独保存为窗口文件或模板文件。当保存为窗口文件或模板文件时,它们的文件扩展名有所不同。表 2.4-1 列出了 Origin 子窗口文件、模板文件和其他主要类型文件的扩展名。

Origin 子窗口文件、模板文件等的扩展名 表 2.4-1

文件类型	文件扩展名	说明
项目文件	opj	存放项目中所有可见和隐藏的子窗口、命令历史窗口及第三方文件
子窗口文件	ogw	多工作表工作簿窗口
	ogg	绘图窗口
	ogm	多工作表矩阵窗口
	txt	记事本窗口

续上表

文件类型	文件扩展名	说明
Excel 工作簿	xls	嵌入 Origin 中的 Excel 工作簿
模板文件	otw	多工作表工作簿模板
	otp	绘图模板
	otm	多工作表矩阵模板
主题文件	oth	工作表主题、绘图主题、矩阵主题、报告主题
	ois	分析主题、分析对话框主题
导入过滤文件	oif	数据导入过滤器文件
拟合函数文件	fdf	拟合函数定义文件
LabTalk Script 文件	ogs	LabTalk Script 语言编辑保存文件
Origin C 文件	c	C 语言代码文件
	h	C 语言头文件
X-Function 文件	oxf	X 函数文件
	xfe	由编辑 X 函数创建的文件
打包文件	opx	Origin 打包文件
初始化文件	ini	Origin 初始化文件
配置文件	cnf	Origin 配置文件

2.5 Excel 软件

2.5.1 Excel 软件简介

Microsoft Office Excel(以下简称“Excel”)是微软专门开发用于处理各类数据的表格软件，众所周知它的功能很强大;直观的界面、出色的计算功能和图表工具，再加上成功的市场营销，使 Excel 成为流行的微机数据处理软件。图 2.5-1 所示为 Excel 常见工作界面。

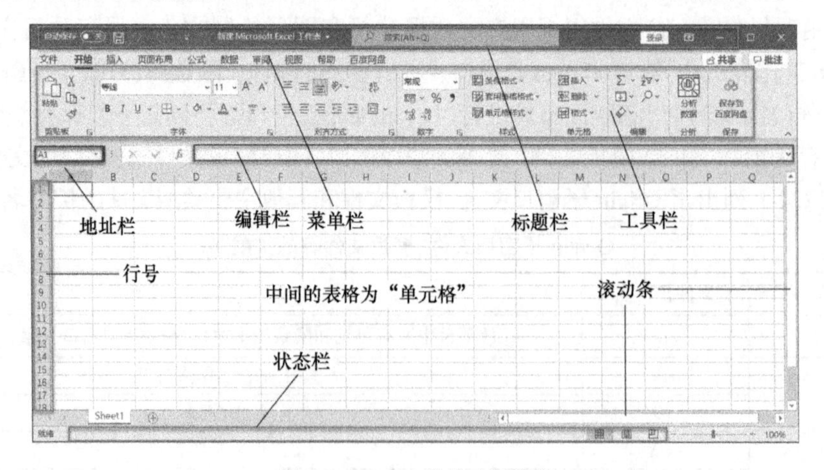

图 2.5-1　Excel 常见工作界面

2.5.2 Excel部分数据统计分析功能

Excel可以独立用于数据处理和数据分析,其界面友好,操作简单,兼容性好,使用方便。

描述统计量主要有算术平均数、中位数、众数、调和平均数、几何平均数、全距、平均差、标准差、标准差系数等。Excel中以上统计量的计算公式分别为:

算术平均数"=AVERAGE(统计数据)";

几何平均数"=GEOMEAN(统计数据)";

调和平均数"=HARMEAN(统计数据)";

中位数"=MEDIAN(统计数据)";

众数"=MODE(统计数据)";

平均差"=AVEDEV(统计数据)";

标准差"=STDEVP(统计数据)";

最大值"=MAX(统计数据)";

最小值"=MIN(统计数据)";

全距"=MAX(统计数据)-MIN(统计数据)";

总和"=SUM(统计数据)";

计数"=COUNT(统计数据)";

标准差系数"=STDEVP(统计数据)/AVERAGE(统计数据)"。

结合这些Excel自带的函数编写公式,可以自动完成很多数据统计分析和绘图工作。比如相关分析中相关系数、回归模型的参数、估计标准误差的计算。在实际使用过程中,Excel提供的统计功能可以满足大多数统计分析的需要。以下以Excel 2015为例,主要介绍如何利用Excel的统计分析功能来进行统计分析。

(1)使用Excel进行统计分析的准备。

在进行统计分析前,必须先在Excel中安装"分析工具库"。完成Excel数据分析程序安装后,点击工具菜单中的【数据分析】,在弹出的统计分析工具选择菜单中选中某一个统计分析工具,点击【确定】按钮,就能进入该统计分析工具的运行状态。以进行相关系数分析为例,单击工具菜单中的【数据分析】,在弹出的图2.5-2所示的对话框中选择"相关系数",单击【确定】按钮,即可进行相关系数的分析。"相关系数"对话框如图2.5-3所示。

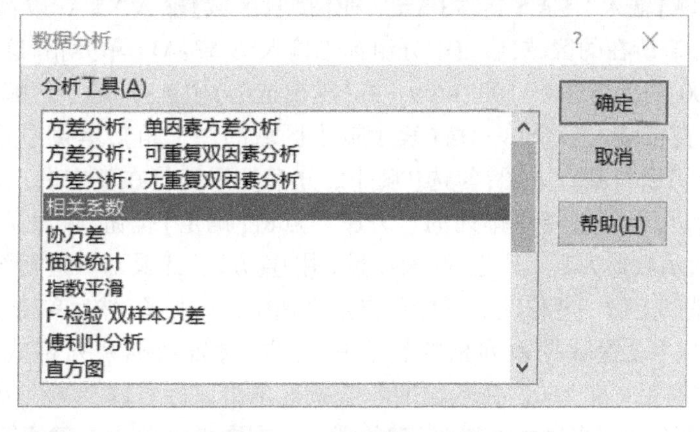

图2.5-2 "数据分析"对话框

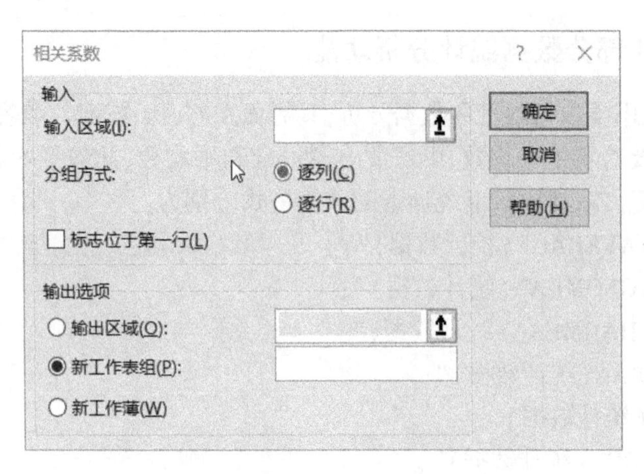

图 2.5-3 “相关系数”对话框

(2)使用 Excel 进行统计分析的简单实例。

①用 Excel 整理统计数据。

用 Excel 进行统计分组有两种方法:一是利用 FREQUENCY 函数;二是利用数据分析中的“直方图”工具。下面分别用这两种方法对图 2.5-4 中的数据进行统计分析。

方法一:用 FREQUENCY 函数编制频数表。先确定每一组数据的上限值,确定上限值是编制频数表的关键,确定了上限值就确定了每一组的组距和组限。在单元格 A7:A11 分别输入上限值 900、1100、1300、1500、1700,接下来选取结果存放的单元格区域 B7:B11,然后在编辑栏输入公式“ = FREQUENCY(A1:J5,A7:A11)”,按 Ctrl + Shift + Enter 组合键,即可获得各组相应的频数,结果如图 2.5-5 所示。

	A	B	C	D	E	F	G	H	I	J
1	780	830	860	870	880	930	1010	1010	1030	1050
2	1050	1070	1080	1080	1100	1100	1130	1140	1150	1160
3	1170	1170	1180	1180	1190	1200	1210	1230	1230	1250
4	1250	1250	1260	1260	1270	1270	1310	1320	1350	1360
5	1370	1380	1380	1410	1420	1420	1460	1510	1580	1680

图 2.5-4 数据

7	900	5
8	1100	11
9	1300	20
10	1500	11
11	1700	3

图 2.5-5 频数表

方法二:采用数据分析工具制作频数分布表。首先在【工具】菜单中单击【数据分析】选项,在弹出的对话框中选择“直方图”,点击【确定】按钮。弹出的“直方图”对话框如图 2.5-6 所示。在【输入区域】输入“ $A$1: $J$5”,在【接收区域】输入“ $A$7: $A$11”。接收区域指的是分组标志所在的区域,假定把分组标志输入到 A7:A11 单元格,这里只能输入每一组的上限值,即 900、1100、1300、1500、1700。在【输出选项】中选择【输出区域】,可以直接选择一个区域,也可以直接输入一个单元格(表示输出区域的左上角),本例中选择单元格 D10。勾选【图表输出】,可以得到直方图;勾选【累计百分率】,系统将在直方图上添加累计频率折线;勾选【柏拉图】,可得到按降序排列的直方图。点击【确定】按钮,输出结果如图 2.5-7 所示。若图 2.5-4 所示数据为某工厂近 50 天产量,用“直方图”工具对其进行统计分析,则还需要在图 2.5-7 的基础上做一些修改。鼠标单击左键选中任一直条,然后单击鼠标右键,在弹出的快捷菜单中选取【设置数据系列格式】,在弹出的“设置数据系列格式”对话框中选择【选项】标签,调整间距宽度为 0。在图域的非直条处单击鼠标右键,清除(灰色)背景色。将 D16 中的“其他”清除,直方图中的“其他”直条消失。在图例上单击右键清除图例“频率”;在图表标题上单击右键清除图表标题“直方图”;在绘图区域单击鼠标右键,在快捷菜单中选中【图表选项】,在【分类轴】下框内输入“工厂日产量直方图”,在【数值轴】下框内输入“频率”。

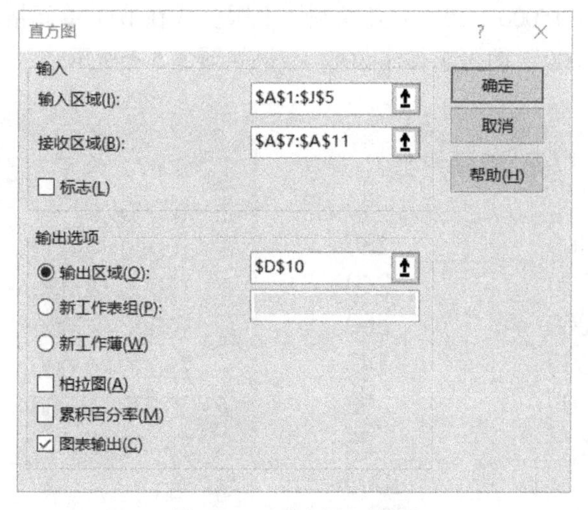

图 2.5-6 “直方图”对话框

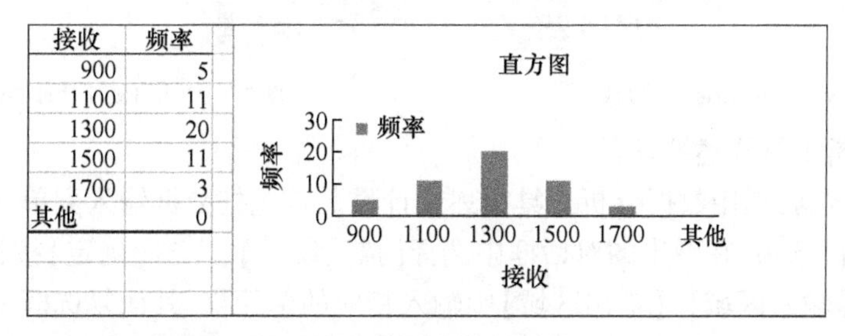

图 2.5-7 频数分布和直方图

②用 Excel 计算描述统计量。

a. 用函数计算描述统计量。

常用的描述统计量有众数、中位数、算术平均数、调和平均数、标准差、标准差系数等。一般来说,未分组资料可用函数计算,已分组资料可用公式计算。下面以某城市居民家庭收入情况(表 2.5-1)为例,求这组数据的众数和中位数。

某城市居民家庭收入情况 表 2.5-1

年收入水平(元)	居民户数
10000 以下	92
10000 ~ 15000	180
15000 ~ 20000	240
20000 ~ 25000	260
25000 ~ 30000	140
30000 ~ 35000	53
35000 以上	35
合计	1000

首先在 Excel 中输入上述数据，其次在 B11 单元格中输入公式“ =20000 + ((260 - 240)/((260 - 240) + (260 - 140))) * 5000”，即可求得众数，最终结果如图 2.5-8 所示。

首先确定中位数在 15000 ~ 20000，其次利用上限公式在 B11 单元格中输入公式“ =20000 - (500 - 488)/240 * 5000”，即可求得中位数，结果如图 2.5-9 所示。

	A	B
1	年收入水平/元	居民户数
2	10000以下	92
3	10000-15000	180
4	15000-20000	240
5	20000-25000	260
6	25000-30000	140
7	30000-35000	53
8	35000以上	35
9	合计	1000
10		
11	众数	20714.2857

图 2.5-8 用 Excel 计算众数

	A	B
1	年收入水平/元	居民户数
2	10000以下	92
3	10000-15000	180
4	15000-20000	240
5	20000-25000	260
6	25000-30000	140
7	30000-35000	53
8	35000以上	35
9	合计	1000
10		
11	中位数	19750

图 2.5-9 用 Excel 计算中位数

b. 用数据分析工具描述统计量。

根据表中的数据，利用数据分析工具描述统计量。首先把数据输入到单元格，在工具菜单中选择【数据分析】选项，在弹出的对话框中选择【描述统计】，点击【确定】按钮后，弹出“描述统计”对话框，在【输入区域】、【输出区域】中输入相应的单元格，其他复选框可根据需要选定，勾选【汇总统计】，单击【确定】按钮，描述统计输出结果如图 2.5-10 所示。

	A	B	C	D
1	工资（元）		工资	（元）
2	800			
3	800		平均	1320
4	800		标准误差	61.87545
5	800		中值	1200
6	800		模式	1200
7	1000		标准偏差	437.5255
8	1000		样本方差	191428.6
9	1000		峰值	1.444874
10	1000		偏斜度	1.390111
11	1000		区域	1700
12	1000		最小值	800
13	1000		最大值	2500
14	1000		求和	66000
15	1000		计数	50

图 2.5-10 描述统计输出结果

③用 Excel 进行区间估计。

用 Excel 进行区间估计，首先要计算样本均值，即点估计值，该值是待估计区间的中心；接着计算样本标准差，在此基础上结合样本量构造抽样误差，再结合置信度构造极限误差，样本均值分别加上、减去极限误差即得到区间估计上、下限。

【例2.5-1】某加工企业生产一种零件，对某天加工的零件每隔一段时间进行抽样，共取出10个零件，测得其质量(单位：g)如下：

样本数据：11.10，10.90，11.00，10.94，10.97，10.91，11.21，11.16，11.04，10.98。

假定零件质量服从正态分布，试以95%的置信水平估计该企业生产的零件平均质量的置信区间。

把数据输入到A2：A11单元格。在C2单元格输入公式“=COUNT(A2：A11)”。在C3单元格输入公式“=AVERAGE(A2：A11)”。在C4单元格输入公式“=STDEV(A2：A11)”。在C5单元格输入公式“=C4/SQRT(C2)”。在C6单元格输入数据0.95。在C7单元格输入公式“=C2-1”。在C8单元格输入公式“=TINV(1-C6，C7)”。在C9单元格输入公式“=C8*C5”。在C10单元格输入公式“=C3-C9”。在C11单元格输入公式“=C3+C9”。结果如图2.5-11所示，置信区间是[10.95，11.10]。

	A	B	C
1	样本值	计算指标	
2	11.10	样本数据个数	10
3	10.90	样本均值	11.02
4	11.00	样本标准差	0.105351
5	10.94	抽样平均误差	0.033315
6	10.97	置信水平	0.95
7	10.91	自由值	9
8	11.21	t值	2.262157
9	11.16	误差范围	0.075364
10	11.04	置信下限	10.95
11	10.98	置信上限	11.10

图2.5-11　区间估计结果

④用Excel进行指数分析。

指数分析法是研究社会经济现象数量变动情况的一种统计分析方法。指数有综合指数和平均指数之分。

【例2.5-2】某企业三种产品生产情况资料如表2.5-2所示，计算其总成本指数、产量指数和单位成本指数。

某企业三种产品生产情况资料　　表2.5-2

产品名称	计量单位	产量 q		价格 p(元)	
		基期 $q0$	报告期 $q1$	基期 $p0$	报告期 $p1$
甲	套	300	380	280	260
乙	件	450	510	140	150
丙	米	1200	1500	70	78

如图2.5-12所示，在Excel中输入相应数据。首先计算各个$p0 \times q0$，在G3中输入“=E3*C3”，并用鼠标拖曳将公式复制到单元格G4：G5。接下来计算各个$p0 \times q1$，在H3单元格中输入公式“=E3*D3”，并用鼠标拖曳将公式复制到单元格H4：H5。然后计算各个$p1 \times q1$：在I3单元格中输入公式“=F3*D3”，并用鼠标拖曳公式复制到单元格I4：I5。再计算$\sum p0 \times q0$，$\sum p0 \times q1$，$\sum p1 \times q1$，选定G3：G5区域，单击工具栏上的【Σ】按钮，求和值即出现在G6中，并将公式复制到单元格H6：I6。计算总成本指数：在B7单元格中输入“=I6/G6”，即可求得。计算产量指数：在B8单元格中输入“=H6/G6”，即可求得。计算单位成本指数：在B9单元格中输入“=I6/H6”，即求得单位成本指数。最后结果如图2.5-12所示。

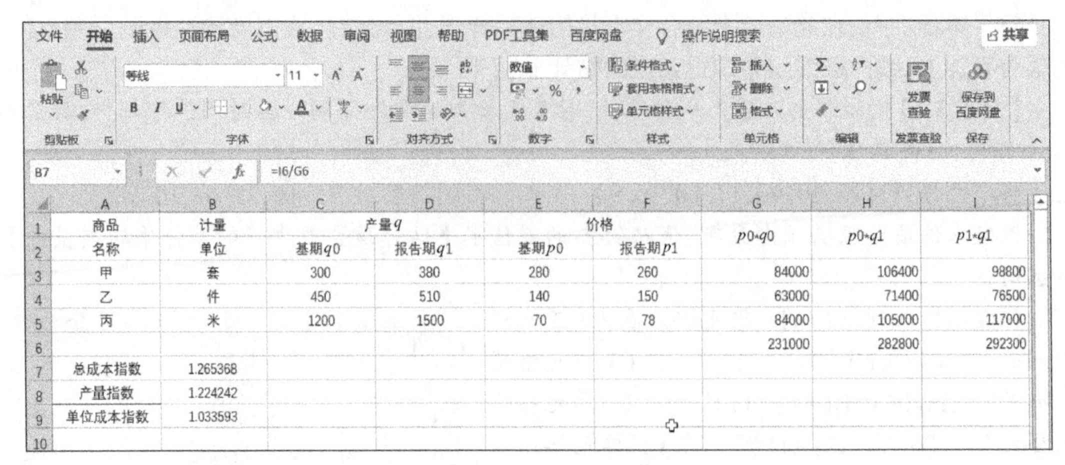

商品	计量	产量q		价格		$p0*q0$	$p0*q1$	$p1*q1$
名称	单位	基期$q0$	报告期$q1$	基期$p0$	报告期$p1$			
甲	套	300	380	280	260	84000	106400	98800
乙	件	450	510	140	150	63000	71400	76500
丙	米	1200	1500	70	78	84000	105000	117000
						231000	282800	292300
总成本指数	1.265368							
产量指数	1.224242							
单位成本指数	1.033593							

图 2.5-12　用 Excel 进行指数分析结果

以上通过一些简单的实例介绍了 Excel 在统计分析中的应用，在实际应用中还会遇到很多复杂的问题。Excel 凭借其强大的数据处理能力能有效减少重复劳动，大大提高工作效率，减少统计工作中的失误。

习　　题

2.1　SPSS 文件类型主要有哪两类？

2.2　SPSS 中数据编辑器窗口有哪两种视图可以互相切换？

2.3　MATLAB 中的 M 文件有哪两种形式？

2.4　请自拟一组数据，在 MATLAB 中用脚本 M 文件对这组数据作线性回归，并绘图。

2.5　MATLAB 中对多行命令“注释”和“去掉注释”的快捷键分别是什么？

2.6　在 MATLAB 中用 normrnd 函数产生 10000 个标准正态分布随机数，并绘制频数直方图和经验分布函数图。

2.7　Origin 中项目文件的扩展名是什么？

2.8　Excel 中“算术平均数”和“总和”的计算公式是什么？

第 3 章

试验数据误差及处理

3.1　试验数据误差的分类

在试验过程中，由于环境的影响，试验方法和设备、仪器的不完善以及试验人员的认知能力所限等，试验测得的数据和真实数据之间存在一定的差异，在数值上即表现为误差。随着科学技术的进步和人们认知水平的不断提高，试验误差虽可控制得越来越小，但始终不可能完全消除，即误差的存在具有必然性和普遍性。在试验设计中应尽力控制误差，使其减小到最低限度，以提高试验结果的精确性。

试验误差按其性质可分为系统误差（Systematic Error）、随机误差（Random/Chance Error）和粗大误差（Gross Error）。

3.1.1　系统误差

系统误差是由于偏离测量规定的条件，或者测量方法不合适，按某一确定的规律所引起的误差。在同一试验条件下，多次测量同一量值时，系统误差的绝对值和符号保持不变；或在条件改变时，按一定规律变化。例如，标准值的不准确、仪器刻度的不准确引起的误差都是系统误差。

系统误差是由按确定规律变化的因素所造成的，这些误差因素是可以掌握的。如果能发现产生系统误差的原因,可以设法避免,或通过校正加以控制。具体来说,系统误差的产生有4个方面的因素。

(1)测量人员:由于测量者的个人特点,在刻度上估计读数时,习惯偏于某一方向;动态测量时,记录某一信号,有滞后的倾向。

(2)测量仪器装置:仪器装置结构设计原理存在缺陷,仪器零件制造和安装不正确,仪器附件制造有偏差。

(3)测量方法:采取近似的测量方法或近似的计算公式等引起的误差。

(4)测量环境:测量时,实际温度对标准温度的偏差,测量过程中温度、湿度等按一定规律变化的误差。

3.1.2 随机误差

在同一条件下,多次测量同一量值时,绝对值和符号以不可确定的方式变化的误差,称为随机误差(也称偶然误差和不定误差),即对系统误差进行修正后,还存在的测量值与真值之间的误差。例如,仪器仪表中传动部件的间隙和摩擦,连接件的变形等引起的示值不稳定等都是随机误差。这种误差的特点是在相同条件下,少量地重复测量同一个物理量时,误差有时大、有时小,有时正、有时负,没有确定的规律,且不可能预先测定;当观测次数足够多时,随机误差完全遵循概率统计的规律,即随机误差的出现没有确定的规律性,但就随机误差总体而言,具有统计规律性。

随机误差是由很多暂时未被掌握的因素造成的,主要有3个方面。

(1)测量人员:瞄准、读数的不稳定等。

(2)测量仪器装置:零部件、元器件配合的不稳定,零件的变形、零件表面油膜不均、零件之间的摩擦等。

(3)测量环境:测量温度的微小波动,湿度、气压的微量变化,光照强度变化,灰尘、电磁场变化等。

由于随机误差的形成取决于试验过程的一系列随机因素,试验者无法严格控制这些随机因素,因此,随机误差是不可避免的,试验人员可设法降低其影响,但不可能完全消除它。

3.1.3 粗大误差

明显歪曲测量结果的误差称为粗大误差。例如,测量者在测量时对错了标志、读错了数、记错了数等。凡包含粗大误差的测量值称为坏值。只要试验者工作时加强责任心,粗大误差是完全可以避免的。

发生粗大误差的原因主要有2个方面。

(1)测量人员的主观原因:测量者责任心不强,工作时过于疲劳,缺乏经验,操作不当,测量时不仔细、不耐心、马虎等,造成读错、听错、记错等。

(2)客观条件变化的原因:测量条件意外的改变(如外界振动等)引起仪器示值变化或被测对象位置发生改变等。

3.2 试验数据的精准度与判断

误差的大小可以反映出试验结果的好坏,误差可能是由随机误差或系统误差单独造成的,也可能是两者叠加造成的。为了说明这一问题,引入精密度、正确度和准确度这三个表示误差性质的术语。通常"精准度"包括精密度和准确度两层含义。

3.2.1 精密度

精密度(Precision)反映了随机误差的大小,是指在一定的试验条件下,多次重复试验值的彼此符合程度。精密度与重复试验时单次试验值的变动有关系,若试验数据分散程度较低,则说明精密度较高。例如,甲、乙二人对同一个量进行测量,得到两组试验值。

甲:11.45,11.46,11.45,11.44。

乙:11.39,11.45,11.48,11.50。

很显然,甲组数据的彼此符合程度高于乙组,故甲组数据的精密度较高。

精密度反映了随机误差的大小,因此对于无系统误差的试验,可以通过增加试验次数达到提高数据精密度的目的。若试验过程足够精密,则只需少量几次试验就能满足要求。

3.2.2 正确度

正确度(Trueness)反映了系统误差的大小,是指在一定的试验条件下,所有系统误差大小的程度。

由于随机误差和系统误差是两种不同性质的误差,因此对于某一组试验数据而言,精密度高并不意味着正确度也高;反之,精密度不高,但当试验次数足够多时,有时也会得到较高的正确度。精密度和正确度的关系如图3.2-1所示。

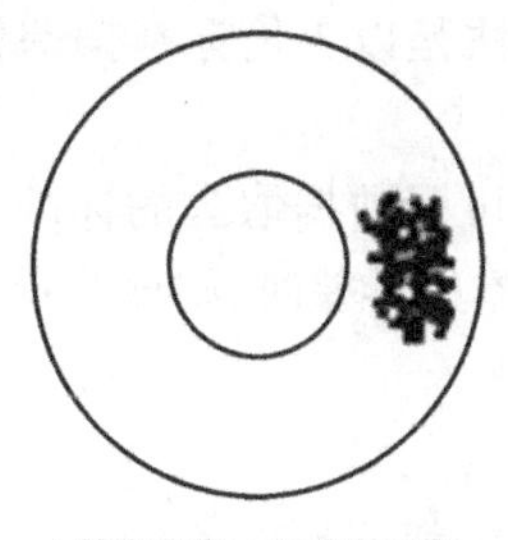

a)精密度高,正确度不高

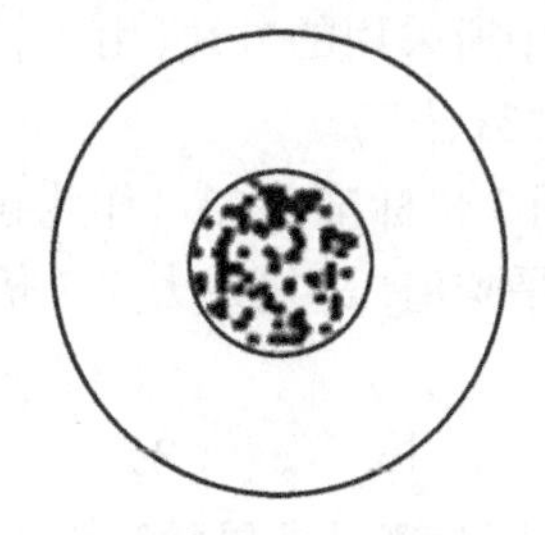

b)精密度高,正确度高

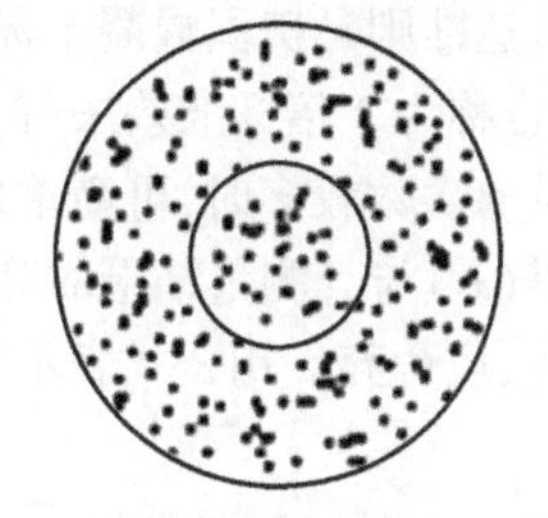

c)精密度不高,正确度高

图3.2-1 精密度和正确度的关系

3.2.3 准确度

准确度(Accuracy)反映了系统误差和随机误差的综合程度,表示试验结果与真值的一致程度。图3.2-1中,图a)具有精密度;图b)具有准确度;图c)具有正确度。

在对试验数据进行误差分析时,只讨论系统误差和随机误差两大类,而坏值在试验过程和分析中随时剔除。一个精密的测量(即精密度很高,随机误差很小的测量)可能是正确的,也可能是错误的(当系统误差很大,超出了允许的限度时)。所以,只有在消除了系统误差之后,随机误差越小的测量才是既正确又精密的,此时称它是精确(或准确)的测量。

3.3 可疑数据的取舍

在实际测量中,由于偶然误差的客观存在,所得的数据总存在着一定的离散性。也可能由于粗大误差出现个别离散较远的数据,这通常称为坏值或可疑值。如果保留了这些数据,由于坏值对测量结果的平均值的影响往往非常明显,故不能以平均值作为真值的估计值。反过来,如果把属于偶然误差的个别数据当作坏值处理,也许暂时可以报告出一个精确度较高的结果,但这是虚伪的、不科学的。

对于可疑数据的取舍一定要慎重,一般处理原则如下:

(1)在试验过程中,若发现异常数据,应停止试验,分析原因,及时纠正错误。

(2)试验结束后,在分析试验结果时,如发现异常数据,则应先找出产生差异的原因,再对其进行取舍。

(3)在分析试验结果时,如不清楚产生异常值的原因,则应对数据进行统计处理,常用的统计方法有拉依达(Pauta)准则、肖维勒(Chauvenet)准则、格拉布斯(Grubbs)准则、狄克逊(Dixon)准则、F 检验法等;若数据较少,则可重做一组数据。

(4)对于舍去的数据,在试验报告中应注明舍去的原因或所选用的统计方法。总之,对待可疑数据要慎重,不能任意抛弃或修改。往往通过对可疑数据的考察,可以发现引起系统误差的原因,进而改进试验方法,有时甚至可以得到新试验方法的线索。

下面介绍几种确定可疑数据取舍的方法。

3.3.1 拉依达(Pauta)准则

拉依达准则是美国混凝土标准中所采用的方法,由于该方法是以 3 倍标准偏差作为判别标准,故也称为 3 倍标准差法(简称"$3s$ 法")。

当试验次数较多时,可简单地用 3 倍标准差($3s$)作为确定可疑数据取舍的标准。当某一测量数据(x_i)与其测量结果的算术平均值($\bar{x}$)之差大于 3 倍样本标准差时,则该测量数据判定为异常值,应舍弃。用公式表示为

$$|x_i - \bar{x}| > 3s \tag{3.3-1}$$

式中,x_i为某一测量数据;$\bar{x}$、s 分别为测量结果的算术平均值、样本标准差。

采用 $3s$ 作为判定可疑数据取舍标准的理由是:根据随机变量的正态分布规律,在多次试验中,测量值落在$\bar{x} - 3s$ 与$\bar{x} + 3s$ 之间的概率为 99.73%,出现在此范围之外的概率仅为 0.27%,也就是在近 400 次试验中才能遇到 1 次,这种事件为小概率事件。因而在实际试验中一旦出现某测量数据符合$|x_i - \bar{x}| > 3s$,就认为该测量数据是不可靠的,应将其舍弃。

【例 3.3-1】对某新材料进行试验研究,其强度测试结果为(单位:MPa)23.0,24.5,26.0,25.0,24.8,27.0,25.5,31.0,25.4,25.8,试用拉依达准则判别该组试验可疑数据的取舍。

解:分析上述 10 个测量数据,$x_{max} = 31.0$、$x_{min} = 23.0$ 最可疑,故首先判别x_{max}和x_{min}。

$$\bar{x}=\frac{1}{n}\sum_{i=1}^{n}x_i=25.8$$

$$s=\sqrt{\frac{\sum_{i=1}^{n}(x_i-\bar{x})^2}{n-1}}\approx 2.1$$

$$3s=6.3$$

$$|x_{\max}-\bar{x}|=|31.0-25.8|=5.2<6.3$$

$$|x_{\min}-\bar{x}|=|23.0-25.8|=2.8<6.3$$

因此上述测量数据均需保留。

拉依达准则简单、方便，但严谨性不足，当试验次数较多或要求不高时可以使用。值得注意的是，当试验次数较少（如 $n<10$）时，在1组测量值中即使混有异常值也不能取舍。

3.3.2 格拉布斯准则

格拉布斯准则，即假定测量结果服从正态分布，根据顺序统计量来确定可疑数据的取舍。

若进行 n 次重复试验，试验结果为 $x_1,x_2,\cdots,x_i,\cdots,x_n$，而且服从正态分布。为了检验 $x_i(i=1,2,\cdots,n)$ 中是否有可疑值，可将测定值 x_i 按由小到大的顺序重新排列，得 $x_{(1)}\leqslant x_{(2)}\leqslant\cdots\leqslant x_{(n)}$。根据顺序统计原则，得出标准化顺序统计量 g。

当最小值 $x_{(1)}$ 可疑时，则

$$g=\frac{\bar{x}-x_{(1)}}{s} \tag{3.3-2}$$

当最大值 $x_{(n)}$ 可疑时，则

$$g=\frac{x_{(n)}-\bar{x}}{s} \tag{3.3-3}$$

根据格拉布斯统计量的分布，在指定的显著性水平 α（一般 $\alpha=0.05$）下，求得判别可疑值的临界值 $g_0(\alpha,n)$，见表3.3-1。格拉布斯准则的判别标准为

$$g\geqslant g_0(\alpha,n) \tag{3.3-4}$$

此时，测量值是异常的，应予以舍去。

利用格拉布斯准则每次只能舍弃一个可疑数据，若有两个及以上的可疑数据，应该逐个舍弃。计算 $g_{(1)}=\frac{\bar{x}-x_{(1)}}{s}$ 或 $g_{(n)}=\frac{x_{(n)}-\bar{x}}{s}$ 的值，选择两者中残余误差较大者予以舍去。

舍弃第一个数据后，试验次数由 n 变为 $n-1$，以此为基础再判别第二个可疑数据。

【例3.3-2】试用格拉布斯准则判别【例3.3-1】中试验数据的取舍。

解：(1)将测量数据按从小到大的次序排列：23.0,24.5,24.8,25.0,25.4,25.5,25.8,26.0,27.0,31.0。

(2)计算数据特征量：$\bar{x}=25.8$，$s=2.10$。

(3)计算统计量：

$$g_{(1)}=\frac{\bar{x}-x_{(1)}}{s}=\frac{25.8-23.0}{2.10}\approx 1.33$$

$$g_{(10)}=\frac{x_{(10)}-\bar{x}}{s}=\frac{31.0-25.8}{2.10}\approx 2.48$$

(4)选定显著性水平 $\alpha=0.05$，并根据 $\alpha=0.05$ 和 $n=10$，由表 3.3-1 查得$g_0(0.05,10)=2.18$。

(5)判别：由于$g_{(10)}>g_{(1)}$，首先判别$x_{(10)}$。$g_{(10)}=2.48>2.18$，所以$x_{(10)}=31.0$为异常值，应予以舍弃。

按照上述方法继续对余下的 9 个数据进行判别，经计算没有异常值。

格拉布斯检验临界值 $g_0(\alpha,n)$ 表 3.3-1

n	α		n	α	
	0.01	0.05		0.01	0.05
3	1.16	1.15	17	2.78	2.48
4	1.49	1.46	18	2.82	2.50
5	1.75	1.67	19	2.85	2.53
6	1.94	1.82	20	2.88	2.56
7	2.10	1.94	21	2.91	2.58
8	2.22	2.03	22	2.94	2.60
9	2.32	2.11	23	2.96	2.62
10	2.41	2.18	24	2.99	2.64
11	2.48	2.23	25	3.01	2.66
12	2.55	2.28	30	3.10	2.74
13	2.61	2.33	35	3.18	2.81
14	2.66	2.37	40	3.24	2.87
15	2.70	2.41	50	3.34	2.96
16	2.75	2.44	100	3.59	3.21

3.3.3 狄克逊准则

不同于前面两种异常值判别准则，狄克逊准则是用极差比的方法得到简化而严密的结果。

将测定值x_i按由小到大的顺序排列为$x_{(1)}\leqslant x_{(2)}\leqslant\cdots\leqslant x_{(n)}$，则可计算出狄克逊统计量的值，并利用狄克逊系数进行可疑数据的取舍判定，见表 3.3-2。若

$$f_0>f(\alpha,n) \tag{3.3-5}$$

式中，$f(\alpha,n)$与f_0为狄克逊系数。

则应剔除$x_{(1)}$或$x_{(n)}$。

若判别出测量列中有两个以上测得值含有粗大误差，此时只能首先剔除含有最大误差的测得值，然后重新计算测量列的算术平均值及标准差，再对余下的测得值进行判别。依此程序逐步剔除异常值，直至所有测得值皆不含粗大误差。

狄克逊系数 $f(\alpha,n)$ 与 f_0 计算公式表 表 3.3-2

<table>
<tr><th rowspan="2">n</th><th colspan="2">f_0计算公式</th><th colspan="2">$f(\alpha,n)$</th></tr>
<tr><th>$x_{(1)}$可疑时</th><th>$x_{(n)}$可疑时</th><th>$\alpha=0.01$</th><th>$\alpha=0.05$</th></tr>
<tr><td>3</td><td rowspan="5">$\frac{x_{(2)}-x_{(1)}}{x_{(n)}-x_{(1)}}$</td><td rowspan="5">$\frac{x_{(n)}-x_{(n-1)}}{x_{(n)}-x_{(1)}}$</td><td>0.988</td><td>0.941</td></tr>
<tr><td>4</td><td>0.889</td><td>0.765</td></tr>
<tr><td>5</td><td>0.780</td><td>0.642</td></tr>
<tr><td>6</td><td>0.698</td><td>0.560</td></tr>
<tr><td>7</td><td>0.637</td><td>0.507</td></tr>
<tr><td>8</td><td rowspan="3">$\frac{x_{(2)}-x_{(1)}}{x_{(n-1)}-x_{(1)}}$</td><td rowspan="3">$\frac{x_{(n)}-x_{(n-1)}}{x_{(n)}-x_{(2)}}$</td><td>0.683</td><td>0.554</td></tr>
<tr><td>9</td><td>0.635</td><td>0.512</td></tr>
<tr><td>10</td><td>0.597</td><td>0.477</td></tr>
<tr><td>11</td><td rowspan="3">$\frac{x_{(3)}-x_{(1)}}{x_{(n-1)}-x_{(1)}}$</td><td rowspan="3">$\frac{x_{(n)}-x_{(n-2)}}{x_{(n)}-x_{(2)}}$</td><td>0.679</td><td>0.576</td></tr>
<tr><td>12</td><td>0.642</td><td>0.546</td></tr>
<tr><td>13</td><td>0.615</td><td>0.521</td></tr>
<tr><td>14</td><td rowspan="17">$\frac{x_{(3)}-x_{(1)}}{x_{(n-2)}-x_{(1)}}$</td><td rowspan="17">$\frac{x_{(n)}-x_{(n-2)}}{x_{(n)}-x_{(3)}}$</td><td>0.641</td><td>0.546</td></tr>
<tr><td>15</td><td>0.616</td><td>0.525</td></tr>
<tr><td>16</td><td>0.595</td><td>0.507</td></tr>
<tr><td>17</td><td>0.577</td><td>0.490</td></tr>
<tr><td>18</td><td>0.561</td><td>0.475</td></tr>
<tr><td>19</td><td>0.547</td><td>0.462</td></tr>
<tr><td>20</td><td>0.535</td><td>0.450</td></tr>
<tr><td>21</td><td>0.524</td><td>0.440</td></tr>
<tr><td>22</td><td>0.514</td><td>0.430</td></tr>
<tr><td>23</td><td>0.505</td><td>0.421</td></tr>
<tr><td>24</td><td>0.497</td><td>0.413</td></tr>
<tr><td>25</td><td>0.489</td><td>0.406</td></tr>
<tr><td>26</td><td>0.486</td><td>0.399</td></tr>
<tr><td>27</td><td>0.475</td><td>0.393</td></tr>
<tr><td>28</td><td>0.469</td><td>0.387</td></tr>
<tr><td>29</td><td>0.463</td><td>0.381</td></tr>
<tr><td>30</td><td>0.457</td><td>0.376</td></tr>
</table>

【例 3.3-3】试用狄克逊准则判别【例 3.3-1】中试验数据的取舍。

解：(1)将测量数据按从小到大的次序排列：23.0,24.5,24.8,25.0,25.4,25.5,25.8,26.0,27.0,31.0。

(2)计算数据：

特征量：$\bar{x}=25.8$，$s=2.10$。

(3)计算狄克逊统计量f_0：

$$f_{0(1)}=\frac{x_{(2)}-x_{(1)}}{x_{(9)}-x_{(1)}}=\frac{24.5-23.0}{27.0-23.0}=0.375$$

$$f_{0(10)}=\frac{x_{(10)}-x_{(9)}}{x_{(10)}-x_{(2)}}=\frac{31.0-27.0}{31.0-24.5}\approx 0.615$$

(4)判别。

查表3.3-2，当$n=10$且显著性水平$\alpha=0.05$时，$f(0.05,10)=0.477$。$f_{0(10)}>f(0.05,10)$，表明$x_{(10)}=31.0$为异常值，应予以舍弃，而$x_{(1)}=23.0$应保留。继续对余下的9个数据进行判别，经计算没有异常值。

狄克逊准则的优点是方法简便，概率意义明确，但当计量次数较少时，如3～5次，只是拒绝接受偏差很大的数据。狄克逊准则将非异常值误判为异常值的可能性很小，而把异常值误判为非异常值的可能性较大。

应用上述判定准则时应注意以下几点：

(1)剔除可疑数据时，首先应对样本观测值中的最大值和最小值进行判断，它们是可疑数据的可能性很大。

(2)可疑数据每次只能剔除一个，剩下的样本观测值须重新计算，做第二次判断。如此逐个剔除，直至无可疑数据。不能一次同时剔除多个样本观测值。

(3)对同一组数据中的可疑值用不同的方法进行检验，测得的结论不一定相同，检验出一个可疑值时以格拉布斯准则为准，检验出一个以上可疑值时以狄克逊准则为准。

(4)显著性水平应尽量选得稍小一些，以使数据不被轻易剔除。如显著性水平α在0.01和0.05中任选其一，则常常选取0.01。

3.3.4 MATLAB编程实现异常数据剔除

若用MATLAB编写程序判别【例3.3-1】中测量数据的取舍，则在MATLAB命令窗口中输入：

```
function[y,yd] = rds(x,mk,alpha)
x = x(:);
y = x;yd = [];
if nargin <2
   mk = 'p';
end
if nargin <3
   alpha =0.01;
end
done =1;
while done
   done =0;
   [y,ydtm] = jisuan(x,mk,alpha);
   if length(ydtm) >0
```

```
        yd = [yd;ydtm];
        x = y;
        vdone = 1;
    end
end
function y = pauta(n,alpha)
n = min(n,29);
k = 1 + isequal(alpha,0.05);
G = [0,0;0,0;1.1600,1.1500;1.4900,1.4600;1.7500,1.6700;
1.9400,1.8200;2.1000,1.9400;2.2200,2.0300;2.3200,2.1100;
2.4100,2.1800;2.4800,2.2300;2.5500,2.2800;2.6100,2.3300;
2.6600,2.3700;2.7000,2.4100;2.7500,2.4400;2.7800,2.4800;
2.8200,2.5000;2.8500,2.5300;2.8800,2.5600;2.9100,2.5800;
2.9400,2.6000;2.9600,2.6200;2.9900,2.6400;3.0100,2.6600];
y = G(n,k);
function[y,yd] = jisuan(x,mk,alpha);
y = x;yd = [];
n = length(y);
switch mk
case{'p','P' = }
    jie = 3 * std(y);
case{'g','G'}
    jie = pauta(n,alpha) * std(y);
end
indl = find(abs(y - mean(y)) > jie);
[tem,ind] = max(abs(y - mean(y)));
if ismember(ind,ind1)
    yd = y(ind);
    y(ind) = [];
end
```

函数 rds 用于剔除数据,其调用格式如下。

[y,yd] = rds(x)

输入参数 x 是向量;输出参数 y 是剔除异常数据后所剩下的数据,输出参数 yd 是剔除的数据。

[y,yd] = rds(x,mk)

输入参数 mk 是剔除数据的算法标志(可选);“p”或“P”是拉依达准则; “g”或“G”是格拉布斯准则。默认使用拉依达准则。

[y,yd] = rds(x,mk,alpha)

输入参数 alpha 是显著性水平(可选),可取值 0.01 或 0.05 等,默认值为 0.01。

在 MATLAB 命令窗口中输入:

```
>> x = [23.0; 24.5; 26.0; 25.0; 24.8; 27.0; 25.5; 31.0; 25.4; 25.8];
>> [y,yd1] = rds(x);yd1
```

运行后显示:

```
yd1 =
```

在 MATLAB 命令窗口中继续输入:

```
>> [y,yd2] = rds(x,'G',0.05);yd2
```

运行后显示:

```
yd2 =
      31.0000
```

3.4 随机误差的判断

随机误差的大小可用试验数据的精密度来反映,而精密度的高低可用方差来度量,所以,对测试结果进行方差检验,即可判断各试验方法或试验结果随机误差之间的关系。

3.4.1 χ^2 检验及 MATLAB 应用

χ^2 检验适用于单个正态总体的方差检验,即在试验数据的总体方差已知的情况下,对试验数据的随机误差或精密度进行检验。

若一组试验数据 $x_1, x_2, \cdots, x_n$ 服从正态分布,则统计量$\frac{(n-1)s^2}{\sigma^2} \sim \chi^2(n-1)$。

对于给定的显著性水平 α,由χ^2分布表(见附表 3)查得临界值进行比较,就可判断两方差之间有无显著差异。显著性水平 α 一般为 0.01 或 0.05。

双尾检验时,若$\chi^2_{1-\frac{\alpha}{2}}(n-1) < \chi^2_0 < \chi^2_{\frac{\alpha}{2}}(n-1)$,则可判定该组数据的方差与原总体方差无显著差异,否则有显著差异。

单尾检验时,若$\chi^2_0 > \chi^2_{1-\alpha}(n-1)$,则判定该组数据的方差较原总体方差无显著减小,否则有显著减小,此为左尾检验;若$\chi^2_0 < \chi^2_{\alpha}(n-1)$,则判定该组数据的方差较原总体方差无显著增大,否则有显著增大,此为右尾检验。

如果研究的问题只需判断有无显著差异,则采用双尾检验;如果关心的是某个参数是否比某个值偏大(或偏小),则宜采用单尾检验。

【例 3.4-1】测定某材料的弹性模量,在正常情况下测定方差$\sigma^2 = 3.5^2$,仪器设备检修后,用它测定同样的样品,测得的弹性模量(单位:GPa):38.50,39.00,40.25,39.25,43.00,39.75,41.25。

试问:(1)仪器设备经过检修后稳定性是否有了显著变化?(2)仪器设备检修后稳定性是否更好?($\alpha = 0.05$)

解:(1)本例题中提到的"稳定性"实际反映的是随机误差大小,检修后试验结果的样本方差比正常情况下的方差显著变大或变小,都认为仪器的稳定性有了显著变化,可用χ^2双尾检验。

根据上述数据得

$$s^2 = 2.393$$

$$\chi^2 = \frac{(n-1)s^2}{\sigma^2} = \frac{6 \times 2.393}{3.5^2} \approx 1.172$$

由$\alpha = 0.05$,$n = 7$,查χ^2分布表,得$\chi^2_{0.025}(6) = 14.449$,$\chi^2_{0.975}(6) = 1.237$,可见落在区间(1.237,14.449)之外,所以仪器设备经检修后稳定性有显著变化。

(2)要判断仪器检修后稳定性是否更好,只要检验检修后的设备方差有无显著减小即可,可用左尾检验。由$\alpha = 0.05$,$n = 7$,查χ^2分布表,得$\chi^2_{0.95}(6) = 1.635$,$\chi^2 < \chi^2_{0.95}(6)$,所以仪器经检修后稳定性比以前更好。

用 MATLAB 程序实现χ^2检验如下:

```
function yout = chis(x,varargin)
sigma = 1;tail = 0;alpha = 0.05;yout = 0;
if nargin > 1
    tmp = varargin{1};
    if isnumeric(tmp)&&(tmp > 0)
        sigma = tmp;
    end
end
if nargin > 2
    tmp = varargin{2};
    if isnumeric(tmp)&&(tmp > 0)&&(tmp < 1)
        alpha = tmp;
    end
end
if nargin > 3
    tmp = varargin{3};
    if isnumeric(tmp)
        tail = tmp;
    end
end
```

```
x = x(:);
n = length(x);
TT = (n - 1) * var(x)/sigma;
switch tail
    case - 1
        sui = chi2inv(alpha,n - 1);
        yout = (TT < = sui);
    case 1
        sui = chi2inv(1 - alpha,n - 1);
        yout = (TT > = sui);
    otherwise
        si = chi2inv(alpha/2,n - 1);
        lian = chi2inv(1 - alpha/2,n - 1);
        yout = (TT < si) | (TT > lian);
end
end
```

函数 chis 用于进行单个正态总体的卡方检验,其调用格式如下。

yout = chis(x)

输入参数 x 是检验的数据,默认正态总体的方差是1,进行双尾检验。输出参数取值为1,表示拒绝原假设;输出参数为0,表示不能拒绝原假设。

yout = chis(x, sigma2)

第二个输入参数是总体方差(不是均方差)。默认值为1。

yout = chis(x, sigma2, alpha)

第三个输入参数为检验的显著性水平。默认值为0.05。

yout = chis(x, sigma2, alpha, tail)

第四个输入参数 tail 指明检验的类型:双尾检验为0;左尾检验为 -1;右尾检验为1。默认值为0,进行双尾检验。

在命令窗口中输入:

```
>> x = [38.50 39.00 40.25 39.25 43.00 39.75 41.25];
>> y1 = chis(x,0.15 * 0.15,0.05,0)
```

运行后显示:

```
y1 =
    1
```

说明经检修后仪器稳定性有显著变化。

继续在命令窗口中输入：

```
>> y2 = chis(x,0.15 * 0.15,0.05, -1)
```

运行后显示：

```
y2 =
    1
```

说明经检修后仪器的稳定性比以前更好。

3.4.2 *F* 检验及 MATLAB 应用

F 检验适用于两组服从正态分布的试验数据之间的精密度的比较。

设有两组试验数据$x_1, x_2, \cdots, x_{n_1}$与$y_1, y_2, \cdots, y_{n_2}$，两组数据都服从正态分布，样本方差分别为$s_1^2$和$s_2^2$，则 $F = \frac{s_1^2}{s_2^2} \sim F(n_1 - 1, n_2 - 1)$。

对于给定的显著性水平 α，将所计算出的 F 值与临界值（见附表 4）比较，即可得出检验结论。

双尾检验时，若$F_{1-\frac{\alpha}{2}}(n_1 - 1, n_2 - 1) < F < F_{\frac{\alpha}{2}}(n_1 - 1, n_2 - 1)$，表示$\sigma_1^2$与$\sigma_2^2$无显著差异，否则有显著差异。

单尾检验时，若 $F < 1$ 且 $F > F_{1-\alpha}(n_1 - 1, n_2 - 1)$，则判定 σ_2 较 σ_1 无显著减小，否则有显著减小，此为左尾检验；若 $F < 1$ 且 $F < F_{\alpha}(n_1 - 1, n_2 - 1)$，则判定 σ_2 较 σ_1 无显著增大，否则有显著增大，此为右尾检验。

【例 3.4-2】用新、旧仪器设备测定某材料的弹性模量（单位：GPa），测定结果如下。

新仪器测定结果：37.90，39.35，40.20，42.15，38.25，37.95，40.35，41.80，38.90，39.60。

旧仪器测定结果：39.15，36.60，36.80，38.55，39.50，40.25，39.25，43.50，39.75，41.25，37.20。

试问：(1) 新、旧仪器设备的精密度是否有显著差异？(2) 新仪器设备的精密度是否有显著提高？（$\alpha = 0.05$）

解：(1) 依题意，新仪器设备测得的数据方差可能大，也可能小，所以采用 F 双尾检验。根据试验值计算出两组数据的方差及 F 值：

$$s_1^2 = 2.248, \quad s_2^2 = 4.110$$

$$F = \frac{s_1^2}{s_2^2} = 0.547$$

由显著性水平 $\alpha = 0.05$，查 F 分布表得$F_{0.975}(9,10) = 0.252$，$F_{0.025}(9,10) = 3.78$，所以$F_{0.975}(9,10) < F < F_{0.025}(9,10)$，两组数据的方差没有显著性差异，即新、旧仪器设备的精密度没有显著差异。

(2) 依题意，要判断新仪器设备是否比旧仪器设备的精密度更高，只要检验新仪器设备较旧仪器设备测得数据的方差有无显著减小即可,可用 F 单尾(左尾)检验。由 $\alpha = 0.05$,查 F 分布表得$F_{0.95}(9,10) = 0.319$,所以 $F > F_{0.95}(9,10)$,说明新仪器设备较旧仪器设备测得数据的方差没有显著减小,即新仪器设备的精密度没有显著提高。

用 MATLAB 程序实现 F 检验如下:

```
function yout = f2ts(x,y,varargin)
tail =0;alpha =0.05;yout =0;
if nargin <2
    error('至少应有两组输入参数')
end
if nargin >2
    tmp = varargin {1};
    if isnumeric(tmp)&&(tmp >0)&&(tmp <1)
        alpha = tmp;
    end
end
if nargin >3
    tmp = varargin{2};
    if isnumeric(tmp)
        tail = tmp;
    end
end
x =x(:); y =y(:);
n1 = length(x);n2 = length(y);
TT = var(x)/var(y);
switch tail
    case -1
        sui = finv(alpha,n1 -1,n2 -1);
        yout = (TT > =1)||(TT < =sui);
    case 1
        sui = finv(1 -alpha,n1 -1,n2 -1);
        yout = (TT < =1)||(TT > =sui);
    otherwise
        si = finv(alpha/2,n1 -1,n2 -1);
        lian = finv(1 -alpha/2,n1 -1,n2 -1);
        yout = (TT < =si)||(TT > =lian);
end
end
```

函数 f2ts 用来进行两组服从正态分布的试验数据之间的精密度的比较——F 检验(方差齐性检验),其调用格式如下。

yout = f2ts(x,y)

第一个输入参数 x 是一组数据;第二个输入参数 y 是另一组数据。输出参数为 1,表示拒绝原假设;输出参数为 0,表示不能拒绝原假设。默认是在显著性水平 0.05 下,进行双尾检验。

yout = f2ts(x,y,alpha)

第三个输入参数 alpha 是检验的显著性水平,默认值为 0.05。

yout = f2ts(x,y,alpha,tail)

第四个输入参数 tail 是检验的类型:双尾检验为 0;左尾检验为 -1;右尾检验为 1。默认值为 0。

在命令窗口中输入:

```
>> x = [37.90 39.35 40.20 42.15 38.25 37.95 40.35 41.80 38.90 39.60];
>> y = [39.15 36.60 36.80 38.55 39.50 40.25 39.25 43.50 39.75 41.25 37.20];
>> yout1 = f2ts(x,y,0.05,0)
```

运行后显示:

```
yout1 =
        0
```

表示不能拒绝原假设,说明两种方法的精密度没有显著差异。

继续在命令窗口中输入:

```
>> yout2 = f2ts(x,y,0.05,-1)
```

运行后显示:

```
yout2 =
        0
```

表示不能拒绝原假设,说明新仪器设备较旧仪器设备测得数据的精密度没有显著提高。

3.5 系统误差的检验

在相同条件下的多次重复试验无法发现系统误差,只有改变形成误差的条件,才能发现系统误差。对试验结果必须进行检验,以便能及时减小系统误差,提高试验结果的正确度。

若试验数据的平均值与真值的差异较大,就认为试验数据的正确度不高,试验数据与试验方法的系统误差较大,所以对试验数据的平均值进行检验,实际上是对系统误差进行检验。

3.5.1 平均值与给定值比较及 MATLAB 应用

若有一组试验数据服从正态分布,要检验这组数据的算术平均值是否与给定值有显著差异,则检验统计量 $t=\dfrac{\bar{x}-\mu_0}{s/\sqrt{n}}\sim t(n-1)$。$s$ 是 $n(n<30)$ 个试验数据的样本标准差,μ_0 是给定值(可以是真值、期望或标准值),根据给定的显著性水平 α,将计算出的 t 值与临界值(见附表2)比较,即可得到检验结论。

双尾检验时,若 $|t|<t_{\frac{\alpha}{2}}(n-1)$,则可判定该组数据的平均值与给定值无显著差异,否则有显著差异。

左尾检验时,若 $t<0$,且 $t>-t_\alpha(n-1)$ 或 $|t|<t_\alpha(n-1)$,则判定该组数据的平均值较给定值无显著减小,否则有显著减小。

右尾检验时,若 $t>0$,且 $t<t_\alpha(n-1)$,则判定该组数据的平均值较给定值无显著增大,否则有显著增大。

【例 3.5-1】为了判断某种新型快速水分测定仪的可靠性,用该仪器测定了某试剂含水量为 7.5% 的标准样品,5 次测量结果:7.6%,7.8%,8.5%,8.3%,8.7%。显著性水平 $\alpha=0.05$。

试检验:(1)该仪器的测量结果是否存在显著的系统误差?(2)该仪器的测量结果较标准值是否显著偏大?

解:本例属于平均值与标准值之间的比较,问题(1)适用双尾检验,问题(2)适用单尾检验。根据题意有

$$\bar{x}=8.2,\quad s=0.47$$

$$t=\frac{\bar{x}-\mu_0}{\frac{s}{\sqrt{n}}}=\frac{8.2-7.5}{\frac{0.47}{\sqrt{5}}}\approx 3.3$$

根据 $\alpha=0.05$,查附表 2 得 $t_{0.025}(4)=2.7764$,$t_{0.05}(4)=2.1318$。

因为 $t>t_{0.025}(4)$,所以新仪器的测量结果有显著系统误差。

因为 $t>t_{0.05}(4)$,所以新仪器的测量结果较标准值显著偏大。

在 MATLAB 中,用函数 ttest 进行单总体均值的 t 检验。其调用格式如下。

$y=\mathrm{ttest}(x,m)$

输入参数 x 为观察数据,输入参数 m 为给定值。进行显著性水平为 0.05 的双尾检验。输出参数 $y=1$ 表示拒绝原假设,$y=0$ 表示不能拒绝原假设。

$y=\mathrm{ttest}(x,m,\mathrm{alpha})$

给定显著性水平 alpha,进行双尾检验。

$y=\mathrm{ttest}(x,m,\mathrm{alpha},\mathrm{tail})$

输入参数 tail 指定检验类型。tail = 0 表示进行双尾检验;tail = -1 表示进行左尾检验;tail = 1 表示进行右尾检验。

在命令窗口中输入：

```
>> x = [7.6 7.8 8.5 8.3 8.7];
>> y1 = ttest(x,7.5,0.05,0)
```

运行后显示：

```
y1 =
     1
```

说明仪器的测量结果存在显著的系统误差。

继续在命令窗口中输入：

```
>> y2 = ttest(x,7.5,0.05,1)
```

运行后显示：

```
y2 =
     1
```

说明仪器的测量结果较标准值显著偏大。

3.5.2 两个平均值比较及 MATLAB 应用

设有两组试验数据 $x_1, x_2, \cdots, x_{n_1}$ 与 $y_1, y_2, \cdots, y_{n_2}$。两组数据都服从正态分布。根据两组数据的方差是否存在显著差异，分以下两种情况进行分析。

如果两组数据的方差无显著差异，则统计量 $t = \dfrac{\bar{x} - \bar{y}}{s_w \sqrt{\dfrac{1}{n_1} + \dfrac{1}{n_2}}} \sim t(n_1 + n_2 - 2)$，$s_w$ 为合并标准差，其计算公式为 $s_w = \sqrt{\dfrac{(n_1 - 1)s_1^2 + (n_2 - 1)s_2^2}{n_1 + n_2 - 2}}$；如果两组数据的精密度或方差有显著差异，则统计量 $t = \dfrac{\bar{x} - \bar{y}}{\sqrt{\dfrac{s_1^2}{n_1} + \dfrac{s_2^2}{n_2}}} \sim t(\mathrm{df})$，$\mathrm{df} = \dfrac{(s_1^2/n_1 + s_2^2/n_2)^2}{\dfrac{(s_1^2/n_1)^2}{n_1 + 1} + \dfrac{(s_2^2/n_2)^2}{n_2 + 1}} - 2$。

根据给定的显著性水平 α，将计算出的 t 值与临界值比较，即可得到检验结论。

双尾检验时，若 $|t| < t_{\frac{\alpha}{2}}$，则可判定两平均值无显著差异，否则有显著差异。

单尾检验时（左尾检验），若 $t < 0$，且 $t > -t_\alpha(\mathrm{df})$，则判定平均值 1 较平均值 2 无显著减小，否则有显著减小。

单尾检验时（右尾检验），若 $t > 0$，且 $t < t_\alpha(\mathrm{df})$，则判定平均值 1 较平均值 2 无显著增大，否则有显著增大。

【例 3.5-2】某工程师比较改良配方砂浆与未改良配方砂浆的抗折强度（又称黏合强度），改良的砂浆配方在水泥砂浆的原配方中加入了聚合乳胶液。试验者收集了改良配方砂浆抗折强度的 10 个观察值和未改良配方砂浆抗折强度的 10 个观察值。

改良配方砂浆抗折强度:

165.2,160.8,168.8,160.3,162.0,167.1,166.3,168.2,162.37,162.5;

未改良配方砂浆抗折强度:

171.6,172.9,179.0,176.5,175.1,174.1,178.7,175.5,176.1,178.0。

假设两种配方砂浆的抗折强度的方差是相同的,对于给定的显著性水平 $\alpha=0.05$,试检验改良配方砂浆与未改良配方砂浆抗折强度是否存在显著的系统误差?

解:根据试验数据计算得

$$\bar{x}=164.36,\quad s_1^2=9.842,\quad \bar{y}=175.75,\quad s_2^2=5.952$$

又 $s_w=\sqrt{\dfrac{(10-1)s_1^2+(10-1)s_2^2}{10+10-2}}=2.810,\quad t_{0.025}(18)=2.1009$

而

$$t=\frac{\bar{x}-\bar{y}}{s_w\sqrt{\dfrac{1}{10}+\dfrac{1}{10}}}=-9.063$$

$|t|>t_{0.025}$,说明改良配方砂浆与未改良配方砂浆抗折强度存在显著的系统误差。

在 MATLAB 中,当样本标准差相等时,用函数 ttest2 进行两个样本的平均值比较,其调用格式如下。

h = ttest2(x,y)

输入参数 x 和 y 两组数据。在显著性水平为 0.05 下,进行双尾检验。

h = ttest2(x,y,alpha)

在显著性水平为 alpha 下进行双尾检验。

h = ttest2(x,y,alpha,tail)

输入参数 tail 指定检验类型。tail = 0 是双尾检验;tail = −1 是左尾检验;tail = 1 是右尾检验。

由于这一函数不能处理方差不相等时的均值比较,为此编写函数 ttest2s,在方差不相等时进行两个样本的平均值比较。在命令窗口中输入:

```
function yout = ttest2s(x,y,varargin)
alpha =0.05;tail =0; yout =0;
if nargin <2
    error('至少应有两组输入数据');
end
x =x(:);y =y(:);
if nargin >2
    tmp = varargin{1};
    if isnumeric(tmp)&&(tmp >0)&&(tmp <1)
       alpha = tmp;
    end
end
```

```
if nargin > 3
    tmp = varargin{2};
    if isnumeric(tmp)
        tail = tmp;
    end
end
n1 = length(x);
n2 = length(y);
TT(mean(x) - mean(y))/sqrt(var(x)/n1 + var(y)/n2);
xn1 = var(x)/nl;
yn2 = var(y)/n2;
df = floor((xn1 + yn2)^2/(xn1^2/(n1 + 1) + yn2^2/n2)) - 2;
switch tail
    case -1
        sui = dixon(1 - alpha, df);
        yout = (abs(TT) > -sui)||(TT > =0);
    case 1
        sui = dixon(1 - alpha, df);
        yout = (abs(TT) - sui)||(TT < =0);
    otherwise
        sui = dixon(1 - alpha/2, df);
        yout = (abs(TT) > -sui);
end
end
```

函数 ttest2s 的调用格式如下。

yout = ttest2s(x,y)

输入参数x、y是两组试验数据。默认显著性水平为0.05,进行双尾检验。

yout = ttest2s(x,y,alpha)

在显著性水平为 alpha 下进行双尾检验。默认 alpha =0.05。

yout = ttest2s(x,y,alpha,tail)

输入参数 tail 是检验类型,tail =0 是双尾检验;tail = -1 是左尾检验;tail =1 是右尾检验。默认 tail =0。

在命令窗口中输入:

```
>> x = [165.2,160.8,168.8,160.3,162.0,167.1,166.3,168.2,162.37,162.5];
>> y = [171.6,172.9,179.0,176.5,175.1,174.1,178.7,175.5,176.1,178.0];
>> yout = ttest2(x,y,0.05)
```

运行后显示：

```
yout =
     1
```

表示拒绝原假设，说明改良配方砂浆与未改良配方砂浆抗折强度存在显著的系统误差。

3.5.3 成对数据比较及 MATLAB 应用

在某些试验中，试验数据是成对出现的，除了被比较的因素之外，其他条件是相同的。例如，用两种分析方法或用两种仪器测定同一来源的样品，或两名分析人员用同样的方法测定同一来源的样品，以判断两种分析方法、两种仪器或两名分析人员的测定结果之间是否存在显著的系统误差。

成对数据的比较，是把成对数据之差的总体平均值与零或其他给定值进行比较，采用的统计量为 $t=\dfrac{\overline{d}-d_0}{s_d/\sqrt{n}}\sim t(n-1)$，$d_0$可取零或给定值，$\overline{d}$ 是成对测定值之差的算术平均值，即

$\overline{d}=\dfrac{\sum_{i=1}^{n}(x_i-y_i)}{n}=\dfrac{\sum_{i=1}^{n}d_i}{n}$，$s_d$是 n 对试验值之差的样本标准差，即 $s_d=\sqrt{\dfrac{\sum_{i=1}^{n}(d_i-\overline{d})^2}{n-1}}$。

对于给定的显著性水平 α，如果 $|t|<t_{\frac{\alpha}{2}}$，则成对数据之间不存在显著的系统误差，否则两组数据之间存在显著的系统误差。

需要指出的是，成对试验的自由度为 $n-1$，而分组试验的自由度为 n_1+n_2-2，后者自由度较大，所以统计检验的灵敏度较高。一般来说，当所研究因素的效应比其他因素的效应大得多，或其他因素可以严格控制时，采用分组试验法比较合适，否则可采用成对试验法。

【例 3.5-3】用 x、y 两种方法测定某水剂型铝粉膏（加气混凝土用）的发气率，测得 4min 发气率的数据如表 3.5-1 所示。

某水剂型铝粉膏 4min 发气率 表 3.5-1

x	44%	45%	50%	55%	48%	49%	53%	42%
y	48%	51%	53%	57%	56%	41%	47%	50%
$d=x-y$	-4%	-6%	-3%	-2%	-8%	8%	6%	-8%

试问：x、y 两种方法之间是否存在显著的系统误差？（$\alpha=0.05$）

解：按成对数据来检验，若两种方法之间无显著的系统误差，则可设 $d_0=0$，由观察值得 $\overline{d}=-2.125$，$s_d=6.058$，$n=8$，$t=\dfrac{\overline{d}-d_0}{s_d/\sqrt{n}}=\dfrac{-2.125-0}{6.058/\sqrt{8}}\approx-0.992$，查附表 2 得 $t_{0.025}(7)=2.3646$，显然 $|t|<t_{\frac{\alpha}{2}}$，所以两种测量方法的正确度是一致的。

在 MATLAB 命令窗口中输入：

```
function yout = ttestds(x,y,varargin)
if nargin <2
```

```
        error('至少应有两组输入数据');
    end
    x=x(:);y=y(:);
    d0=0;alpha=0.05;tail=0;yout=0;
    if length(x)~=length(y)
        error('输入的两组数据个数必须相等');
    end
    xy=x-y;
    if nargin>2
        tmp=varargin{1};
        if isnumeric(tmp)
            d0=tmp;
        end
    end
    if nargin>3
        tmp=varargin{2};
        if isnumeric(tmp)&&(tmp>0)&&(tmp<1)
            alpha=tmp;
        end
    end
    if nargin>4
        tmp=varargin{3};
        if isnumeric(tmp)&&ismember(tmp,[-1,0,1])
            tail=tmp;
        end
    end
    end
```

函数 ttestds 的调用格式如下。

yout = ttestds(x,y)

输入参数x,y是数据个数相等的两组数据。默认数据差是0;在显著性水平为0.05下,进行双尾检验。

yout = ttestds(x,y,$d0$)

输入参数$d0$是数据差的指定值,默认值为0。

yout = ttestds(x,y,$d0$,alpha)

输入参数 alpha 是检验的显著性水平,默认值是0.05。

yout = ttestds(x,y,$d0$,alpha,tail)

输入参数 tail 是检验的类型:双尾检验为0;左尾检验为-1;右尾检验为1。

在命令窗口中输入:

```
>> x = [44,45,50,55,48,49,53,42];
>> y = [48,51,53,57,56,41,47,50];
>> yout = ttestds(x,y,0,0.05)
```

运行后显示：

```
yout =
    0
```

表示不能拒绝原假设,说明 x、y 两种方法不存在显著系统误差。

习　题

3.1　编写按狄克逊准则判断异常数据的 MATLAB 程序。

3.2　某材料强度测试数据列于题 3.2 表,检验并剔除异常数据。

某材料强度测试数据(单位:MPa)　　题 3.2 表

序号 i	x_i	序号 i	x_i	序号 i	x_i
1	39.2	11	47.7	21	38.5
2	33.9	12	35.5	22	39.46
3	45.9	13	35.3	23	41.29
4	48.6	14	32.3	24	42.24
5	44.4	15	31.1	25	35.6
6	39.5	16	46.19	26	35.3
7	37.9	17	37.9	27	43.6
8	47.7	18	41.7	28	42.8
9	43.3	19	20.7	29	39.7
10	36.9	20	47.45	30	35.5

第4章

线性回归分析

回归分析(Regression Analysis)是确定两种或两种以上变量间相互依赖的定量关系的一种统计分析方法。基于回归分析法可建立一个相关性较好的回归方程(函数表达式),用于预测因变量今后的变化规律。在各种回归分析方法中,线性回归通常是学习预测模型时首选的方法之一。本章介绍一元及多元线性回归方法的相关知识。

4.1　一元线性回归模型

一元线性回归是描述两个变量之间相关关系最简单的回归模型,通过学习一元线性回归模型的建立过程,可以了解回归分析方法的基本思想以及它在实际问题研究中的应用原理。

4.1.1　一元线性回归模型的数学形式

针对所研究的问题,首先收集与它有关的 n 组样本数据 (x_i, y_i),其中 $i = 1, 2, \cdots, n$。若只考虑两个变量间的关系,则描述 x 与 y 间线性关系的数学结构通常用式(4.1-1)表示。

$$y = \beta_0 + \beta_1 x + \varepsilon \tag{4.1-1}$$

式中,x、y 分别为解释变量(自变量)和被解释变量(因变量);β_0、β_1、ε 分别为回归常数、回归系数、其他随机因素的影响。

式(4.1-1)称为变量 y 对 x 的一元线性回归理论模型,其将实际问题中变量 y 与 x 之间的关系用两个部分描述。一部分是由 x 的变化引起的 y 的线性变化,即 $\beta_0+\beta_1 x$,另一部分是由其他随机因素引起的,记为 ε。

一般假定 ε 是不可观测的随机误差,它是一个随机变量,通常假定 ε 满足

$$\begin{cases} E(\varepsilon)=0 \\ \mathrm{Var}(\varepsilon)=\sigma^2 \end{cases} \tag{4.1-2}$$

式中,$E(\varepsilon)$为 ε 的数学期望;$\mathrm{Var}(\varepsilon)$为 ε 的方差。

对式(4.1-1)两端求期望得回归方程

$$E(y)=\beta_0+\beta_1 x \tag{4.1-3}$$

式中,$E(y)$表示 y 的数学期望。

一般情况下,对所研究的某个实际问题,获得 n 组样本观测值$(x_1,y_1),(x_2,y_2),\cdots,(x_n,y_n)$,如果它们符合一元线性回归模型,则

$$y_i=\beta_0+\beta_1 x+\varepsilon_i \quad (i=1,2,\cdots,n) \tag{4.1-4}$$

由式(4.1-2)有

$$\begin{cases} E(\varepsilon_i)=0 \\ \mathrm{Var}(\varepsilon_i)=\sigma^2 \end{cases} \tag{4.1-5}$$

式中,$E(\varepsilon_i)$为 ε_i的数学期望;$\mathrm{Var}(\varepsilon_i)$为 ε_i的方差。

通常还假定 n 组数据是独立观测的,因而 $y_1,y_2,\cdots,y_n$与 $\varepsilon_1,\varepsilon_2,\cdots,\varepsilon_n$都是相互独立的随机变量。而 $x_i(i=1,2,\cdots,n)$是确定性变量,其值是可以精确测量和控制的。

对式(4.1-4)两边分别求数学期望和方差,得

$$\begin{cases} E(y_i)=\beta_0+\beta_1 x_i \\ \mathrm{Var}(y_i)=\sigma^2 \end{cases} \quad (i=1,2,\cdots,n) \tag{4.1-6}$$

式中,$E(y_i)$为 y_i的数学期望;$\mathrm{Var}(y_i)$为 y_i的方差。

式(4.1-6)表明随机变量 $y_1,y_2,\cdots,y_n$的期望不等,方差相等,因而 $y_1,y_2,\cdots,y_n$是独立的随机变量,但并不同分布。而 $\varepsilon_1,\varepsilon_2,\cdots,\varepsilon_n$是独立同分布的随机变量。

$E(y_i)=\beta_0+\beta_1 x_i$从平均意义上表达了变量 y 与 x 的统计规律性,正确理解回归方程的这个特点对实际应用有重要的指导意义。

回归分析的主要任务就是通过 n 组样本观测值$(x_i,y_i)(i=1,2,\cdots,n)$对 β_0和 β_1进行估计。一般用 $\hat{\beta}_0,\hat{\beta}_1$ 分别表示 β_0,β_1的估计值,则

$$\hat{y}=\hat{\beta}_0+\hat{\beta}_1 x \tag{4.1-7}$$

式中,$\hat{\beta}_0$ 为经验回归直线在纵轴上的截距;$\hat{\beta}_1$ 为经验回归直线的斜率。

式(4.1-7)为 y 关于 x 的一元线性经验回归方程。通常 $\hat{\beta}_0$ 表示经验回归直线在纵轴上的截距。如果模型范围里包括 $x=0$,则 $\hat{\beta}_0$ 是 $x=0$ 时 y 概率分布的均值;如果不包括 $x=0$,那么 $\hat{\beta}_0$ 只是作为回归方程中的分开项。$\hat{\beta}_1$ 表示经验回归直线的斜率,在实际应用中表示自变量 x 每增加一个单位时因变量 y 的平均增加量。

在实际问题的研究中,为了方便地做区间估计和假设检验,还假定模型(4.1-1)中误差项 ε 服从正态分布,即

$$\varepsilon \sim N(0,\sigma^2) \tag{4.1-8}$$

由于 $\varepsilon_1,\varepsilon_2,\cdots,\varepsilon_n$ 是 ε 的独立且同分布的样本,因而有

$$\varepsilon_i \sim N(0,\sigma^2) \quad (i=1,2,\cdots,n) \tag{4.1-9}$$

在服从正态分布的假定下,随机变量 y_i 也服从正态分布,即

$$y_i \sim N(\beta_0+\beta_1 x_i,\sigma^2) \quad (i=1,2,\cdots,n) \tag{4.1-10}$$

一元线性回归方程的一般形式可用矩阵表示为

$$\begin{cases} \boldsymbol{y}=\begin{bmatrix} y_1 \\ y_2 \\ \vdots \\ y_n \end{bmatrix}, \quad \boldsymbol{x}=\begin{bmatrix} 1 & x_1 \\ 1 & x_2 \\ \vdots & \vdots \\ 1 & x_n \end{bmatrix} \\ \boldsymbol{\varepsilon}=\begin{bmatrix} \varepsilon_1 \\ \varepsilon_2 \\ \vdots \\ \varepsilon_n \end{bmatrix}, \quad \boldsymbol{\beta}=\begin{bmatrix} \beta_0 \\ \beta_1 \end{bmatrix} \end{cases} \tag{4.1-11}$$

于是一元线性回归模型表示为

$$\begin{cases} \boldsymbol{y}=\boldsymbol{x\beta}+\boldsymbol{\varepsilon}, \\ E(\boldsymbol{\varepsilon})=0, \\ \mathrm{Var}(\boldsymbol{\varepsilon})=\sigma^2\boldsymbol{I}_n \end{cases} \tag{4.1-12}$$

式中,$\boldsymbol{I}_n$ 为 n 阶单位矩阵。

4.1.2 一元线性回归模型参数的估计

为了由样本数据得到回归参数 β_0 和 β_1 的理想估计值,一般使用普通最小二乘估计(Ordinary Least Squares Estimate,OLSE)。

所谓普通最小二乘估计,就是寻找参数 β_0 和 β_1 的估计值 $\hat{\beta}_0$ 和 $\hat{\beta}_1$,使式(4.1-13)定义的离差平方和为极小值。

$$Q(\beta_0,\beta_1)=\sum_{i=1}^{n}(y_i-\hat{y}_i)^2=\sum_{i=1}^{n}(y_i-\hat{\beta}_0-\hat{\beta}_1 x_i)^2 \tag{4.1-13}$$

依照式(4.1-14)求出的 $\hat{\beta}_0,\hat{\beta}_1$ 就称为回归参数 β_0 和 β_1 的普通最小二乘估计。

$$Q(\hat{\beta}_0,\hat{\beta}_1)=\sum_{i=1}^{n}(y_i-\hat{\beta}_0-\hat{\beta}_1 x_i)^2=\min_{\beta_0,\beta_1}\sum_{i=1}^{n}(y_i-\beta_0-\beta_1 x_i)^2 \tag{4.1-14}$$

式(4.1-14)中求 $\hat{\beta}_0$ 和 $\hat{\beta}_1$,是一个求极值问题。由于 Q 是关于 $\hat{\beta}_0$ 和 $\hat{\beta}_1$ 的非负二次函数,因而它的最小值总是存在的。根据微积分中求极值的原理可求得 $\hat{\beta}_0$ 和 $\hat{\beta}_1$ 的具体取值。

式(4.1-15)被称为 $y_i(i=1,2,\cdots,n)$ 的回归拟合值,简称"回归值"或"拟合值"。

$$\hat{y}_i=\hat{\beta}_0+\hat{\beta}_1 x_i \tag{4.1-15}$$

式(4.1-16)中 SEE 称为残差平方和。

$$\mathrm{SSE}=\sum_{i=1}^{n}(y_i-\hat{y}_i)^2=\sum_{i=1}^{n}(y_i-\hat{\beta}_0-\hat{\beta}_1 x_i)^2 \tag{4.1-16}$$

如果残差平方和为 0,则得到一条直线且所有点 (x_i,y_i) 都在该直线上;如果残差平方和不为 0,则所有点不会落在同一条直线上,所以不得不移动直线,使其离某些点较近、离其他点较

远。因此,拟合直线的过程为先计算出各点的残差,进而算出残差平方和,再最小化残差平方和,最后选出最佳的拟合直线(确定截距和斜率)。

对式(4.1-16)中$\hat{\beta}_0$和$\hat{\beta}_1$求偏导数均为0,则有

$$\begin{cases} n\hat{\beta}_0+(\sum_{i=1}^{n}x_i)\hat{\beta}_1=\sum_{i=1}^{n}y_i \\ (\sum_{i=1}^{n}x_i)\hat{\beta}_0+(\sum_{i=1}^{n}x_i^2)\hat{\beta}_1=\sum_{i=1}^{n}x_iy_i \end{cases} \tag{4.1-17}$$

解未知数为$\hat{\beta}_0$和$\hat{\beta}_1$的二元一次方程,得到

$$\begin{cases} \hat{\beta}_1=\dfrac{\sum_{i=1}^{n}(x_i-\bar{x})(y_i-\bar{y})}{\sum_{i=1}^{n}(x_i-\bar{x})^2}=\dfrac{S_{xy}}{S_{xx}} \\ \hat{\beta}_0=\bar{y}-\hat{\beta}_1\bar{x} \end{cases} \tag{4.1-18}$$

式中,$\bar{x}=\frac{1}{n}\sum_{i=1}^{n}x_i$,$\bar{y}=\frac{1}{n}\sum_{i=1}^{n}y_i$。

由于$\sum_{i=1}^{n}(x_i-\bar{x})(y_i-\bar{y})=\sum_{i=1}^{n}(x_i-\bar{x})y_i$,可以得到$\beta_0$和$\beta_1$的普通最小二乘估计量为

$$\begin{cases} \hat{\beta}_1=\dfrac{\sum_{i=1}^{n}(x_i-\bar{x})y_i}{\sum_{i=1}^{n}(x_i-\bar{x})^2} \\ \hat{\beta}_0=\bar{y}-\hat{\beta}_1\bar{x} \end{cases} \tag{4.1-19}$$

4.1.3 回归方程的显著性检验

对于所研究的某个实际问题,当得到一元线性经验回归方程$\hat{y}_0=\hat{\beta}_0+\hat{\beta}_1x_0$后,还不能直接用它进行分析和预测,因为要确定$\hat{y}_0=\hat{\beta}_0+\hat{\beta}_1x_0$是否真正描述了变量$y$与$x$之间的统计规律性,还需运用统计方法对回归方程进行显著性检验。在对回归方程进行显著性检验时,通常需要假设$\varepsilon_i\sim N(0,\sigma^2)$。

常用的显著性检验方法包括t检验、F检验、相关系数、样本决定系数及用统计软件计算检验值等。对一元线性回归分析而言,t检验、F检验和相关系数这三种检验的结果是等价的,实际只需要做其中的一种检验即可。对于多元线性回归分析,这三种检验所考虑的问题有所不同,是三种不同的检验,因而并不等价。

t检验、F检验的原理及方法将在第5章详细介绍,本节仅介绍相关系数、样本决定系数及用统计软件计算检验值三种检验方法。若无特别声明,本节关于显著性检验的内容都是在正态分布的假设下进行的。

1. 相关系数

设$(x_i,y_i)(i=1,2,\cdots,n)$是$(x,y)$的$n$组样本观测值。$x$与$y$的简单相关系数,简称"相关系数",记为$r$,表示$x$与$y$的线性关系的密切程度,取值范围为$|r|\leq1$,其表达式如式(4.1-20)所示。

$$r = \frac{\sum_{i=1}^{n}\left(x_i - \bar{x}\right)\left(y_i - \bar{y}\right)}{\sqrt{\sum_{i=1}^{n}\left(x_i - \bar{x}\right)^2 \sum_{i=1}^{n}\left(y_i - \bar{y}\right)^2}} \tag{4.1-20}$$

相关系数接近于1的程度与数据组数 n 有关。当 n 较小时,相关系数的绝对值容易接近于1;当 n 较大时,相关系数的绝对值容易偏小。特别是当 $n=2$ 时,相关系数的绝对值总为1。因此,在样本容量较小时,不能仅凭相关系数较大就判定变量 x 与 y 之间有密切的线性关系。

2. 样本决定系数

回归平方和 SSR 与总离差平方和 SST 之比称为样本决定系数,记为 r^2,其表达式如式(4.1-21)所示。

$$r^2 = \frac{SSR}{SST} = \frac{\sum_{i=1}^{n}\left(\hat{y}_i - \bar{y}\right)^2}{\sum_{i=1}^{n}\left(y_i - \bar{y}\right)^2} \tag{4.1-21}$$

样本决定系数 r^2 是一个回归直线与样本观测值拟合优度的相对指标,反映了因变量的波动中能用自变量解释的比例,r^2 的值总是在0和1之间,也可以用百分数表示。一个线性回归模型如果充分利用了 x 的信息,因变量不确定性的绝大部分能用回归方程解释,则 r^2 越接近于1,拟合优度就越好。反之,说明以模型中给出的 x 对 y 解释的信息还不充分,回归方程的效果不好,应进行修改,使 x 与 y 的信息得到充分利用。

一般而言,回归方程的显著性检验结果与 r^2 值的大小是一致的,即检验结果越显著(概率 P 值越小),r^2 就越大,但是这种关系并不是完全确定的,在样本容量 n 很大时,高度显著的检验结果仍然可能得到一个小的 r^2 值。

3. 用统计软件计算检验值

目前,常用的专业统计软件主要有 SPSS 和 SAS 两种,此外,MATLAB 及 Excel 也具有回归分析的功能。

SPSS 的优点是已完全菜单化,使用方便;缺点是软件包含的方法是固定的,不能更改。SAS 的优点是功能强大,提供了很多子程序,可以自己编制程序调用子程序,因此可以完成各种各样的统计计算;缺点是使用相对困难,每次购得的软件有一定的使用期限(实际是租赁制)。SPSS 一般由统计专业人士和非统计专业人士使用,SAS 则主要由统计专业人士使用。本节仅以 SPSS 为例,介绍检验值的计算方法。

启动 SPSS,默认工作界面是数据编辑器窗口。单击数据编辑器窗口左下角的【Variable View】标签,切换到变量视图,将第1行变量名(Name)定义为 x,第2行变量名(Name)定义为 y。单击左下角的【Data View】标签,切换回数据视图,录入数据。把已经建立了 Excel 数据文件的数据直接粘贴到 SPSS 中。菜单栏中依次点选【Analyze】→【Regression】→【Linear】,进入线性回归窗口。左侧是变量名,选中"y",点右侧【Dependent】(因变量)框条旁的箭头按钮,"y"即进入此框条(从框条中剔除变量的方法是,选中框条中的变量,点击框条左侧的箭头按钮即转向左侧)。用同样的方法把自变量"x"选入【Independent】框条中,再点击【OK】按钮,即可输出图4.1-1所示的各项计算结果。

图4.1-1 中表名为 Variables Entered/Removed[a] 的表是模型中变量的相关内容,表名为

Model Summary 的表是模型的总体计算结果的相关内容,表名为 ANOVA[a]的表是模型的方差分析结果的相关内容,表名为 Coefficients[a]的表是模型的回归系数相关内容。

图4.1-1 中的 R Square 即样本决定系数 r^2,其值为 $0.978=(0.989)^2$,表明在 y 值与 $\bar{y}$ 的偏离的平方和中有 97.8% 可以通过 x 来解释,这也说明了 y 与 x 之间的高度线性相关关系。Std. Error of the Estimate 为标准误差估计;Sum of Squares 为离均差平方和;df 为自由度;F 值是方差检验量,是整个模型的整体检验,用于判定拟合的方程有没有意义;t 值是对每一个自变量的逐个检验,用于判定它的回归系数有没有意义;Sig. 是 significance(显著性)的简写,这里只保留了三位小数,因而显示为零。以上只是软件默认的输出项目,还可以根据需要增加输出项目,标准化系数(Standardized Coefficients)也称为 Beta 值。

Variables Entered/Removed[a]

Model	Variables Entered	Variables Removed	Method
1	x[b]		Enter

a. Dependent Variable: y

b. All requested variables entered.

Model Summary

Model	R	R Square	Adjusted R Square	Std. Error of the Estimate
1	0.989[a]	0.978	0.977	710.23646

a. Predictors: (Constant), x

ANOVA[a]

Model	Sum of Squares	df	Mean Square	F	F Sig.
Regression	404656132.697	1	404656132.697	802.195	0.000[b]
Residual	9079845.012	18	504435.834		
Total	413735977.709	19			

a. Dependent Variable: y

b. Predictors: (Constant), x

Coefficients[a]

Model	Unstandardized Coefficients		Standardized Coefficients	t	Sig.
	B	Std. Error	Beta		
(Constant)	30208.913	477.415		63.276	0.000
x	4.217	0.149	0.989	28.323	0.000

a. Dependent Variable: y

图4.1-1 SPSS 中回归模型的输出结果示意图

4.1.4 预测和控制

建立回归模型的目的是应用,预测和控制是回归模型最重要的应用。

1. 单值预测

单值预测指用单个值作为因变量新值的预测值。例如研究水泥产量 y 与原材料用量 x 的关系时，在 n 块单位面积的矿山上各原材料用量为 x_i，最后求得相应的水泥产量 y_i，建立回归方程 $\hat{y}_i=\hat{\beta}_0+\hat{\beta}_1x_i$。当某单位在一块单位面积的矿山上原材料用量 $x=x_0$ 时，该块矿山预期的水泥产量为 $\hat{y}_0=\hat{\beta}_0+\hat{\beta}_1x_0$，此即因变量新值的单值预测。预测目标是一个随机变量，因而这个预测不能用无偏性来衡量。根据 $E(\hat{y}_0)=E(y_0)=\beta_0+\beta_1x_0$，说明预测值 $\hat{y}_0$ 与目标值 y_0 有相同的均值。

2. 控制问题

在许多研究问题中，要获得 y 在一定范围内的取值，即 $T_1<y<T_2$。另外，控制问题需要进一步讨论如何控制 x 的值才能以 $1-\alpha$ 的概率保证把目标值 y 控制在 $T_1<y<T_2$ 中，即

$$P(T_1<y<T_2)=1-\alpha \tag{4.1-22}$$

式中，α 为事先给定的小的正数，其取值范围是 $0<\alpha<1$。

4.2 多元线性回归模型

4.1 节内容介绍了被解释变量 y 只与一个解释变量 x 有关的线性回归问题。本节将介绍被解释变量 y 与多个解释变量 x 有关的线性回归问题，即多元线性回归模型问题。本节主要内容包括多元线性回归模型的数学形式及基本假定，多元线性回归模型未知参数的估计等。

4.2.1 多元线性回归模型的数学形式

设随机变量 y 与一般变量 $x_1,x_2,\cdots,x_m$ 的线性回归模型为

$$y=\beta_0+\beta_1x_1+\beta_2x_2+\cdots+\beta_mx_m+\varepsilon \tag{4.2-1}$$

式中，$\beta_0,\beta_1,\cdots,\beta_m$ 为 $m+1$ 个未知参数，其中 $\beta_1,\cdots,\beta_m$ 为回归系数；y 为被解释变量（因变量）；$x_1,x_2,\cdots,x_m$ 为 m 个可以精确测量并可控制的一般变量，称为解释变量（自变量）；ε 为随机误差。

当 $m=1$ 时，式（4.2-1）即一元线性回归模型；当 $m\geqslant2$ 时，式（4.2-1）为多元线性回归模型，ε 是随机误差，与一元线性回归模型一样，对随机误差项常假定

$$\begin{cases}E(\varepsilon)=0\\ \mathrm{Var}(\varepsilon)=\sigma^2\end{cases} \tag{4.2-2}$$

式（4.2-3）被称为理论回归方程。

$$E(y)=\beta_0+\beta_1x_1+\beta_2x_2+\cdots+\beta_mx_m \tag{4.2-3}$$

对于一个实际问题，如果获得 n 组观测数据 $(x_{i1},y_i),\cdots,(x_{im},y_i)$，其中，$i=1,2,\cdots,n$，则线性回归模型可表示为

$$\begin{cases}y_1=\beta_0+\beta_1x_{11}+\beta_2x_{12}+\cdots+\beta_mx_{1m}+\varepsilon_1\\ y_2=\beta_0+\beta_1x_{21}+\beta_2x_{22}+\cdots+\beta_mx_{2m}+\varepsilon_2\\ \qquad\cdots\cdots\\ y_n=\beta_0+\beta_1x_{n1}+\beta_2x_{n2}+\cdots+\beta_mx_{nm}+\varepsilon_n\end{cases} \tag{4.2-4}$$

式(4.2-4)可用矩阵形式表示为

$$\boldsymbol{y}=\boldsymbol{X\beta}+\boldsymbol{\varepsilon} \tag{4.2-5}$$

式中,

$$\boldsymbol{y}=\begin{bmatrix} y_1\\ y_2\\ \vdots\\ y_n \end{bmatrix},\quad \boldsymbol{X}=\begin{bmatrix} 1 & x_{11} & x_{12} & \cdots & x_{1m}\\ 1 & x_{21} & x_{22} & \cdots & x_{2m}\\ \vdots & \vdots & \vdots & & \vdots\\ 1 & x_{n1} & x_{n2} & \cdots & x_{nm} \end{bmatrix},\quad \boldsymbol{\beta}=\begin{bmatrix} \beta_0\\ \beta_1\\ \vdots\\ \beta_m \end{bmatrix},\quad \boldsymbol{\varepsilon}=\begin{bmatrix} \varepsilon_1\\ \varepsilon_2\\ \vdots\\ \varepsilon_n \end{bmatrix}$$

矩阵 $\boldsymbol{X}$ 是 $n\times(m+1)$ 矩阵,称为回归设计矩阵或资料矩阵。

4.2.2 多元线性回归模型的基本假定

为了便于进行模型的参数估计,对回归方程(4.2-4)做如下基本假定:

(1)解释变量 $x_1,x_2,\cdots,x_m$ 是确定性变量,不是随机变量,且要求 $\text{rank}(\boldsymbol{X})=m+1<n$。$\text{rank}(\boldsymbol{X})=m+1<n$,表明设计矩阵 $\boldsymbol{X}$ 中的自变量列之间不相关,样本容量的个数应大于解释变量的个数,$\boldsymbol{X}$ 是满秩矩阵。

(2)随机误差项具有0均值和等方差,即

$$\begin{cases} E(\varepsilon_i)=0 \quad (i=1,2,\cdots,n)\\ \text{COV}(\varepsilon_i,\varepsilon_j)=\begin{cases} \sigma^2 & (i=j)\\ 0 & (i\neq j) \end{cases} \end{cases} \tag{4.2-6}$$

这个假定常称为Gauss-Markov条件。$E(\varepsilon_i)=0$,即假设观测值没有系统误差,随机误差 ε_i 的平均值为零,随机误差项 ε_i 的协方差假定表明随机误差项在不同的样本点之间是不相关的,不存在序列相关,并且有相同的精度。

(3)正态分布的假定条件为

$$\begin{cases} \varepsilon_i\sim N(0,\sigma^2) \quad (i=1,2,\cdots,n)\\ \varepsilon_1,\varepsilon_2,\cdots,\varepsilon_n \text{ 相互独立} \end{cases} \tag{4.2-7}$$

对于多元线性回归模型的矩阵形式,这个条件可表示为

$$\boldsymbol{\varepsilon}\sim N(0,\sigma^2\boldsymbol{I}_n) \tag{4.2-8}$$

由上述假定和多元正态分布的性质可知,随机向量 $\boldsymbol{y}$ 服从 n 维正态分布,回归模型(4.2-5)的数学期望和方差为

$$E(\boldsymbol{y})=\boldsymbol{X\beta} \tag{4.2-9}$$

$$\text{Var}(\boldsymbol{y})=\sigma^2\boldsymbol{I}_n \tag{4.2-10}$$

因此,

$$\boldsymbol{y}\sim N(\boldsymbol{X\beta},\sigma^2\boldsymbol{I}_n) \tag{4.2-11}$$

4.2.3 多元线性回归模型未知参数的估计

多元线性回归方程未知参数 $\beta_0,\beta_1,\beta_2,\cdots,\beta_m$ 的估计与一元线性回归方程的参数估计原理一样,仍然采用最小二乘估计。对于 $\boldsymbol{y}=\boldsymbol{X\beta}+\boldsymbol{\varepsilon}$,就是寻找参数 $\beta_0,\beta_1,\beta_2,\cdots,\beta_m$ 的估计值 $\hat{\beta}_0$,

$\hat{\beta}_1,\hat{\beta}_2,\cdots,\hat{\beta}_m$,使离差平方和为极小值,即寻找$\hat{\beta}_0,\hat{\beta}_1,\hat{\beta}_2,\cdots,\hat{\beta}_m$ 满足:

$$
\begin{aligned}
Q(\hat{\beta}_0,\hat{\beta}_1,\hat{\beta}_2,\cdots,\hat{\beta}_m) &= \sum_{i=1}^{n}(y_i-\hat{\beta}_0-\hat{\beta}_1x_{i1}-\hat{\beta}_2x_{i2}-\cdots-\hat{\beta}_mx_{im})^2 \\
&= \min_{\hat{\beta}_0,\hat{\beta}_1,\hat{\beta}_2,\cdots,\hat{\beta}_m} \sum_{i=1}^{n}(y_i-\hat{\beta}_0-\hat{\beta}_1x_{i1}-\hat{\beta}_2x_{i2}-\cdots-\hat{\beta}_mx_{im})^2
\end{aligned}
\tag{4.2-12}
$$

式中,$\hat{\beta}_0,\hat{\beta}_1,\hat{\beta}_2,\cdots,\hat{\beta}_m$ 为回归参数$\beta_0,\beta_1,\beta_2,\cdots,\beta_m$的最小二乘估计。

从式(4.2-12)中求出$\hat{\beta}_0,\hat{\beta}_1,\hat{\beta}_2,\cdots,\hat{\beta}_m$ 是一个求极值问题。由于 Q 是关于$\hat{\beta}_0,\hat{\beta}_1,\hat{\beta}_2,\cdots,\hat{\beta}_m$ 的非负二次函数,因而它的最小值总是存在的。根据微积分中求极值的原理,$\hat{\beta}_0,\hat{\beta}_1,\hat{\beta}_2,\cdots,\hat{\beta}_m$ 应满足下列方程组:

$$
\begin{cases}
\left.\dfrac{\partial Q}{\partial \beta_0}\right|_{\beta_0=\hat{\beta}_0} = -2\sum\limits_{i=1}^{n}(y_i-\hat{\beta}_0-\hat{\beta}_1x_{i1}-\hat{\beta}_2x_{i2}-\cdots-\hat{\beta}_mx_{im})=0 \\
\left.\dfrac{\partial Q}{\partial \beta_1}\right|_{\beta_1=\hat{\beta}_1} = -2\sum\limits_{i=1}^{n}(y_i-\hat{\beta}_0-\hat{\beta}_1x_{i1}-\hat{\beta}_2x_{i2}-\cdots-\hat{\beta}_mx_{im})x_{i1}=0 \\
\left.\dfrac{\partial Q}{\partial \beta_2}\right|_{\beta_2=\hat{\beta}_2} = -2\sum\limits_{i=1}^{n}(y_i-\hat{\beta}_0-\hat{\beta}_1x_{i1}-\hat{\beta}_2x_{i2}-\cdots-\hat{\beta}_mx_{im})x_{i2}=0 \\
\cdots\cdots \\
\left.\dfrac{\partial Q}{\partial \beta_m}\right|_{\beta_m=\hat{\beta}_m} = -2\sum\limits_{i=1}^{n}(y_i-\hat{\beta}_0-\hat{\beta}_1x_{i1}-\hat{\beta}_2x_{i2}-\cdots-\hat{\beta}_mx_{im})x_{im}=0
\end{cases}
\tag{4.2-13}
$$

以上方程组经整理后,用矩阵形式表示为

$$\boldsymbol{X}^{\mathrm{T}}(\boldsymbol{y}-\boldsymbol{X}\hat{\boldsymbol{\beta}})=0 \tag{4.2-14}$$

移项得 $\boldsymbol{X}^{\mathrm{T}}\boldsymbol{X}\hat{\boldsymbol{\beta}}=\boldsymbol{X}^{\mathrm{T}}y$,当$(\boldsymbol{X}^{\mathrm{T}}\boldsymbol{X})^{-1}$存在时,即得回归参数的最小二乘估计为

$$\hat{\boldsymbol{\beta}}=(\boldsymbol{X}^{\mathrm{T}}\boldsymbol{X})^{-1}\boldsymbol{X}^{\mathrm{T}}\boldsymbol{y} \tag{4.2-15}$$

式(4.2-16)被称为经验回归方程。

$$\hat{\boldsymbol{y}}=\hat{\beta}_0+\hat{\beta}_1x_1+\hat{\beta}_2x_2+\cdots+\hat{\beta}_mx_m \tag{4.2-16}$$

多元线性回归方程的计算量要比一元线性回归方程大得多,手工计算难度非常大,费时费力,难以保证结果的准确性,建议用 SPSS 或 MATLAB 软件完成计算。

4.3 回归分析方法在土木工程领域中的应用

4.3.1 案例说明

为了解决径流在时间上和空间上的重新分配问题,充分开发利用水资源,使之适应用水的要求,往往在江河上修建一些水利工程。我国古代修建的都江堰、郑国渠,以及现代修建的三峡工程等都是世界级的水利工程,其中三峡工程是当今世界上建筑规模最大、工程量最大、施工难度最大的水利工程。

大坝(水坝)是拦截江河渠道水流以抬高水位或调节流量的挡水建筑物,是水利工程尤其是水库的重要组成部分。在大坝蓄水过程中随着水位的变化,坝基的沉降量也在不断地发生相应的变化。表4.3-1为我国某大坝的库水位与沉降量的观测数据,若仅考虑库水位对沉降量的影响,试采用回归分析方法对表4.3-1所示的大坝的变形值进行预测。

我国某大坝的库水位与沉降量的观测数据　　表4.3-1

编号	库水位(m)	沉降量(mm)	编号	库水位(m)	沉降量(mm)
1	102.714	-1.96	7	135.046	-5.46
2	95.154	-1.88	8	140.373	-5.69
3	114.364	-3.96	9	144.958	-3.94
4	120.170	-3.31	10	141.011	-5.82
5	126.630	-4.94	11	130.308	-4.18
6	129.393	-5.69	12	121.234	-2.90

4.3.2　数据输入与分析

设大坝库水位为 x,沉降量为 y,将表4.3-1中的数据输入MATLAB中进行分析,利用MATLAB软件可以得到 y 关于 x 的散点图,如图4.3-1所示。

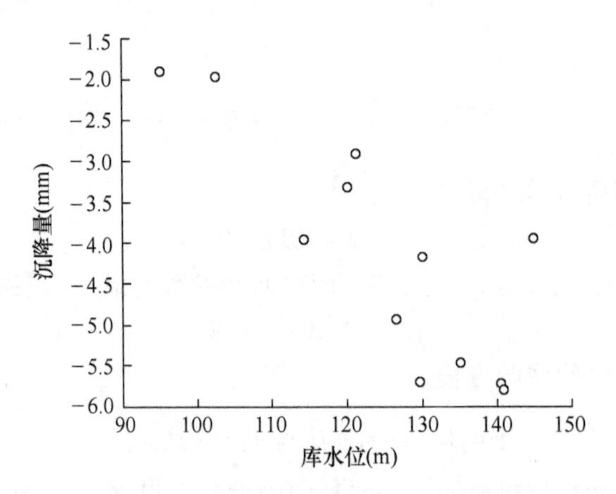

图4.3-1　大坝沉降量关于库水位的散点图

由于提取的数据包含其他各方面的影响因素,综合考虑其他因素的影响,由图4.3-1可知,沉降量 y 和库水位 x 呈线性相关关系,因此,可以设 y 对 x 的一元回归线性模型如下:

$$y=\beta_0+\beta_1 x+\varepsilon$$

式中,β_1 为变量的系数;β_0、ε 为常数项。

4.3.3　基于MATLAB的矩阵解算

在MATLAB命令窗口中输入:

```
x=[102.714 95.154 114.364 120.170 126.630 129.393 135.046 140.373 144.958 141.011];
y=[-1.96 -1.88 -3.96 -3.31 -4.94 -5.69 -5.46 -5.69 -3.94 -5.82];
```

```
X = sum(x)/10;
Y = sum(y)/10;
A = ones(1,10) * X;
B = ones(1,10) * Y;
Sx = x - A;
Sy = y - B;
Sxx = sum(Sx. * Sx);
Sxy = sum(Sx. * Sy);
P1 = Sxy/Sxx;
P0 = Y - X * P1;
```

结果输出：

```
P1 = Sxy/Sxx
P1 =
    -0.0749
P0 = Y - X * P1
P0 =
    5.0967
```

故回归模型为 $\hat{y} = 5.0967 - 0.0749x$。

4.3.4 模型参数的显著性检验

在 MATLAB 命令窗口中输入：

```
X = [ones(10,1),x'];
[b,bint,r,rint,s] = regress(y',X);
```

其中参数 b 表示回归方程系数估计值；bint 返回系数估计值的95%置信区间矩阵；r 表示由残差组成的向量；rint 表示返回矩阵，其中包含可用于诊断离群值的区间；s 也是返回值，包含 R^2 统计量、F(检验)统计量、P 值及误差方差 S^2[$S^2 = \mathrm{sum}(r^2)/8$]的估计值。其中，$P$ 值去匹配显著性水平 α(一般 $\alpha \leqslant 0.05$)。若 $P < \alpha$，则是显著的、有意义的。

结果输出：

```
b =
    5.0967
    -0.0749
bint =
    0.0046    10.1887
```

-0.1153　-0.0345

参数 $b_1 = 5.0967$、$b_2 = -0.0749$ 均在置信区间[0.0046,10.1887],[-0.1153,-0.0345]内,所以模型参数满足要求。

s =

0.6954　18.2659　0.0027　0.7795

由这些数据可知,$R^2 = 0.6954$,$F = 18.2659$,$P = 0.0027$,$S^2 = 0.7795$。

此处 $P = 0.0027 < 0.05$,基本符合要求,说明模型有效。

同时,在 MATLAB 中输入:rcoplot(r,rint),得到模型的初始残差分布如图 4.3-2 所示,由图知第 9 组数据存在问题。

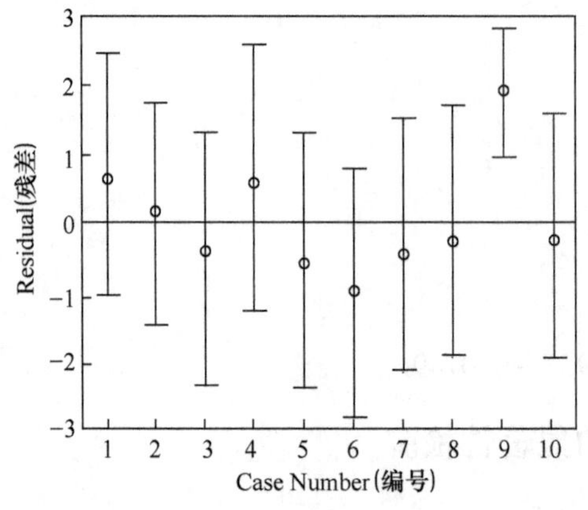

图 4.3-2　初始残差分布图

将图 4.3-2 中的第 9 组数据剔除,取第 1~8 组,第 10、11 组数据重新计算得到回归模型:$\hat{y} = 7.0218 - 0.0916x$。

对模型参数进行显著性检验,输入相应代码,结果输出:

b =

7.0218
-0.0916

bint =

3.6458　10.3979
-0.1187　-0.0644

模型参数满足要求。

s =

0.8833　60.5277　0.0001　0.2973

由此可知，$R^2=0.8833$，$F=60.5277$，$P=0.0001$，$S^2=0.2973$。

此处，$P=0.0001<0.05$，满足要求，模型有效。

去除异常点的残差分布图如图 4.3-3 所示，所有数据都满足要求，此时的模型比剔除异常点前的模型进一步优化；将最后一组数据代入模型发现结果差别较大，因此判定最后一组数据应该也属于异常点。在剔除两个异常点后，绘出的沉降量 y 关于库水位 x 的散点图如图 4.3-4 所示。

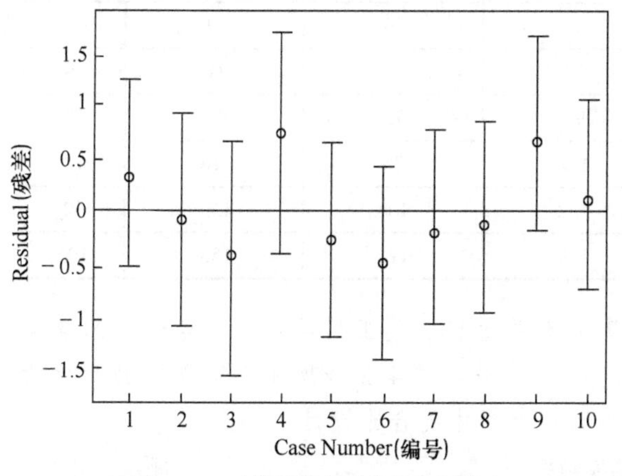

图 4.3-3　去除异常点的残差分布图

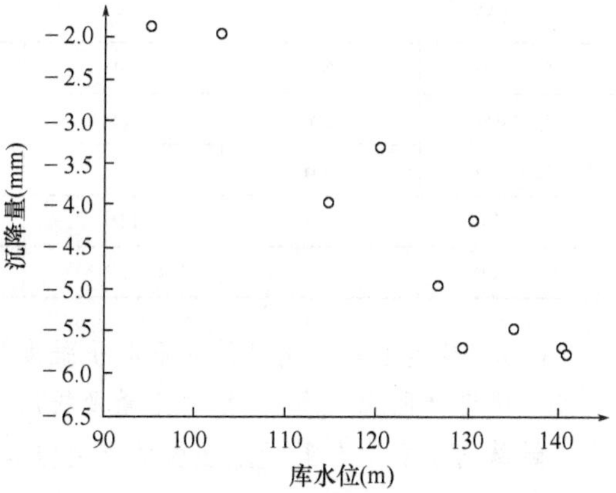

图 4.3-4　无异常点的沉降量关于库水位的散点图

通过对比可知，剔除异常点后的散点图更能体现库水位和沉降量之间的线性关系，所以最终的回归模型为 $\hat{y}=7.0218-0.0916x$。

4.3.5　预测和预报控制

通过得到的回归模型可知，要使得大坝在理论上的沉降量为零，大坝的库水位应该为 $x=7.0218/0.0916\approx 76.66$(m)。

虽然在现实生活中不一定能够达到这样的要求，这个数据也不一定就是实际上使得大坝的沉降量为零的库水位值，但至少是理论上的一个与实际真值相差最小的值，为大坝管理人员提供了一个用于评估和研究的理论数据。

习　　题

4.1　什么是回归分析？

4.2　回归分析的基本步骤是什么？

4.3　在解决哪些类型的实际问题时可以采用回归分析？

4.4　土的抗剪强度对计算地基承载力、评价地基土稳定性及计算挡土墙土压力都有重要意义。土的抗剪强度的理论公式为 $\tau_f=c+\sigma\tan\varphi$，式中，$\tau_f$ 为土的抗剪强度(kPa)，σ 为剪切滑动面上的法向总应力(kPa)，c 为土的黏聚力(kPa)，φ 为土的内摩擦角(°)。黏聚力 c 及内摩擦角 φ 统称为土的抗剪强度指标，其大小取决于土粒表面的粗糙度、密实度、土粒大小及颗粒级配等。土的黏聚力 c 及内摩擦角 φ 主要通过直接剪切试验等试验方法获得。

为了对某综合楼地基土的承载力进行评定，选取了地基上6个不同点的土样进行室内直接剪切试验。题4.4表为通过直接剪切试验获得的6组抗剪强度及法向总应力的数据。试采用回归分析方法确定抗剪强度与黏聚力及内摩擦角的相关方程。

直接剪切试验结果数据(单位:kPa)　　题4.4表

σ	τ_f					
	土样1	土样2	土样3	土样4	土样5	土样6
$\sigma_1=100$	47	45	52	40	49	34
$\sigma_2=150$	68	64	73	55	71	49
$\sigma_3=200$	86	82	94	72	90	63
$\sigma_4=250$	106	97	112	86	116	78
$\sigma_5=300$	124	116	132	104	139	92
$\sigma_6=350$	147	132	149	121	158	106

4.5　混凝土配合比设计对混凝土强度的影响至关重要。某工程项目4个点进行的混凝土配合比设计所选水灰比、材料用量及抗压强度试验结果如题4.5表所示。试采用回归分析方法计算出水灰比与混凝土强度的相关方程，并验证混凝土配合比设计。

试验结果数据　　题4.5表

序号	水(kg/m^3)	水泥(kg/m^3)	砂(kg/m^3)	石(kg/m^3)		水灰比	砂率	抗压强度(MPa)
				小石	中石			
1	172	344	573	501	751	0.5	32%	23.3
2	172	287	600	484	725	0.6	33%	21.2
3	172	246	630	462	693	0.7	35%	20.7
4	172	215	650	453	679	0.8	37%	20.1

第5章

假设检验

本章主要介绍统计假设检验的基本思想、检验方法,使学生了解假设检验的基本概念、基本原理,掌握假设检验的基本步骤和常用的检验方法。

5.1 假设检验的基本思想

1. 假设检验的概念

数理统计的主要任务,是从子样本出发,对总体的分布做出推断。推断的方法主要有估计(参数估计相关内容,请查阅概率论与数理统计相关资料)和假设检验两种。假设检验是根据子样本来查明总体是否服从某个特定的概率分布。它先对总体概率分布做出陈述,再根据从母体中抽取的子样本来判断是否与之前的陈述一致。

先前对总体概率分布做出的陈述称为假设,根据子样本来判断对总体所做的假设是否正确的过程称为检验。通过检验来决定是接受假设还是拒绝假设,这一过程称为假设检验。

若通过检验,拒绝了原先对总体做出的假设,则表示接受了另外一种假设。因此,在假设检验中,原先对总体做出的假设,称为原假设(或零假设),用 H_0 表示。如果原假设不成立,就接受另一种假设,即备选假设(或对立假设),用 H_1 表示。在实践中,否定假设 H_0 的理论根据是"小概率原则",即在一次试验中,小概率事件不可能出现。如果根据所做的假设 H_0,计

算出事件 A 出现的概率很小,而在一次试验中事件 A 竟然出现,则与小概率原则矛盾,因此认为假设 H_0 不正确,需要加以否定。人们在实际生活中经常不知不觉地应用小概率原则,例如,发生“车祸”“飞机失事”等都是小概率事件,但人们并不会因此而不敢乘坐汽车和飞机了。

事件 A 的概率究竟多大时才可认为是一个小概率事件呢?一般需要根据研究对象的具体情况来决定。通常用5%作为标准,如果事件 A 发生的概率 $P(A)$ 不大于5%,则称事件 A 为小概率事件。但是在有些问题上即使1%也不能认为是小概率,如气罐爆炸、发电厂停电、飞机失事等事件的发生,对这些事件而言,1%是一个很大的值。因此在进行假设检验之前,相关部门必须根据具体问题权衡利弊,共同协商一个合理的临界值 α 作为小概率的标准,把概率不大于 α 的事件称为小概率事件。这个临界值 α 称为显著性水平,$(1-\alpha)$ 称为置信水平可靠性。若某统计量 X 出现在区间 (A,B) 内的概率为 $1-\alpha$,则称区间 (A,B) 为 $100(1-\alpha)\%$ 的置信区间。一般地,$\alpha=0.05$ 为显著,$\alpha=0.01$ 为高度显著。

2. 假设检验可能犯的两类错误

假设检验是用子样本对母体做检验,由于子样本存在随机性,检验所做出的判断也会犯错误,即检验法则一旦确定后,在检验中,总有可能做出错误的判断。在实际假设 H_0 为真时,人们有可能犯拒绝 H_0 的错误,这类“弃真”的错误称为第一类错误,显然犯这类错误的概率即为显著性水平 α,其概率 $P=\{拒绝\ H_0 | H_0 为真\}=\alpha$。对于 H_0 为不真时,人们也可能犯接受 H_0 的错误,这类“存伪”的错误称为第二类错误,犯这类错误的概率为 β,其概率 $P=\{接受\ H_0 | H_0 为不真\}=\beta$。

第一类错误和第二类错误出现的概率同时很小是最理想的。但在子样本容量 n 确定后,上述两种错误的出现概率不能同时降低。降低其中一个,另一个往往会增大。要它们同时降低,只有增加子样本容量。如果 α 太大,会把大批合格品当成废品处理,造成极大浪费;如果 β 太大,会把大批废品当作合格品充斥市场,使产品质量下降,因此对于假设检验问题,必须从控制 α 和 β 出发,制定科学的、合理的检验标准。在实际问题中,一般控制 α,其大小视具体内容而定,通常取0.1、0.05、0.005等数值。同时,子样本容量 n 不能太小,否则 β 会太大,总之 α 和 β 要尽量小些为好。故 α 也被称为假设检验的检验标准或检验水平。

3. 假设检验的步骤

由于正态随机变量经常出现,因此本章主要讨论有关正态母体的假设检验问题,假设检验的一般步骤为:

(1)根据实际问题的要求,提出原假设 H_0 及备选假设 H_1。

(2)确定子样本统计量及其分布。假设检验过程中,一般会从总体中抽出子样本,计算子样本统计量以检验总体。一般的样本统计量包括样本均值、样本方差等。不同的样本统计量具有不同的分布,因此需要根据所检验的内容确定好样本统计量及其分布。

(3)选择(或者给定)显著性水平 α,使用样本统计量和被假设的总体参数按照检验统计的计算公式计算出检验统计量。

(4)做出统计决策。用计算好的检验统计量和理论临界值作比较,决定是否接受原假设。如果假设检验的假设形式是双尾检验,假设检验统计量在接受区域内就接受原假设,否则拒绝原假设;如果假设检验的假设形式是单尾检验,假设检验统计量的绝对值小于理论临界值的绝对值,就接受原假设,否则拒绝原假设。

4. 双尾检验和单尾检验

按拒绝域分布在两边或分布在一边分类,假设检验分为单尾检验和双尾检验,如图5.1-1所示。

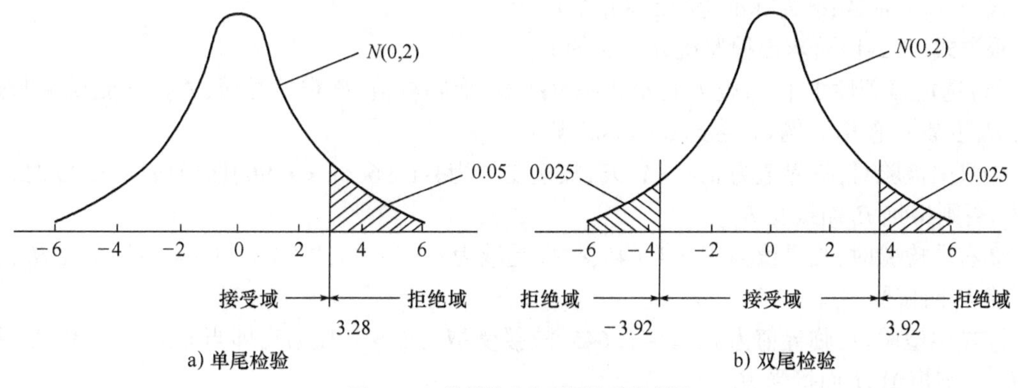

图5.1-1 单尾检验和双尾检验示意图

5.2 检验方法

常用的假设检验方法有 U 检验法(又称 Z 检验法)、t 检验法、χ^2 检验法、F 检验法,可用于正态总体均值 ξ 和方差 σ^2 的检验。(1)对于单个正态总体均值的假设检验而言,当方差已知时,用 U 检验法确定拒绝域,即采用 U 检验法检验关于正态总体均值的检验问题;在实际工程中,正态总体的方差常为未知,常用 t 检验法检验关于正态总体均值的检验问题。对于两个正态总体均值的检验问题,当两个正态总体的方差均为已知(不一定相等)时,可用 U 检验法来检验两个正态总体均值差的假设问题;对于具有相同方差的两个正态总体均值差的假设问题,可用 t 检验法检验。另外,对于基于成对数据的对比试验的检验问题,仍采用 t 检验法。(2)针对正态总体方差的假设检验问题(ξ 和 σ^2 均未知),一般采用 χ^2 检验法检验单个正态总体方差的检验问题,用 F 检验法检验两个正态总体的方差齐性,即检验两个分布的方差是否相等。

5.2.1 U 检验法

对于服从标准正态分布的统计量,其方差已知时关于均值的检验问题,利用式(5.2-1)来确定其拒绝域的检验法称为 U 检验法。其检验步骤:

(1)设有某正态母体,其中标准差(或均方差)σ 已知,欲检验未知的均值 ξ。

(2)选用子样本均值 $\bar{x}$ 作为样本统计量,则 $\bar{x}$ 服从均值为 ξ、方差为 σ^2/n 的正态分布,即 $\bar{x} \sim N(\xi,\sigma^2/n)$。

(3)建立原假设 $H_0:\xi=\xi_0$(ξ_0为已知常数),并根据问题的性质做出备选假设。备选假设有以下3种情况:

①$H_1:\xi \neq \xi_0$,在这种情况下用双尾检验。

②$H_1:\xi > \xi_0$,在这种情况下用右尾检验。

③$H_1:\xi<\xi_0$,在这种情况下用左尾检验。

(4)将样本统计量 $\bar{x}$ 标准化,即

$$u=\frac{\bar{x}-\xi_0}{\sigma/\sqrt{n}} \tag{5.2-1}$$

式中,ξ_0为常数;σ 为标准差(或均方差)。

根据式(5.2-1)可求出检验统计量 u 的值。

(5)选定显著性水平 α,查 U 标准正态分布表,取临界值,确定接受域,并据接受域判断是接受 H_0还是拒绝 H_0。例如,若选 $\alpha=0.05$,则:

①双尾检验时,临界值为 $u_{\alpha/2}=1.96$,故接受域为 $-1.96<u<1.96$,即当$|u|<1.96$ 时,接受 H_0,否则拒绝 H_0而接受 H_1。

②右尾检验时,临界值为 $u_\alpha=1.645$,故接受域为 $u<1.645$,即当 $u<1.645$ 时,接受 H_0,否则拒绝 H_0而接受 H_1。

③左尾检验时,临界值为 $u_\alpha=-1.645$,故接受域为 $u>-1.645$,即当 $u>-1.645$ 时,接受 H_0,否则拒绝 H_0而接受 H_1。

【例 5.2-1】为确保大坝安全,需对大坝的变形要素进行连续观测。基准线法是大坝变形监测中常用的方法之一,但该方法易受大气折光影响,从而降低监测的精度。以实际观测数据为例,利用 U 检验法,检验大坝顶面大气折光对激光视准线观测的影响是否显著。某监测单位用波带板激光准直系统在大坝坝顶对一测点进行了偏离值测定,共进行了 20 次观测,此 20 个偏离值的均值为 $l=25.17$mm。利用更精密的观测方法,测得该点的实际偏离值为 $\xi=23.54$mm,而由多组观测获得的每次观测值的中误差为 $\sigma_0=\pm1.21$mm。试检验所测得的观测值是否受大气折光影响(系统误差)。

解:(1)作原假设 H_0,设大坝顶面大气折光对激光视准线法测定偏离值没有影响,即 $l=\xi$。

(2)构造统计量。若 H_0成立,则所测偏离值将受到观测的偶然误差(偶然误差具有正态分布的特性)影响,故偏离值 l 应服从正态分布,其均值为 $\xi=23.54$mm,均值中误差为 $\sigma=\frac{\sigma_0}{\sqrt{n}}=\pm\frac{1.21}{\sqrt{20}}=\pm0.27$(mm)。将变量 l 标准化得 $u=\frac{l-\xi}{\sigma}=6.02$,此时随机变量 u(变换后的统计量)服从标准正态分布 $N(0,1)$。

(3)求分位值 u_0,确定显著性水平 α。根据实际经验,大坝顶面视准线观测中大气折光影响是一个重要的误差来源,故选择 $\alpha=0.01$。因备选假设为 $l\neq\xi$,故用双尾检验,由标准正态分布表可查得临界值 $u_{0(\alpha/2)}=2.576$。

(4)假设检验。因为 $u=6.02>u_{0(\alpha/2)}=2.576$,故在显著性水平为 0.01 的条件下,拒绝原假设,即认为坝顶大气折光的影响是显著的。

5.2.2 t 检验法

U 检验法须在母体方差 σ^2已知的情况下使用,但是在实际应用中方差往往是未知的。在方差未知的情况下,可用 t 检验法来检验母体均值。所谓 t 检验法就是用服从 t 分布的统计量检验正态总体均值的方法。

其检验步骤:

(1)设有某正态母体,其均值 ξ 和方差 σ^2 均未知,现从该母体中抽得一个随机样本,要求据此样本检验母体均值 ξ。

(2)由子样本均值 $\bar{x}$ 和子样本方差 $\hat{\sigma}^2$($\hat{\sigma}^2$ 是 σ^2 的无偏估计)构造服从 t 分布的统计量,即

$$t=\frac{\bar{x}-\xi}{\hat{\sigma}/\sqrt{n}}\sim t(n-1) \tag{5.2-2}$$

(3)做原假设 $H_0:\xi=\xi_0$,根据问题的性质,同样可做出3种不同的备选假设。

(4)用原假设中的 ξ_0 代替式(5.2-2)中的 ξ,计算统计量 t 的值。

(5)选定显著性水平 α,并根据 α 和自由度 n 从 t 分布表中查取临界值,确定接受域,判断是接受 H_0 还是拒绝 H_0。

①双尾检验时的接受域:$-t_{\alpha/2}(n-1)<t<t_{\alpha/2}(n-1)$。

②右尾检验时的接受域:$t<t_{\alpha}(n-1)$。

③左尾检验时的接受域:$t>-t_{\alpha}(n-1)$。

【例5.2-2】角度测量是常规测量定位元素之一,常用经纬仪或全站仪进行观测。用DJ2型经纬仪在相同观测条件下独立观测某角度10个测回,算得角度的平均值为 $\bar{x}=180°00'02.3''$,σ 的无偏估计值为 $\hat{\sigma}_0=\pm4.29''$,试检验母体均值为180°00′00″这一假设(备选假设为母体均值不等于180°00′00″,取显著性水平 $\alpha=0.05$)。

解:已知该检验为双尾检验。

假设 $H_0:\xi=180°00'00''$,$H_1:\xi\neq180°00'00''$

构造统计量:

$$t=\frac{\bar{x}-\xi}{\hat{\sigma}_0/\sqrt{n}}=\frac{180°00'02.3''-180°00'00''}{4.29''/\sqrt{10}}=1.695$$

查 t 分布表得临界值:

$$t_{\alpha/2}(n-1)=t_{0.025}(9)=2.2622$$

因为统计量 $t=1.695<t_{0.025}(9)=2.2622$ 在接受域范围内,所以在显著性水平 $\alpha=0.05$ 的条件下,接受原假设 H_0,即该角度的均值为180°00′00″。

由于 t 分布的统计量是用子样本方差 $\hat{\sigma}^2$ 而不是用母体方差 σ^2 计算的,所以 t 分布可以用于小子样本问题的检验中。在测量上,t 分布可用于附加系统参数的显著性检验,也可用来进行粗差定位。

5.2.3 χ^2检验法

设母体服从正态分布 $N(\xi,\sigma^2)$,母体方差 σ^2 未知。从母体中随机抽取容量为 n 的子样本,可求得子样本方差 $\hat{\sigma}^2$,利用子样本方差 $\hat{\sigma}^2$ 对母体方差 σ^2 进行假设检验,可利用统计量 $\frac{(n-1)\hat{\sigma}^2}{\sigma^2}$,此统计量服从自由度为 $n-1$ 的 χ^2 分布,即

$$\chi^2=\frac{(n-1)\hat{\sigma}^2}{\sigma^2}\sim\chi^2(n-1) \tag{5.2-3}$$

这种用统计量 χ^2 对母体方差进行假设检验的方法,称为 χ^2 检验法。其检验步骤:

(1)设某正态母体,其均值 ξ 和方差 σ^2 均未知,要求根据从该母体中抽得的一个随机样本来检验母体方差 σ^2。

(2)根据子样本方差 $\hat{\sigma}^2$ 构造服从式(5.2-3)χ^2分布的统计量。

(3)作原假设 $H_0:\sigma^2=\sigma_0^2$,同样根据问题的性质可做出 3 种不同的备选假设。

(4)以已知常数 σ_0^2 代替式(5.2-3)中的 σ^2,计算统计量χ^2的值。

(5)选定显著性水平 α,并由 α 和自由度 $n-1$ 从χ^2分布表中查取临界值,从而确定接受域。

①双尾检验时的接受域:$\chi^2_{1-\alpha/2}(n-1)<\chi^2<\chi^2_{\alpha/2}(n-1)$。

②右尾检验时的接受域:$\chi^2<\chi^2_{\alpha}(n-1)$。

③左尾检验时的接受域:$\chi^2>\chi^2_{1-\alpha}(n-1)$。

【例 5.2-3】用某种类型的光学经纬仪观测水平角,由长期观测资料统计该类仪器一个测回的测角中误差(标准差)为 $\sigma_0=\pm1.80''$。现用试制的同类仪器对某一角观测了 10 个测回,求得一个测回的测角中误差(标准差的无偏估计值)为 $\hat{\sigma}_0=\pm1.70''$。问新、旧两种仪器的测角精度是否相同(取 $\alpha=0.05$)?

解:(1)假设 $H_0:\sigma^2=\sigma_0^2=1.80^2$;$H_1:\sigma^2\neq\sigma_0^2\neq1.80^2$。

(2)当 H_0成立时,统计量χ^2 的值:

$$\chi^2=\frac{(n-1)\hat{\sigma}_0^2}{\sigma_0^2}=\frac{9\times1.70^2}{1.80^2}\approx8.028$$

(3)查得$\chi^2_{0.975}(9)=2.700$,$\chi^2_{0.025}(9)=19.023$。

因为χ^2落在区间(2.700,19.023)内,故接受 H_0,即认为在 $\alpha=0.05$ 的显著性水平下,新、旧两种仪器的测角精度相同。

5.2.4 *F* 检验法

设有两个正态母体 $N(\xi_1,\sigma_1^2)$和 $N(\xi_2,\sigma_2^2)$,母体方差 σ_1^2 和 σ_2^2 未知。从两个母体中随机抽取容量为 n_1和 n_2的两组子样本,若求得两组子样本的方差 $\hat{\sigma}_1^2$ 和 $\hat{\sigma}_2^2$,则

$$\frac{(n_1-1)\hat{\sigma}_1^2}{\sigma_1^2}\sim\chi^2(n_1-1),\quad\frac{(n_2-1)\hat{\sigma}_2^2}{\sigma_2^2}\sim\chi^2(n_2-1)\tag{5.2-4}$$

若利用子样本方差 $\hat{\sigma}_1^2$ 和 $\hat{\sigma}_2^2$ 对母体方差 σ_1^2 和 σ_2^2 是否相等进行假设检验,则可利用统计量:

$$F=\frac{\dfrac{(n_1-1)\hat{\sigma}_1^2}{\sigma_1^2(n_1-1)}}{\dfrac{(n_2-1)\hat{\sigma}_2^2}{\sigma_2^2(n_2-1)}}=\frac{\sigma_2^2\hat{\sigma}_1^2}{\sigma_1^2\hat{\sigma}_2^2}\tag{5.2-5}$$

此统计量服从 *F* 分布,即

$$F=\frac{\sigma_2^2\hat{\sigma}_1^2}{\sigma_1^2\hat{\sigma}_2^2}\sim F(n_1-1,n_2-1)\tag{5.2-6}$$

其检验步骤:

(1)两正态母体的均值 ξ_1、ξ_2和方差 σ_1^2、σ_2^2 均未知,现分别从两正态母体中抽得两个随机

样本,检验这两个正态母体的方差 σ_1^2 和 σ_2^2 是否相等。

(2)根据两子样本方差 $\hat{\sigma}_1^2$ 和 $\hat{\sigma}_2^2$ 构造服从式(5.2-6)所示的 F 分布的统计量。

(3)做原假设 $H_0:\sigma_1^2=\sigma_2^2$,根据问题的性质同样可做出3种不同的备选假设。

(4)将原假设代入式(5.2-6)得

$$F=\frac{\hat{\sigma}_1^2}{\hat{\sigma}_2^2} \tag{5.2-7}$$

(5)选定显著性水平 α,并根据 α、子样本数 n_1 与子样本数 n_2,从 F 分布表中查取临界值,从而确定接受域。

①双尾检验时的接受域:$F_{1-\alpha/2}\left(n_1-1,n_2-1\right)<F<F_{\alpha/2}\left(n_1-1,n_2-1\right)$。

②右尾检验时的接受域:$F<F_{\alpha}\left(n_1-1,n_2-1\right)$。

因为总可以将 $\hat{\sigma}_1^2$ 和 $\hat{\sigma}_2^2$ 中的较大者作为分子,故在实际检验时可以不考虑左尾检验。另外,需要注意 $F_{1-\alpha/2}(n_1-1,n_2-1)=1/F_{\alpha/2}(n_1-1,n_2-1)$。

【例5.2-4】为检验标称精度一样的全站仪是否具有相同的测角精度,进行以下实验:用2″级全站仪A对某角观测11个测回,得其一测回的测角中误差估值为 $\hat{\sigma}_{\mathrm{A}}=\pm1.7''$,而用另一2″级全站仪B对某角观测了13个测回,得其一测回的测角中误差估值为 $\hat{\sigma}_{\mathrm{B}}=\pm2.4''$,试问在显著性水平 $\alpha=0.05$ 下,两台仪器的测角精度有无显著差异?

解:原假设 $H_0:\sigma_{\mathrm{A}}^2=\sigma_{\mathrm{B}}^2$,备选假设 $H_1:\sigma_{\mathrm{A}}^2\neq\sigma_{\mathrm{B}}^2$。

由式(5.2-7)得

$$F=\frac{\hat{\sigma}_{\mathrm{B}}^2}{\hat{\sigma}_{\mathrm{A}}^2}=\frac{2.4^2}{1.7^2}\approx1.99$$

由子样本数 $n_1=13$、$n_2=11$,在 $\alpha=0.05$ 时查 F 分布表得 $F_{\alpha/2}(12,10)=3.62$。

因为 $F_{1-\alpha/2}(12,10)=0.28<F=1.99<F_{\alpha/2}(12,10)=3.62$,所以接受原假设,即认为两台仪器的测角精度无显著差异。

表5.2-1系统总结了正态总体均值、方差检验法。

正态总体均值、方差的检验法(显著性水平为 α) 表5.2-1

序号	原假设 H_0		检验统计量	备选假设 H_1	拒绝域
1	σ^2已知	$\xi\leq\xi_0$	$U=\frac{\overline{X}-\xi_0}{\sigma/\sqrt{n}}$	$\xi>\xi_0$	$u\geq u_\alpha$
		$\xi\geq\xi_0$		$\xi<\xi_0$	$u\leq-u_\alpha$
		$\xi=\xi_0$		$\xi\neq\xi_0$	$\lvert u\rvert\geq u_{\alpha/2}$
2	σ^2未知	$\xi\leq\xi_0$	$t=\frac{\overline{X}-\xi_0}{\hat{\sigma}/\sqrt{n}}$	$\xi>\xi_0$	$t\geq t_\alpha(n-1)$
		$\xi\geq\xi_0$		$\xi<\xi_0$	$t\leq-t_\alpha(n-1)$
		$\xi=\xi_0$		$\xi\neq\xi_0$	$\lvert t\rvert\geq t_{\alpha/2}(n-1)$
3	σ_1^2,σ_2^2 已知	$\xi_1-\xi_2\leq\delta$	$U=\frac{\overline{X}-\overline{Y}-\delta}{\sqrt{\frac{\sigma_1^2}{n_1}+\frac{\sigma_2^2}{n_2}}}$	$\xi_1-\xi_2>\delta$	$u\geq u_\alpha$
		$\xi_1-\xi_2\geq\delta$		$\xi_1-\xi_2<\delta$	$u\leq-u_\alpha$
		$\xi_1-\xi_2=\delta$		$\xi_1-\xi_2\neq\delta$	$\lvert u\rvert\geq u_{\alpha/2}$

续上表

序号	原假设 H_0		检验统计量	备选假设 H_1	拒绝域
4	$\sigma_1^2=\sigma_2^2=\sigma^2$ 未知	$\xi_1-\xi_2\leqslant\delta$	$t=\dfrac{\overline{X}-\overline{Y}-\delta}{S_\omega\sqrt{\dfrac{1}{n_1}+\dfrac{1}{n_2}}}$	$\xi_1-\xi_2>\delta$	$t\geqslant t_\alpha(n_1+n_2-2)$
		$\xi_1-\xi_2\geqslant\delta$		$\xi_1-\xi_2<\delta$	$t\geqslant -t_\alpha(n_1+n_2-2)$
		$\xi_1-\xi_2=\delta$	$S_\omega^2=\dfrac{(n_1-1)\hat{\sigma}_1^2+(n_2-1)\hat{\sigma}_2^2}{n_1+n_2-2}$	$\xi_1-\xi_2\neq\delta$	$\lvert t\rvert\geqslant t_{\alpha/2}(n_1+n_2-2)$
5	μ 未知	$\sigma^2\leqslant\sigma_0^2$	$\chi^2=\dfrac{(n-1)\hat{\sigma}^2}{\sigma^2}$	$\sigma^2>\sigma_0^2$	$\chi^2\geqslant\chi_\alpha^2(n-1)$
		$\sigma^2\geqslant\sigma_0^2$		$\sigma^2<\sigma_0^2$	$\chi^2\leqslant\chi_{1-\alpha}^2(n-1)$
		$\sigma^2=\sigma_0^2$		$\sigma^2\neq\sigma_0^2$	$\chi^2\geqslant\chi_{\alpha/2}^2(n-1)$ 或 $\chi^2\leqslant\chi_{1-\alpha/2}^2(n-1)$
6	μ_1,μ_2 未知	$\sigma_1^2\leqslant\sigma_2^2$	$F=\dfrac{\hat{\sigma}_1^2}{\hat{\sigma}_2^2}$	$\sigma_1^2>\sigma_2^2$	$F\geqslant F_\alpha(n_1-1,n_2-1)$
		$\sigma_1^2\geqslant\sigma_2^2$		$\sigma_1^2<\sigma_2^2$	$F\leqslant F_{1-\alpha}(n_1-1,n_2-1)$
		$\sigma_1^2=\sigma_2^2$		$\sigma_1^2\neq\sigma_2^2$	$F\geqslant F_{\alpha/2}(n_1-1,n_2-1)$ 或 $F\leqslant F_{1-\alpha/2}(n_1-1,n_2-1)$
7	成对数据	$\mu_D\leqslant 0$	$t=\dfrac{\overline{D}-0}{S_D/\sqrt{n}}$	$\mu_D>0$	$t\geqslant t_\alpha(n-1)$
		$\mu_D\geqslant 0$	（$\overline{D}$ 为样本均值的观察值，S_D 为样本均值的标准差）	$\mu_D<0$	$t\leqslant -t_\alpha(n-1)$
		$\mu_D=0$		$\mu_D\neq 0$	$\lvert t\rvert\geqslant t_{\alpha/2}(n-1)$

习　题

5.1　某测距仪在500m范围内，测距精度 $\sigma=10$m，现对距离为500m的目标测量9次，得到平均距离 $\overline{X}=510$m，问该测距仪是否存在系统误差($\alpha=0.05$)？（提示采用 U 分布模型）

5.2　设木材的小头直径 $X\sim N(\xi,\sigma^2)$，$\xi\geqslant 12$cm 为合格，现抽出12根木材，测得小头直径的样本均值 $\overline{x}=11.2$cm，样本方差 $\hat{\sigma}^2=1.44\ \text{cm}^2$，问该批木材是否合格($\alpha=0.05$)？（提示采用 t 分布）。

5.3　已知某厂生产的钢丝的折断力服从正态分布，生产一直比较稳定，现从产品中抽取9根进行检查，测得折断力的样本均值 $\overline{x}=287.89$，样本方差 $\hat{\sigma}^2=20.36$（单位：kg），试问是否可以相信钢丝折断力的方差为20($\alpha=0.05$)？（提示采用 χ^2 分布）

5.4　用两台经纬仪对同一角度进行观测，用第一台经纬仪观测了9个测回，得一测回的测角中误差估值 $\hat{\sigma}_1^2=\pm1.5''$，用第二台经纬仪也观测了9个测回，得一测回测角中误差估值 $\hat{\sigma}_2^2=\pm2.4''$，问两台仪器的测角精度差异是否显著($\alpha=0.05$)？（提示采用 F 分布）

第6章

方差分析

在科学试验中,试验结果往往是变化的,这种变化大体上由两类因素引起。一类是受随机因素影响而产生的波动,这类影响在试验中常常是无法控制的,是不可避免的;另一类是受人为控制因素的影响产生的变化,当这类因素对试验结果有显著影响时,必然会明显地改变试验结果,并同随机因素的影响一起出现。反之,当这类因素对试验结果无显著影响时,则相应的变化就不会明显地表现出来,这时试验结果的变化基本上归结于随机因素的影响。

科学试验的目的常常是判断这类受人们控制的因素对试验结果的影响是否确实存在。方差分析正是通过对试验结果数据变动情况进行分析,对上述问题作出判断的有效工具。它可以将随机变动和非随机变动从混杂状态下分离开来,帮助发现起主导作用的变异来源,从而抓住主要矛盾或关键因素并采取有效措施。因此,方差分析成为分析试验结果数据的主要工具之一。

方差分析(Analysis of Variance,ANOVA)是在20世纪20年代发展起来的一种统计方法,它是由英国统计学家费希尔在进行实验设计时为解释实验数据而首先引入的方法。方差分析就是将多个样本的观察值作为一个整体,把观察值的总变动根据变动的来源进行分解,作出数量估计,从而发现各个观察值在总变动中的重要程度。

6.1 单因素试验的方差分析

6.1.1 单因素试验

在科学试验和生产实践中,影响因素往往有很多。例如,水泥混凝土的强度影响因素,有水泥强度等级、水灰比、集料、养护的温度和湿度、养护时间、试件成型方式及操作人员的水平等。某一因素的改变都有可能影响混凝土的强度,有些因素影响程度较大,有些因素影响程度较小。为了使生产过程稳定,保证优质、高产,就有必要找出对产品质量有显著影响的因素。为此,需进行试验。方差分析就是根据试验的结果进行分析,鉴别各个有关因素对试验结果影响程度的有效方法。

在试验中,将要考察的指标称为试验指标。影响试验指标的条件称为因素。因素可分为两类,一类是人们可以控制的(可控因素);一类是人们无法控制的。例如,反应温度、原料剂量、溶液浓度等是可以控制的,而测量误差、气象条件等一般是难以控制的。以下所说的因素都是指可控因素。因素所处的状态,称为该因素的水平。在一项试验中只有一个因素在改变,称为单因素试验;多个因素在改变,称为多因素试验。

6.1.2 单因素试验方差分析的数学表达

在因素的每一水平下进行了独立实验,其结果是一个随机变量。假设各总体均为正态变量,且各总体的方差相等,那么这是一个检验同方差的多个正态总体均值是否相等的问题。下面所要讨论的方差分析法,就是解决这类问题的一种统计方法。

首先讨论单因素试验的方差分析。设因素有 s 个水平 $A_1,A_2,\cdots,A_s$,在水平 $A_j(j=1,2,\cdots,s)$下进行 $n_j(n_j\geqslant 2)$次独立实验,得到如表 6.1-1 所示的结果。

单因素试验数据表 表 6.1-1

试验次数	A_1	A_2	…	A_s
1	x_{11}	x_{12}	…	x_{1s}
2	x_{21}	x_{22}	…	x_{2s}
…	…	…	…	…
n	x_{n_11}	x_{n_22}	…	x_{n_ss}
样本均值	$\bar{x}_{\cdot 1}$	$\bar{x}_{\cdot 2}$	…	$\bar{x}_{\cdot s}$
总体均值	μ_1	μ_2	…	μ_s

假定各个水平 $A_j(j=1,2,\cdots,s)$下的样本 $x_{1j},x_{2j},\cdots,x_{n_jj}$来自具有相同方差 σ^2、均值为 $\mu_j(j=1,2,\cdots,s)$的正态总体 $N(\mu_j,\sigma^2)$,μ_j与 σ^2未知,且设不同水平 A_j下的样本之间相互独立。

由于 $x_{ij}\sim N(\mu_j,\sigma^2)$,即 $x_{ij}-\mu_j\sim N(0,\sigma^2)$,故 $x_{ij}-\mu_j$可看成随机误差。记 $x_{ij}-\mu_j=\varepsilon_{ij}$,则 x_{ij}可写成式(6.1-1)。

$$x_{ij}=\mu_j+\varepsilon_{ij}\quad (i=1,2,\cdots,n_j;\quad j=1,2,\cdots,s) \tag{6.1-1}$$

式中,$\varepsilon_{ij}\sim N(0,\sigma^2)$;$\mu_j$与 σ^2均为未知参数。

式(6.1-1)称为单因素试验方差分析的数学模型。单因素试验方差分析的任务是检验模型(6.1-1)中 s 个总体 $N(\mu_1,\sigma^2),N(\mu_2,\sigma^2),\cdots,N(\mu_s,\sigma^2)$ 的均值是否相等,即检验假设

$$H_0:\mu_1=\mu_2=\cdots=\mu_s;\quad H_1:\mu_1,\mu_2,\cdots,\mu_s \text{ 不全相等} \tag{6.1-2}$$

为了将式(6.1-2)写成便于讨论的形式,将 $\mu_1,\mu_2,\cdots,\mu_s$ 的加权平均值记为 μ,μ 称为总平均,即

$$\mu=\frac{1}{n}\sum_{j=1}^{s}n_j\mu_j \tag{6.1-3}$$

式中,$n=\sum_{j=1}^{s}n_j$。

再引入

$$\delta_j=\mu_j-\mu\quad(j=1,2,\cdots,s) \tag{6.1-4}$$

式中,δ_j 为水平 A_j 下的总体平均值与总平均的差异。

此时有 $n_1\delta_1+n_2\delta_2+\cdots+n_s\delta_s=0$,习惯上将 δ_j 称为水平 A_j 的效应。

因而,式(6.1-1)可改写成

$$x_{ij}=\mu+\delta_j+\varepsilon_{ij} \tag{6.1-5}$$

式中,$\sum_{j=1}^{s}n_j\delta_j=0,i=1,2,\cdots,n_j,j=1,2,\cdots,s;\varepsilon_{ij}\sim N(0,\sigma^2)$。

而假设式(6.1-2)等价于假设

$$H_0:\delta_1=\delta_2=\cdots=\delta_s=0;\quad H_1:\delta_1,\delta_2,\cdots,\delta_s \text{ 不全为零} \tag{6.1-6}$$

这是因为当且仅当 $\mu_1=\mu_2=\cdots=\mu_s$ 时 $\mu_j=\mu$,即 $\delta_j=0$。

6.1.3 平方和的分解

下面从平方和的分解着手,导出假设检验式(6.1-6)的检验统计量。引入总平方和:

$$S_{\mathrm{T}}=\sum_{j=1}^{s}\sum_{i=1}^{n_j}(x_{ij}-\bar{x})^2 \tag{6.1-7}$$

式中,$\bar{x}$ 为数据的总平均,$\bar{x}=\frac{1}{n}\sum_{j=1}^{s}\sum_{i=1}^{n_j}x_{ij}$;$S_{\mathrm{T}}$ 为总偏差。

又记水平 A_j 下的样本平均值为 $\bar{x}_{\cdot j}$,即

$$\bar{x}_{\cdot j}=\frac{1}{n_j}\sum_{i=1}^{n_j}x_{ij} \tag{6.1-8}$$

将 S_{T} 写成

$$\begin{aligned}S_{\mathrm{T}}&=\sum_{j=1}^{s}\sum_{i=1}^{n_j}(x_{ij}-\bar{x})^2=\sum_{j=1}^{s}\sum_{i=1}^{n_j}[(x_{ij}-\bar{x}_{\cdot j})+(\bar{x}_{\cdot j}-\bar{x})]^2\\&=\sum_{j=1}^{s}\sum_{i=1}^{n_j}(x_{ij}-\bar{x}_{\cdot j})^2+\sum_{j=1}^{s}\sum_{i=1}^{n_j}(\bar{x}_{\cdot j}-\bar{x})^2+2\sum_{j=1}^{s}\sum_{i=1}^{n_j}(x_{ij}-\bar{x}_{\cdot j})(\bar{x}_{\cdot j}-\bar{x})\end{aligned} \tag{6.1-9}$$

式(6.1-9)第三项(即交叉项)$2\sum_{j=1}^{s}\sum_{i=1}^{n_j}(x_{ij}-\bar{x}_{\cdot j})(\bar{x}_{\cdot j}-\bar{x})=2\sum_{j=1}^{s}(\bar{x}_{\cdot j}-\bar{x})[\sum_{i=1}^{n_j}(x_{ij}-\bar{x}_{\cdot j})]=0$,于是将 S_{T} 分解为

$$S_{\mathrm{T}}=S_{\mathrm{E}}+S_{\mathrm{A}} \tag{6.1-10}$$

式中,$S_{\mathrm{E}}=\sum_{j=1}^{s}\sum_{i=1}^{n_j}(x_{ij}-\bar{x}_{\cdot j})^2$;$S_{\mathrm{A}}=\sum_{j=1}^{s}\sum_{i=1}^{n_j}(\bar{x}_{\cdot j}-\bar{x})^2=\sum_{j=1}^{s}n_j(\bar{x}_{\cdot j}-\bar{x})^2=\sum_{j=1}^{s}n_j\bar{x}^2_{\cdot j}-n\bar{x}^2$。

上述 S_E 的各项 $(x_{ij}-\bar{x}_{\cdot j})^2$ 表示在水平 A_j 下样本观察值与样本均值的差异，这是由随机误差所引起的，S_E 叫作误差平方和。S_A 的各项 $(\bar{x}_{\cdot j}-\bar{x})^2$ 表示在水平 A_j 下样本平均值与数据总平均的差异，这是由水平 A_j 引起的，S_A 叫作因素 A 的效应平方和。式(6.1-10)就是所需要的平方和分解式。

6.1.4 S_E 与 S_A 的统计特性

为了引出式(6.1-6)的检验统计量，依次来讨论 S_E 和 S_A 的一些统计特性。

(1) S_E 的统计特性。

$$S_E=\sum_{i=1}^{n_1}(x_{i1}-\bar{x}_{\cdot 1})^2+\sum_{i=1}^{n_2}(x_{i2}-\bar{x}_{\cdot 2})^2+\cdots+\sum_{i=1}^{n_s}(x_{is}-\bar{x}_{\cdot s})^2 \tag{6.1-11}$$

注意到 $\sum_{i=1}^{n_j}(x_{ij}-\bar{x}_{\cdot j})^2$ 是总体 $N(\mu_j,\sigma^2)$ 的样本方差的 n_j-1 倍，于是有

$$\frac{\sum_{i=1}^{n_j}(x_{ij}-\bar{x}_{\cdot j})^2}{\sigma^2}\sim\chi^2(n_j-1) \tag{6.1-12}$$

因各 x_{ij} 独立，故式(6.1-11)中各平方和独立。由 χ^2 分布的可加性知

$$\frac{S_E}{\sigma^2}\sim\chi^2\left[\sum_{j=1}^{s}(n_j-1)\right] \tag{6.1-13}$$

即

$$\frac{S_E}{\sigma^2}\sim\chi^2(n-s) \tag{6.1-14}$$

由式(6.1-14)可知，S_E 的自由度为 $n-s$。且有

$$E(S_E)=(n-s)\sigma^2 \tag{6.1-15}$$

(2) S_A 的统计特性。

$S_A=\sum_{j=1}^{s}\sum_{i=1}^{n_j}(\bar{x}_{\cdot j}-\bar{x})^2=\sum_{j=1}^{s}n_j(\bar{x}_{\cdot j}-\bar{x})^2$ 是 s 个变量 $\sqrt{n_j}(\bar{x}_{\cdot j}-\bar{x})$ 的平方和 $(j=1,2,\cdots,s)$，它们之间仅有一个线性约束条件 $\sum_{j=1}^{s}\sqrt{n_j}\left[\sqrt{n_j}(\bar{x}_{\cdot j}-\bar{x})\right]=\sum_{j=1}^{s}n_j(\bar{x}_{\cdot j}-\bar{x})=0$，故知 S_A 的自由度为 $s-1$。

再由式(6.1-3)、式(6.1-8)及 x_{ij} 的独立性，知

$$\bar{x}\sim N\left(\mu,\frac{\sigma^2}{n}\right) \tag{6.1-16}$$

即

$$\begin{aligned}
E(S_A)&=E\left(\sum_{j=1}^{s}n_j\bar{x}_{\cdot j}^2-n\bar{x}^2\right)\\
&=\sum_{j=1}^{s}n_jE(\bar{x}_{\cdot j}^2)-nE(\bar{x}^2)\\
&=\sum_{j=1}^{s}n_j\{D(\bar{x}_{\cdot j})+[E(\bar{x}_{\cdot j})]^2\}-n\{D(\bar{x})+[E(\bar{x})]^2\}\\
&=\sum_{j=1}^{s}n_j\left(\frac{\sigma^2}{n_j}+\mu_j^2\right)-n\left(\frac{\sigma^2}{n}+\mu^2\right)=\sum_{j=1}^{s}n_j\left[\frac{\sigma^2}{n_j}+(\mu+\delta_j)^2\right]-n\left(\frac{\sigma^2}{n}+\mu^2\right)\\
&=s\sigma^2+n\mu^2+2\mu\sum_{j=1}^{s}n_j\delta_j+\sum_{j=1}^{s}n_j\delta_j^2-\sigma^2-n\mu^2
\end{aligned}$$

因$\sum_{j=1}^{s} n_j \delta_j = 0$,故有

$$E(S_A) = (s-1)\sigma^2 + \sum_{j=1}^{s} n_j \delta_j^2 \tag{6.1-17}$$

进一步还可以证明S_A与S_E独立,且当H_0为真时

$$\frac{S_A}{\sigma^2} \sim \chi^2(s-1) \tag{6.1-18}$$

6.1.5 假设检验问题的拒绝域

现在可以确定假设检验问题[式(6.1-6)]的拒绝域了。由式(6.1-18)知,当H_0为真时

$$E\left(\frac{S_A}{s-1}\right) = \sigma^2 \tag{6.1-19}$$

即$\frac{S_A}{s-1}$是σ^2的无偏估计。而当H_1为真时,$\sum_{j=1}^{s} n_j \delta_j^2 > 0$,此时

$$E\left(\frac{S_A}{s-1}\right) = \sigma^2 + \frac{\sum_{j=1}^{s} n_j \delta_j^2}{s-1} > \sigma^2 \tag{6.1-20}$$

又由式(6.1-15)知

$$E\left(\frac{S_E}{n-s}\right) = \sigma^2 \tag{6.1-21}$$

即不管H_0是否为真,$\frac{S_E}{n-s}$都是σ^2的无偏估计。综上所述,可得分式

$$F = \frac{\dfrac{S_A}{s-1}}{\dfrac{S_E}{n-s}} \tag{6.1-22}$$

式(6.1-22)的分子与分母独立,S_E的分布与H_0无关,分母的数学期望总是σ^2。当H_0为真时,分子的数学期望为σ^2;当H_1为真时,式(6.1-20)分子的取值有偏大的趋势,知假设检验问题(6.1-6)的拒绝域的形式为

$$F = \frac{\dfrac{S_A}{s-1}}{\dfrac{S_E}{n-s}} \geqslant k \tag{6.1-23}$$

式中,k由预先给定的显著性水平α确定。

由式(6.1-14)、式(6.1-19)及S_E与S_A的独立性知,当H_0为真时

$$\frac{\dfrac{S_A}{s-1}}{\dfrac{S_E}{n-s}} = \frac{\dfrac{S_A}{\sigma^2(s-1)}}{\dfrac{S_E}{\sigma^2(n-s)}} \sim F(s-1, n-s) \tag{6.1-24}$$

由此得假设检验问题[式(6.1-6)]的拒绝域为

$$F = \frac{\dfrac{S_A}{s-1}}{\dfrac{S_E}{n-s}} \geqslant F_\alpha(s-1, n-s) \tag{6.1-25}$$

上述分析的结果如表6.1-2所示。

单因素试验方差分析表　　表6.1-2

方差来源	偏差平方和	自由度	均方差	F	F临界值
因素影响	$S_A=\sum_{j=1}^{s}\sum_{i=1}^{n_j}(\bar{x}_{\cdot j}-\bar{x})^2$	$f_1=s-1$	$\bar{S}_A=\frac{S_A}{s-1}$	$F=\frac{\bar{S}_A}{\bar{S}_E}$	$F_\alpha(f_1,f_e)$
随机误差	$S_E=\sum_{j=1}^{s}\sum_{i=1}^{n_j}(x_{ij}-\bar{x}_{\cdot j})^2$	$f_e=n-s$	$\bar{S}_E=\frac{S_E}{n-s}$		
总和	$S_T=S_E+S_A$	$f=n-1$	$\bar{S}_T=\frac{S_T}{n-1}$		

【例6.1-1】为了研究几种外加剂对混凝土断裂性能有无显著影响,进行了三点弯曲断裂试验,结果如表6.1-3所示。

混凝土的断裂能(单位:N/m)　　表6.1-3

外加剂Ⅰ	外加剂Ⅱ	外加剂Ⅲ
922	1315	1099
903	1307	1032
987	1329	1100
1053	1329	1035
1053	1350	1091

解:本例中,试验的指标是混凝土的断裂能,因素为外加剂的种类,假定除外加剂的种类这一因素外,混凝土原材料的规格、试件养护的条件、试验人员的水平等其他条件都相同,即单因素试验。试验的目的是考察三种外加剂对混凝土的断裂性能有无显著的影响。外加剂的种类因素有3个水平,即$s=3$;每个水平均试验5次,试验总次数$n=15$。为了方便计算,首先将表中的数据都减去900,所得结果及初步计算结果列于表6.1-4。

例6.1-1的计算表　　表6.1-4

外加剂	外加剂Ⅰ	外加剂Ⅱ	外加剂Ⅲ
处理后的数据	22	415	199
	3	407	132
	87	429	200
	153	429	135
	153	450	191
列平均值	83.6	426	171.4
总平均值	227		

(1)偏差平方和计算。

$$S_A=5\times[(83.6-227)^2+(426-227)^2+(171.4-227)^2]=5\times63255.92=316279.6$$

$$S_E=(22-83.6)^2+(3-83.6)^2+(87-83.6)^2+(153-83.6)^2+(153-83.6)^2+$$

$(415-426)^2+(407-426)^2+(429-426)^2+(429-426)^2+(450-426)^2+$

$(199-171.4)^2+(132-171.4)^2+(200-171.4)^2+(135-171.4)^2+$

$(191-171.4)^2=25852.4$

$$S_T=S_A+S_E=316279.6+25852.4=342132$$

(2)自由度计算。

$$f_1=3-1=2$$

$$f_e=15-3=12$$

$$f=15-1=14$$

(3)方差计算。

$$\overline{S}_A=\frac{S_A}{s-1}=\frac{316279.6}{2}=158139.8$$

$$\overline{S}_E=\frac{S_E}{n-s}=\frac{25852.4}{12}\approx 2154.37$$

(4)F 检验。

$$F=\frac{\overline{S}_A}{\overline{S}_E}=\frac{158139.8}{2154.37}\approx 73.4$$

查 F 分布表可知,$F_{0.05}(2,12)=3.89$,$F_{0.01}(2,12)=6.93$

显然:$F>F_{0.01}(2,12)$。

(5)结论:不同种类外加剂间有差别且影响高度显著。

(6)方差分析表如表6.1-5所示。

例6.1-1的方差分析表 表6.1-5

方差来源	偏差平方和	自由度	均方差	F	F 临界值	结论
因素影响(组间)	316279.6	2	158139.8			
随机误差(组内)	25852.4	12	2154.37	73.4	3.89,6.93	* *
总和	342132	14	24438			

注:*表示影响显著;* *表示影响高度显著。

Excel具备方差分析的功能。打开Excel,录入试验数据。点击【工具】,查看菜单下有无【数据分析】这一选项。如果没有,那就需要加载。点击【工具】下的【加载宏】,勾选【分析工具库】(若office不是完全安装的,则不会出现分析工具库)。

采用Excel解决此题的步骤如下:

(1)在某工作簿中输入试验数据,其截图如图6.1-1所示。

(2)单击主菜单【工具】,在下拉菜单中单击【数据分析】,再在弹出的对话框中选择"方差分析:单因素方差分析"(图6.1-2),单击【确定】按钮后,弹出"方差分析:单因素方差分析"对话框(图6.1-3)。

A	B	C
外加剂Ⅰ	外加剂Ⅱ	外加剂Ⅲ
922	1315	1099
903	1307	1032
987	1329	1100
1053	1329	1035
1053	1350	1091

图6.1-1 Excel中的数据

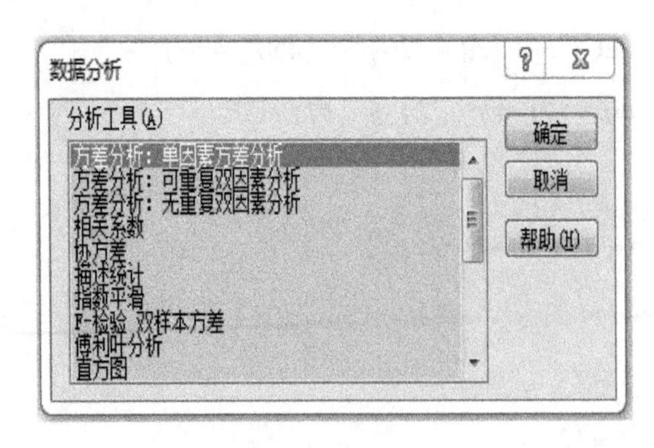

图 6.1-2 “数据分析”对话框

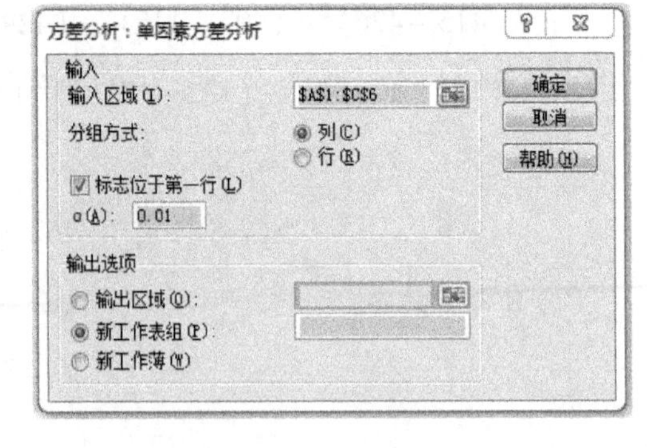

图 6.1-3 “方差分析:单因素方差分析”对话框

①输入区域:在此输入待分析数据区域的单元格。

②分组方式:指明输入区域中的数据是按行还是按列组织,单击【行】或【列】。在本例中,数据是按列组织的。

③标志复选框:如果数据是按列组织且输入区域的第一行中包含标志项,则需勾选【标志位于第一行】复选框;如果数据是按行组织且输入区域的第一列中包含标志项,则需勾选【标志位于第一列】复选框;如果数据输入区域的第一行或第一列中不包含标志项,则不需勾选【标志位于第一列】复选框。本例中,需勾选【标志位于第一行】复选框。

④α(A):在此输入计算 F 检验临界值的置信度,或称显著性水平。一般输入 0.05 或 0.01。本例中输入 0.01。

选择或输入各选项后,单击【确定】按钮,在一个新工作表中会显示图 6.1-4 所示的分析结果。对比图 6.1-4 和表 6.1-5 中的数据,二者基本一致。

方差分析:单因素方差分析

SUMMARY

组	观测数	求和	平均	方差
外加剂Ⅰ	5	4918	983.6	4983.8
外加剂Ⅱ	5	6630	1326	269
外加剂Ⅲ	5	5357	1071.4	1210.3

方差分析

差异源	SS	df	MS	F	P - value	F crit
组间	316279.6	2	158139.8	73.40431	1.86E - 07	6.926608
组内	25852.4	12	2154.367			
总计	342132	14				

图 6.1-4 单因素方差分析结果

单因素方差分析的结果中“SS”为偏差平方和,“df”为自由度,“MS”为均方差,“F crit”为 F 临界值,6.926608 为临界值 $F_{0.01}(2,12)$;“P-value”表示 F 分布的截尾概率,表示因素对试验结果无显著影响的概率,当 $P\text{-value} \leq 0.01$ 时,说明因素对试验指标的影响高度显著(常用“＊＊”表示),当 $0.01 < P\text{-value} \leq 0.05$ 时,说明因素对试验指标的影响显著(常用“＊”表

示)。现在 $F=73.404>6.927$,说明外加剂对混凝土的断裂性能的影响是高度显著的。再据图6.1-4可知,外加剂Ⅱ的平均值最大,方差最小,采用外加剂Ⅱ的混凝土抗裂性能最优。

本例中试验的重复次数是相同的,实际应用中重复次数也可以不同。

综上所述,单因素方差分析的步骤可归纳如下:

(1)提出原假设和备选假设。原假设为 $H_0:\mu_1=\mu_2=\cdots=\mu_m$,备选假设为 $H_1:\mu_1,\mu_2,\cdots,\mu_m$ 不全相等。

(2)设原假设的前提 $\sigma_1^2=\sigma_2^2=\cdots=\sigma_m^2$ 成立。

(3)计算统计量:偏差平方和、自由度、均方差和 F 值。

(4)根据显著性水平 α,查 F 分布表,若 $F<F_\alpha(f_1,f_e)$,原假设成立;否则原假设不成立,备选假设成立。

(5)将计算结果及结论列成方差分析表。

6.2 双因素试验的方差分析

单因素方差分析只研究一种因素对试验结果的影响,当可能存在多个因素同时对结果产生影响时,虽然可以采用固定其他因素,只研究一种因素变化的方法,对所有因素分别研究,但这种方法不仅效率低,而且容易遗漏最佳的组合。另外,若需要同时研究几种因素的影响,用单因素试验法是无法进行的,此时就需要进行多因素试验。

多因素方差分析的思路和方法相同,本节以双因素试验的方差分析为例介绍。

6.2.1 双因素等重复试验的方差分析

设有因素A、B作用于试验的指标,因素A有 r 个水平 $A_1,A_2,\cdots,A_r$,因素B有 s 个水平 $B_1,B_2,\cdots,B_s$。现对因素A和B的水平的每对组合 (A_i,B_j),$i=1,2,\cdots,r,j=1,2,\cdots,s$ 都做 $t(t\geqslant2)$ 次试验(称为等重复试验),得到的结果如表6.2-1所示。

双因素等重复试验 表6.2-1

因素水平	B_1	B_2	…	B_s
A_1	$x_{111},x_{112},\cdots,x_{11t}$	$x_{121},x_{122},\cdots,x_{12t}$	…	$x_{1s1},x_{1s2},\cdots,x_{1st}$
A_2	$x_{211},x_{212},\cdots,x_{21t}$	$x_{221},x_{222},\cdots,x_{22t}$	…	$x_{2s1},x_{2s2},\cdots,x_{2st}$
…	…	…	…	…
A_r	$x_{r11},x_{r12},\cdots,x_{r1t}$	$x_{r21},x_{r22},\cdots,x_{r2t}$	…	$x_{rs1},x_{rs2},\cdots,x_{rst}$

设 $x_{ijk}\sim N(\mu_{ij},\sigma^2)$,$i=1,2,\cdots,r;j=1,2,\cdots,s;k=1,2,\cdots,t$,各 x_{ijk} 独立。μ_{ij} 和 σ^2 均为未知参数,或写成

$$\begin{cases}x_{ijk}=\mu_{ij}+\varepsilon_{ijk},\\ \varepsilon_{ijk}\sim N(0,\sigma^2),\\ \text{各 } x_{ijk} \text{ 独立},\\ i=1,2,\cdots,r,\\ j=1,2,\cdots,s,\\ k=1,2,\cdots,t\end{cases} \tag{6.2-1}$$

引入记号：$\mu=\frac{1}{rs}\sum_{i=1}^{r}\sum_{j=1}^{s}\mu_{ij}$，$\mu_{i.}=\frac{1}{s}\sum_{j=1}^{s}\mu_{ij}$，$i=1,2,\cdots,r$，$\mu_{.j}=\frac{1}{r}\sum_{i=1}^{r}\mu_{ij}$，$j=1,2,\cdots,s$。令 $\alpha_i=\mu_{i.}-\mu$，$\beta_j=\mu_{.j}-\mu$。有 $\sum_{i=1}^{r}\alpha_i=0$，$\sum_{j=1}^{s}\beta_j=0$。

其中，μ 为总平均，α_i为水平 A_i的效应，β_j为水平 B_j的效应。则 μ_{ij}可表示成

$$\mu_{ij}=\mu+\alpha_i+\beta_j+(\mu_{ij}-\mu_{i.}-\mu_{.j}+\mu)\quad(i=1,2,\cdots,r,\quad j=1,2,\cdots,s)\tag{6.2-2}$$

记

$$\gamma_{ij}=\mu_{ij}-\mu_{i.}-\mu_{.j}+\mu\quad(i=1,2,\cdots,r,\quad j=1,2,\cdots,s)\tag{6.2-3}$$

此时

$$\mu_{ij}=\mu+\alpha_i+\beta_j+\gamma_{ij}\tag{6.2-4}$$

式中，γ_{ij}为水平 A_i和水平 B_j的交互效应，这是由 A_i和 B_j联合作用而引起的。

易见$\sum_{i=1}^{r}\gamma_{ij}=0$，$j=1,2,\cdots,s$；$\sum_{j=1}^{s}\gamma_{ij}=0$，$i=1,2,\cdots,r$。式(6.2-1)可写成

$$\begin{cases}x_{ijk}=\mu+\alpha_i+\beta_j+\gamma_{ij}+\varepsilon_{ijk},\\ \varepsilon_{ijk}\sim N(0,\sigma^2)\quad(i=1,2,\cdots,r,\quad j=1,2,\cdots,s,\quad k=1,2,\cdots,t)\\ \text{各 }\varepsilon_{ijk}\text{独立},\\ \sum_{i=1}^{r}\alpha_i=0,\quad \sum_{j=1}^{s}\beta_j=0,\quad \sum_{i=1}^{r}\gamma_{ij}=0,\quad \sum_{j=1}^{s}\gamma_{ij}=0\end{cases}\tag{6.2-5}$$

式中，μ、α_i、β_j、γ_{ij}及 σ^2为未知参数。

式(6.2-5)就是所要研究的双因素试验方差分析的数学模型。对于这一模型要检验以下三个假设：

(1)$H_{01}:\alpha_1=\alpha_2=\cdots=\alpha_r=0$；$H_{11}:\alpha_1,\alpha_2,\cdots,\alpha_r$不全为零。

(2)$H_{02}:\beta_1=\beta_2=\cdots=\beta_s=0$；$H_{12}:\beta_1,\beta_2,\cdots,\beta_s$不全为零。

(3)$H_{03}:\gamma_{11}=\gamma_{12}=\cdots=\gamma_{rs}$；$H_{13}:\gamma_{11},\gamma_{12},\cdots,\gamma_{rs}$不全为零。

与单因素试验的方差分析情况类似，对这些问题的检验方法也是建立在平方和的分解上的。先引入以下记号：$\bar{x}=\frac{1}{rst}\sum_{i=1}^{r}\sum_{j=1}^{s}\sum_{k=1}^{t}x_{ijk}$，$\bar{x}_{ij}=\frac{1}{t}\sum_{k=1}^{t}x_{ijk}$，$\bar{x}_i=\frac{1}{st}\sum_{j=1}^{s}\sum_{k=1}^{t}x_{ijk}$，$\bar{x}_j=\frac{1}{rt}\sum_{i=1}^{r}\sum_{k=1}^{t}x_{ijk}$，$i=1,2,\cdots,r$；$j=1,2,\cdots,s$。再引入总平方和 $S_{\mathrm{T}}=\sum_{i=1}^{r}\sum_{j=1}^{s}\sum_{k=1}^{t}(x_{ijk}-\bar{x})^2$，可将 S_{T}写成：

$$\begin{aligned}S_{\mathrm{T}}&=\sum_{i=1}^{r}\sum_{j=1}^{s}\sum_{k=1}^{t}(x_{ijk}-\bar{x})^2=\sum_{i=1}^{r}\sum_{j=1}^{s}\sum_{k=1}^{t}[(x_{ijk}-\bar{x}_{ij..})+(\bar{x}_{i..}-\bar{x})+(\bar{x}_{.j.}-\bar{x})+(\bar{x}_{ij.}-\bar{x}_{i..}-\bar{x}_{.j.}+\bar{x})]^2\\&=\sum_{i=1}^{r}\sum_{j=1}^{s}\sum_{k=1}^{t}(x_{ijk}-\bar{x}_{ij.})^2+\sum_{i=1}^{r}\sum_{j=1}^{s}\sum_{k=1}^{t}(\bar{x}_{i.}-\bar{x})^2+\sum_{i=1}^{r}\sum_{j=1}^{s}\sum_{k=1}^{t}(\bar{x}_{.j.}-\bar{x})^2+\sum_{i=1}^{r}\sum_{j=1}^{s}\sum_{k=1}^{t}(\bar{x}_{ij.}-\bar{x}_{i..}-\bar{x}_{.j.}+\bar{x})^2\end{aligned}$$

即得平方和的分解式：

$$S_{\mathrm{T}}=S_{\mathrm{E}}+S_{\mathrm{A}}+S_{\mathrm{B}}+S_{\mathrm{A\times B}}\tag{6.2-6}$$

式中，S_{E}为误差平方和；S_{A}、S_{B}分别为因素 A 和因素 B 的偏差平方和；$S_{\mathrm{A\times B}}$为 A 和 B 交互作用平方和。

$$S_{\mathrm{E}}=\sum_{i=1}^{r}\sum_{j=1}^{s}\sum_{k=1}^{t}(x_{ijk}-\bar{x}_{ij.})^2,\quad S_{\mathrm{A}}=\sum_{i=1}^{r}\sum_{j=1}^{s}\sum_{k=1}^{t}(\bar{x}_{i..}-\bar{x})^2=st\sum_{i=1}^{r}(\bar{x}_{i..}-\bar{x})^2$$

$$S_{\mathrm{B}}=\sum_{i=1}^{r}\sum_{j=1}^{s}\sum_{k=1}^{t}(\bar{x}_{.j.}-\bar{x})^2=rt\sum_{j=1}^{s}(\bar{x}_{.j.}-\bar{x})^2$$

$$S_{A\times B}=\sum_{i=1}^{r}\sum_{j=1}^{s}\sum_{k=1}^{t}(\bar{x}_{ij.}-\bar{x}_{i..}-\bar{x}_{.j.}+\bar{x})^2=t\sum_{i=1}^{r}\sum_{j=1}^{s}(\bar{x}_{ij.}-\bar{x}_{i..}-\bar{x}_{.j.}+\bar{x})^2$$

可以证明 S_T、S_E、S_A、S_B和 $S_{A\times B}$的自由度依次为 $rst-1$、$rs(t-1)$、$r-1$、$s-1$ 和$(r-1)(s-1)$，且有

$$E\left(\frac{S_E}{rs(t-1)}\right)=\sigma^2 \tag{6.2-7}$$

$$E\left(\frac{S_A}{r-1}\right)=\sigma^2+\frac{st\sum_{i=1}^{r}\alpha_i^2}{r-1} \tag{6.2-8}$$

$$E\left(\frac{S_B}{s-1}\right)=\sigma^2+\frac{rt\sum_{j=1}^{s}\beta_j^2}{s-1} \tag{6.2-9}$$

$$E\left(\frac{S_{A\times B}}{(r-1)(s-1)}\right)=\sigma^2+\frac{t\sum_{i=1}^{r}\sum_{j=1}^{s}\gamma_{ij}^2}{(r-1)(s-1)} \tag{6.2-10}$$

当 $H_{01}:\alpha_1=\alpha_2=\cdots=\alpha_r=0$ 为真时

$$F_A=\frac{\frac{S_A}{r-1}}{\frac{S_E}{rs(t-1)}}\sim F(r-1,rs(t-1)) \tag{6.2-11}$$

取显著性水平为 α，得假设 H_{01}的拒绝域为

$$F_A=\frac{\frac{S_A}{r-1}}{\frac{S_E}{rs(t-1)}}\geqslant F_\alpha(r-1,rs(t-1)) \tag{6.2-12}$$

类似地，在显著性水平 α 下，假设 H_{02}的拒绝域为

$$F_B=\frac{\frac{S_B}{s-1}}{\frac{S_E}{rs(t-1)}}\geqslant F_\alpha(s-1,rs(t-1)) \tag{6.2-13}$$

在显著性水平 α 下，假设 H_{03}的拒绝域为

$$F_{A\times B}=\frac{\frac{S_{A\times B}}{(r-1)(s-1)}}{\frac{S_E}{rs(t-1)}}\geqslant F_\alpha((r-1)(s-1),rs(t-1)) \tag{6.2-14}$$

上述结果汇总成的方差分析表如表 6.2-2 所示。

双因素等重复试验的方差分析表 表 6.2-2

方差来源	偏差平方和	自由度	均方差	F	F 临界值
因素 A	S_A	$f_1=r-1$	$\bar{S}_A=\frac{S_A}{r-1}$	$F_A=\frac{\bar{S}_A}{\bar{S}_E}$	$F_\alpha(f_1,f_e)$
因素 B	S_B	$f_2=s-1$	$\bar{S}_B=\frac{S_B}{s-1}$	$F_B=\frac{\bar{S}_B}{\bar{S}_E}$	$F_\alpha(f_2,f_e)$

续上表

方差来源	偏差平方和	自由度	均方差	F	F 临界值
交互作用	$S_{A\times B}$	$f_3=(r-1)(s-1)$	$\overline{S}_{A\times B}=\dfrac{S_{A\times B}}{(r-1)(s-1)}$	$F_{A\times B}=\dfrac{\overline{S}_{A\times B}}{\overline{S}_E}$	$F_\alpha(f_3,f_e)$
误差	S_E	$f_e=rs(t-1)$	$\overline{S}_E=\dfrac{S_E}{rs(t-1)}$	—	—
总和	S_T	$f=rst-1$	$\overline{S}_T=\dfrac{S_T}{rst-1}$		

【例 6.2-1】目前世界上最长的跨海大桥——港珠澳大桥,全长 55km,是"一国两制"框架下粤港澳三地首次合作共建的超大型跨海通道,设计使用寿命 120 年。最近几十年测验结果表明,沿海地区的水泥混凝土比内地的水泥混凝土损坏严重。这是因为沿海地区氯盐进入混凝土,到达钢筋面层,当氯化物浓度达到一定程度,引起混凝土钢筋表面锈蚀,使水泥混凝土和钢筋的结合性能降低,同时氧化物扩张,最终导致整个水泥混凝土结构的受拉开裂。因此对于在海水环境中的水泥混凝土结构物,应该采用抗氯离子的渗透性能试验,将对混凝土抗氯离子性能的评价,作为混凝土耐腐蚀性评价的方法。为了研究两种矿物质掺合料 A 和 B 的用量对耐久性混凝土抗氯离子渗透性能的影响,在水泥混凝土中掺加不同用量的矿物质掺合料 A 和 B,对于掺合料 A 的用量取 4 个不同的水平,对于掺合料 B 的用量取 3 个不同的水平,测试水泥混凝土试件的 DRCM 氯离子扩散系数,结果见表 6.2-3。

水泥混凝土试件的 DRCM 氯离子扩散系数(单位:$10^{-12}m^2/s$)　　表 6.2-3

掺合料 A	掺合料 B			A_i平均值
	B_1	B_2	B_3	
A_1	5.82	5.62	6.53	5.57
	5.26	4.12	6.08	
A_2	4.91	5.41	5.16	4.94
	4.28	5.05	4.84	
A_3	6.01	7.09	3.92	5.71
	5.83	7.32	4.07	
A_4	7.58	5.82	4.87	5.78
	7.15	5.12	4.14	
B_i平均值	5.86	5.69	4.95	—

解:本例中试验的指标是混凝土的抗氯离子渗透性能(DRCM 氯离子扩散系数),矿物质掺合料 A 和 B 的用量是因素,它们分别有 4 个和 3 个水平。这是一个双因素的试验。试验的目的在于考察在各种因素的各个水平下抗氯离子渗透性能有无显著的差异,即考察掺合料 A 和 B 的用量这两个因素对混凝土的抗氯离子渗透性能的影响是否有显著的差异。

据数据可知,因素 A 有 $r=4$ 个水平,因素 B 有 $s=3$ 个水平,重复次数 $t=2$。

试验数据的总平均 $\overline{x}=5.5$。

(1)偏差平方和计算。

$$S_A = \sum_{i=1}^{r}\sum_{j=1}^{s}\sum_{k=1}^{t}(\bar{x}_{i..} - \bar{x})^2 = st\sum_{i=1}^{r}(\bar{x}_{i..} - \bar{x})^2 = 2.6279$$

$$S_B = \sum_{i=1}^{r}\sum_{j=1}^{s}\sum_{k=1}^{t}(\bar{x}_{.j.} - \bar{x})^2 = rt\sum_{j=1}^{s}(\bar{x}_{.j.} - \bar{x})^2 = 3.717525$$

$$S_E = \sum_{i=1}^{r}\sum_{j=1}^{s}\sum_{k=1}^{t}(x_{ijk} - \bar{x}_{ij.})^2 = 2.3553$$

S_E计算见表6.2-4，将表6.2-4中的方差求和即可。

S_E计算表 表6.2-4

参数	掺合料 B_1	掺合料 B_2	掺合料 B_3
掺合料 A_1	5.82	5.62	6.53
	5.26	4.12	6.08
平均值	5.54	4.87	6.305
方差	0.1568	1.125	0.10125
掺合料 A_2	4.91	5.41	5.16
	4.28	5.05	4.84
平均值	4.595	5.23	5
方差	0.19845	0.0648	0.0512
掺合料 A_3	6.01	7.09	3.92
	5.83	7.32	4.07
平均值	5.92	7.205	3.995
方差	0.0162	0.02645	0.01125
掺合料 A_4	7.58	5.82	4.87
	7.15	5.12	4.14
平均值	7.365	5.47	4.505
方差	0.09245	0.245	0.26645

$$S_T = \sum_{i=1}^{r}\sum_{j=1}^{s}\sum_{k=1}^{t}(x_{ijk} - \bar{x})^2 = 26.3674, S_{A\times B} = S_T - S_E - S_A - S_B = 17.66668$$

(2)自由度计算。

$f_1 = 4-1 = 3, f_2 = 3-1 = 2, f_3 = 3\times2 = 6, f_e = 4\times3\times(2-1) = 12, f = 4\times3\times2-1 = 23$

(3)方差计算。

$$\bar{S}_A = \frac{S_A}{r-1} = 0.875967$$

$$\bar{S}_B = \frac{S_B}{s-1} = 1.858763$$

$$\bar{S}_{A\times B} = \frac{S_{A\times B}}{(r-1)(s-1)} = 2.944446$$

$$\bar{S}_E = \frac{S_E}{rs(t-1)} = 0.196275$$

(4)F 检验。

$$F_{\mathrm{A}}=\frac{\overline{S}_{\mathrm{A}}}{\overline{S}_{\mathrm{E}}}=4.462956$$

$$F_{\mathrm{B}}=\frac{\overline{S}_{B}}{\overline{S}_{\mathrm{E}}}=9.470195$$

$$F_{\mathrm{A\times B}}=\frac{\overline{S}_{\mathrm{A\times B}}}{\overline{S}_{\mathrm{E}}}=15.00163$$

查 F 分布表可知，$F_{0.05}(3,12)=3.49$，$F_{0.01}(3,12)=5.95$，$F_{0.05}(2,12)=3.89$，$F_{0.01}(2,12)=6.93$，$F_{0.05}(6,12)=3.00$，$F_{0.01}(6,12)=4.82$。

显然：$F_{\mathrm{A}}>F_{0.05}$，(2,12)，$F_{B}>F_{0.01}$，(2,12)，$F_{A\times B}>F_{0.01}$，(6,12)。

(5)结论：掺合料 A 和 B 对耐久性混凝土抗氯离子渗透性能的影响有差别，其中，掺合料 A 的影响显著，掺合料 B、掺合料 A 和 B 的交互作用的影响高度显著。

(6)方差分析表如表 6.2-5 所示。

例 6.2-1 的方差分析表 表 6.2-5

方差来源	偏差平方和	自由度	均方差	F	F 临界值	结论
因素 A	2.6279	3	0.875967	4.462956	3.49,5.95	*
因素 B	3.717525	2	1.858763	9.470195	3.89,6.93	* *
A×B	17.66668	6	2.944446	15.00163	3.00,4.82	* *
随机误差	2.3553	12	0.196275			
总和	26.3674	23	1.146409			

注：* 表示影响显著；* * 表示影响高度显著。

用 Excel 解决此题的步骤如下：

(1)在某工作簿中输入试验数据(图 6.2-1)，把 A_i 和 B_j 同一搭配的重复试验数据放在不同行。

(2)单击主菜单的【工具】，在下拉菜单中单击【数据分析】，再在弹出的对话框中选择“方差分析：可重复双因素分析”，单击【确定】按钮后，弹出“方差分析：可重复双因素分析”对话框，如图 6.2-2 所示，填入各项后，单击【确定】按钮。结果如图 6.2-3 所示。

A	B	C	D
	掺合料 B_1	掺合料 B_2	掺合料 B_3
掺合料 A_1	5.82	5.62	6.53
	5.26	4.12	6.08
掺合料 A_2	4.91	5.41	5.16
	4.28	5.05	4.84
掺合料 A_3	6.01	7.09	3.92
	5.83	7.32	4.07
掺合料 A_4	7.58	5.82	4.87
	7.15	5.12	4.14

图 6.2-1 Excel 中的数据

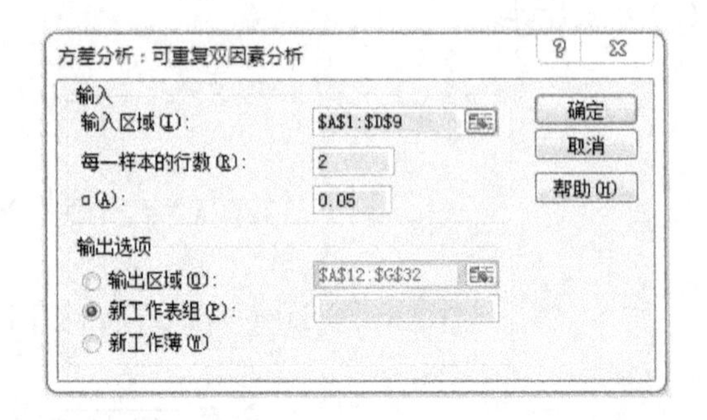

图 6.2-2 “方差分析：可重复双因素分析”对话框

差异源	SS	df	MS	F	P-value	F crit
样本	2.6279	3	0.875967	4.462956	0.025188	3.490295
列	3.717525	2	1.858763	9.470195	0.003404	3.885294
交互	17.66668	6	2.944446	15.00163	6E-05	2.99612
内部	2.3553	12	0.196275			
总计	26.3674	23				

图6.2-3　可重复双因素方差分析结果[$\alpha(A)=0.05$]

若更改 $\alpha(A)=0.01$,重新进行分析,结果如图6.2-4所示。

这时得到可重复双因素方差分析的结果,查看"方差分析"表。其中"F crit"栏为临界值,"样本"对应因素A,"列"对应因素B,"交互"对应A×B,"内部"对应误差。

差异源	SS	df	MS	F	P-value	F crit
样本	2.6279	3	0.875967	4.462956	0.025188	5.952545
列	3.717525	2	1.858763	9.470195	0.003404	6.926608
交互	17.66668	6	2.944446	15.00163	6E-05	4.820574
内部	2.3553	12	0.196275			
总计	26.3674	23				

图6.2-4　可重复双因素方差分析结果[$\alpha(A)=0.01$]

显然:$F_{0.05}(2,12)<F_A<F_{0.01}(2,12)$,$F_B>F_{0.01}(2,12)$,$F_{A\times B}>F_{0.01}(6,12)$

可知,掺合料A和B对耐久性混凝土抗氯离子渗透性能的影响有差别。其中,掺合料A的影响显著,掺合料B、掺合料A和B的交互作用的影响高度显著。

对于无重复的方差分析,也可模仿此方法操作,不再赘述。

6.2.2　双因素无重复试验的方差分析

在以上的讨论中,考虑了双因素试验中两个因素的交互作用。为检验交互作用的效应是否显著,对两个因素的每一组合(A_i,B_j)至少要做2次试验。这是因为在式(6.2-5)中,若$k=1$,γ_{ij}与ε_{ij}总以结合在一起的形式出现,这样就不能将交互作用与误差项分离开来。如果在处理实际问题时,已经知道不存在交互作用,或已知交互作用对试验的指标影响很小,则可以不考虑交互作用。此时,即使$k=1$,也能对因素A和因素B的效应进行分析。现设对两个因素的每一组合(A_i,B_j)只做一次试验,所得结果如表6.2-6所示。

双因素无重复试验　　表6.2-6

因素水平	B_1	B_2	…	B_s
A_1	x_{11}	x_{12}	…	x_{1s}
A_2	x_{21}	x_{22}	…	x_{2s}
…	…	…	…	…
A_r	x_{r1}	x_{r2}	…	x_{rs}

设$x_{ij}\sim N(\mu_{ij},\sigma^2)$,各$x_{ij}$独立,$i=1,2,\cdots,r$;$j=1,2,\cdots,s$。其中,$\mu_{ij}$、$\sigma^2$均为未知数。或可写成式(6.2-15):

$$\begin{cases} x_{ij}=\mu_{ij}+\varepsilon_{ij}, \\ \varepsilon_{ij}\sim N(0,\sigma^2), \\ 各\ x_{ij}独立, \\ i=1,2,\cdots,r,\quad j=1,2,\cdots,s \end{cases} \tag{6.2-15}$$

式中，μ_{ij}，σ^2均为未知数。

沿用6.2.1节中的记号，注意现在假设不存在交互作用，此时：

$\gamma_{ij}=0, i=1,2,\cdots,r; j=1,2,\cdots,s$。故由式(6.2-4)知$\mu_{ij}=\mu+\alpha_i+\beta_j$。于是式(6.2-15)可写成

$$\begin{cases} x_{ij}=\mu+\alpha_i+\beta_j+\varepsilon_{ij}, \\ \varepsilon_{ij}\sim N(0,\sigma^2), \\ 各\ x_{ij}独立, \\ i=1,2,\cdots,r,\quad j=1,2,\cdots,s, \\ \sum_{i=1}^{r}\alpha_i=0,\quad \sum_{j=1}^{s}\beta_j=0 \end{cases} \tag{6.2-16}$$

这就是所要研究的方差分析的模型。对这个模型所要检验的假设有以下两个：

(1)$H_{01}:\alpha_1=\alpha_2=\cdots=\alpha_r=0$；$H_{11}:\alpha_1,\alpha_2,\cdots,\alpha_r$不全为零。

(2)$H_{02}:\beta_1=\beta_2=\cdots=\beta_s=0$；$H_{12}:\beta_1,\beta_2,\cdots,\beta_s$不全为零。

与6.2.1节中的讨论相同，所得方差分析结果见表6.2-7。

双因素无重复试验的方差分析表 表6.2-7

方差来源	偏差平方和	自由度	均方差	F	F临界值
因素A	$S_A=s\sum_{i=1}^{r}(\bar{x}_{i\cdot}-\bar{x})^2$	$f_1=r-1$	$\bar{S}_A=\frac{S_A}{r-1}$	$F_A=\frac{\bar{S}_A}{\bar{S}_E}$	$F_\alpha(f_1,f_e)$
因素B	$S_B=r\sum_{j=1}^{s}(\bar{x}_{\cdot j}-\bar{x})^2$	$f_2=s-1$	$\bar{S}_B=\frac{S_B}{s-1}$	$F_B=\frac{\bar{S}_B}{\bar{S}_E}$	$F_\alpha(f_2,f_e)$
误差	$S_E=\sum_{i=1}^{r}\sum_{j=1}^{s}(x_{ij}-\bar{x}_{i\cdot}-\bar{x}_{\cdot j}+\bar{x})^2$	$f_e=(r-1)(s-1)$	$\bar{S}_E=\frac{S_E}{(r-1)(s-1)}$	—	—
总和	$S_T=\sum_{i=1}^{r}\sum_{j=1}^{s}(x_{ij}-\bar{x})^2$	$f=rs-1$	$\bar{S}_T=\frac{S_T}{rs-1}$		

取显著性水平为α，得假设H_{01}的拒绝域为

$$F_A=\frac{\frac{S_A}{r-1}}{\frac{S_E}{(r-1)(s-1)}}\geqslant F_\alpha(r-1,(r-1)(s-1)) \tag{6.2-17}$$

在显著性水平α下，假设H_{02}的拒绝域为

$$F_B=\frac{\frac{S_B}{s-1}}{\frac{S_E}{(r-1)(s-1)}}\geqslant F_\alpha(s-1,(r-1)(s-1)) \tag{6.2-18}$$

习　　题

6.1　什么是方差分析？方差分析在科学研究中有什么意义？

6.2　单因素和双因素方差分析的数学模型分别是什么？

6.3　进行方差分析的基本步骤是什么？

6.4　某SRTP小组开展沥青混合料性能的研究，需制作一批沥青混合料马歇尔试件，现调查不同组员制作的马歇尔试件高度，数据如题6.4表所示。请分析不同组员制作的马歇尔试件是否存在显著性差异。

不同组员制作的马歇尔试件高度(单位：mm)　　　　题6.4表

组员	重复次数				
	1	2	3	4	5
1	61.2	63.3	63.8	63.6	63.3
2	64.6	65.6	63.5	66.9	65.8
3	65.1	63.5	64.5	63.8	64.6

6.5　某研究所为了研究某种络合型外加剂(简称"络合剂")对水泥砂浆总孔隙率的影响，选取了不同的剂量(0,0.5%,1.0%,1.5%,2.0%)制作试件，养护达标后测试其总孔隙率，试验结果如题6.5表所示。试进行方差分析。

不同络合剂剂量下的水泥砂浆总孔隙率　　　　题6.5表

络合剂剂量	水泥砂浆总孔隙率(%)				
0	17.2	16.9	17.5	16.4	16.8
0.5%	14.7	15.1	15.0	15.3	14.7
1.0%	12.5	12.6	13.0	12.3	12.6
1.5%	14.3	14.8	15.0	15.1	14.9
2.0%	15.8	15.6	15.9	15.4	15.6

6.6　为了研究3种不同沥青材料和3种不同外加剂对沥青混合料高温稳定性能的影响，设计了双因素试验，每种水平组合重复4次，结果如题6.6表所示。试进行方差分析。

沥青混合料在不同沥青和不同外加剂下的动稳定度(单位：次/mm)　　　　题6.6表

沥青	外加剂											
	B_1				B_2				B_3			
A_1	1310	1250	1000	1100	910	840	930	980	960	840	860	810
A_2	1490	1850	1580	1280	1370	1220	1070	1160	820	904	720	750
A_3	1520	1130	1670	1850	1730	1250	1490	1400	980	1070	860	865

第 7 章

动态规划算法

7.1 多级系统的最佳解

7.1.1 分级决策方法

为了说明分级决策的概念，先从分析一个“求最短路径”的例子着手。图 7.1-1 是单向的从 P 市通往 Q 市的路径图。图中 A、B、C、D、E、F 都是市镇的名称，路径上的数字(单位:km)则是该段路径的长度。现要求出从 P 市到 Q 市的最短路径。

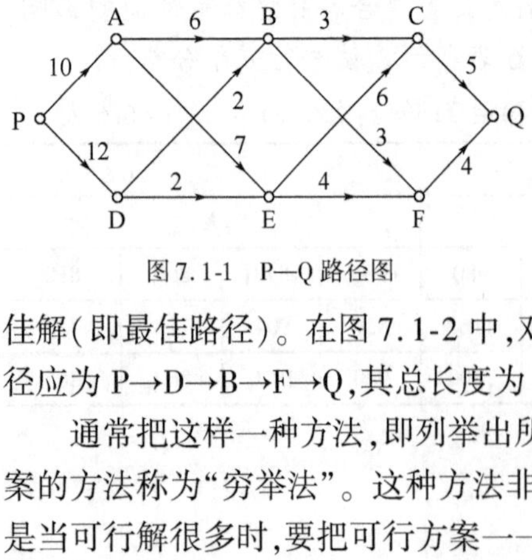

图 7.1-1 P—Q 路径图

从图 7.1-1 可以直观地看到，从 P 市到 Q 市的可行路径共有 8 条。为了清晰地展示这些可行路径，可以把图 7.1-1 改画为图 7.1-2，这样就很容易得到问题的最佳解(即最佳路径)。在图 7.1-2 中，对 8 条可行路径进行比较可知，从 P 市到 Q 市的最短路径应为 P→D→B→F→Q，其总长度为 21km。

通常把这样一种方法，即列举出所有的可行方案，逐个方案进行比较，并从中选出最佳方案的方法称为“穷举法”。这种方法非常直观、简单，而且所求得的结果总是全局最佳解。但是当可行解很多时，要把可行方案一一列出，且又要对它们一一进行比较以求出最佳方案，则计算工作量很大。让我们分析一下上述问题的计算工作量。在图7.1-2中,把从P市到Q市的路径中每通过一个市镇称为走过一个阶段,这样,从P市到Q市共需经历四个阶段,我们统称这些阶段为“级”。因此,P—Q路径可以分为四级,如图7.1-2所示。在前三级从任一市镇出发时,总有两条路可供选择,而第四级市镇(C市和F市)各自转向Q市的道路只有一条。因此总的可行方案是$2^3=8$个。当然从8个可行方案中求取最佳方案,其计算工作量并不是很大(仅需24次加法运算和7次比较运算),但当级数(N)增大,或者从市镇出发可供选择的道路数(M)增加时,则可行方案数(M^{N-1})也将大大增加,使计算工作量大为增加。

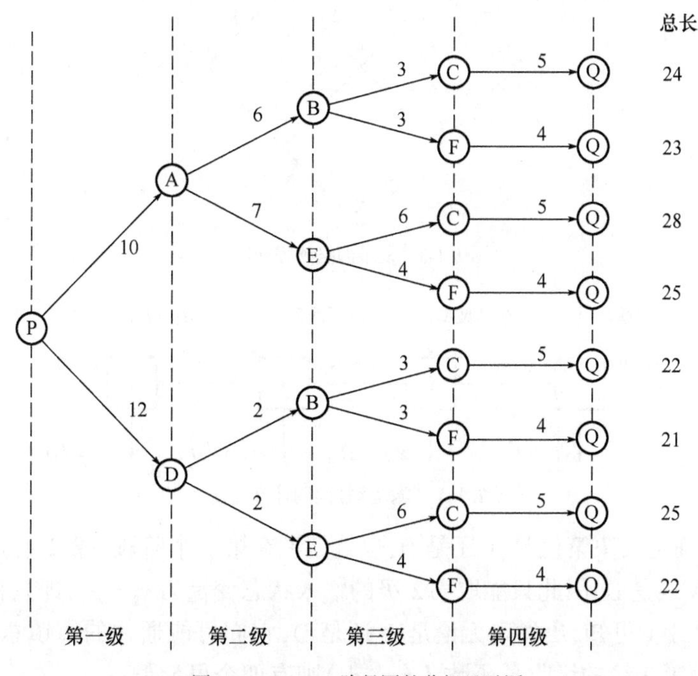

图7.1-2 P—Q路径图的分级显示图

下面以一个较为复杂的道路网络问题为例加以说明。

图7.1-3所示为一个较复杂的道路网络,求从A到B的最短路径。当采用“穷举法”求解时,可列出的可行方案共有20个,可以求出其最短路径为A→C→F→J→M→O→B,全长为$1+4+2+2+2+2=13$。由于该问题可以分为6级($N=6$),因此加法运算次数为$20\times5=100$次,比较运算次数为19次,其计算工作量较前例大为增加。当N或M的值进一步增大时,“穷举法”将由于计算工作量的大幅增加而无法实行。

仍以图7.1-1的最短路径问题为例,把决定最短路径问题的过程分成四个阶段(四级),按一般通用的符号画成图7.1-4所示图形。图中x_i为状态变量,d_i为决策变量,J_i为级收益。

方框中的编号表示级的编号。对照图7.1-1分析,第1级表示从P走向A或D的过程。取第1级的输入状态变量$x_1=P$,表示这一级是从P市开始的。在这一级中,人们可以走向A市,也可以走向D市。为了使从P市到Q市的总距离为最短,这就需要在走向A或走向D这两个方案中进行决策。因此$d_1=A$或D。而第1级的级收益J_1则是这一过程中走过的路径长度。它是输入状态变量x_1和决策变量d_1的函数。显然,当$d_1=A$时,即从P出发后决定走向A时,级收益为$J_1(P,A)=10\text{km}$。当$d_1=D$时,即从P出发后决定走向D时,级收

益为 $J_1(P,D)=12\text{km}$。

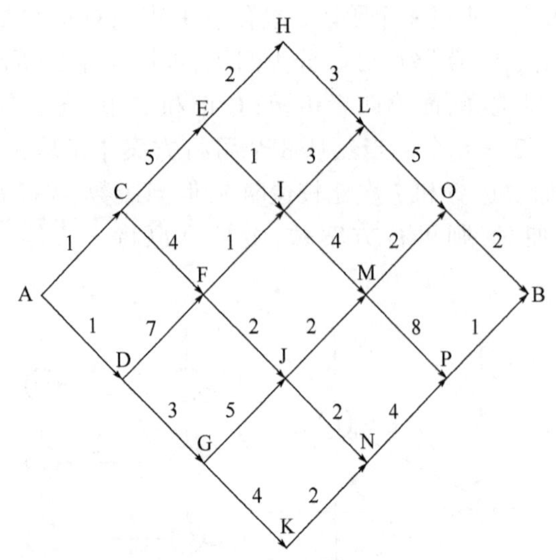

图 7.1-3　复杂网络路径问题

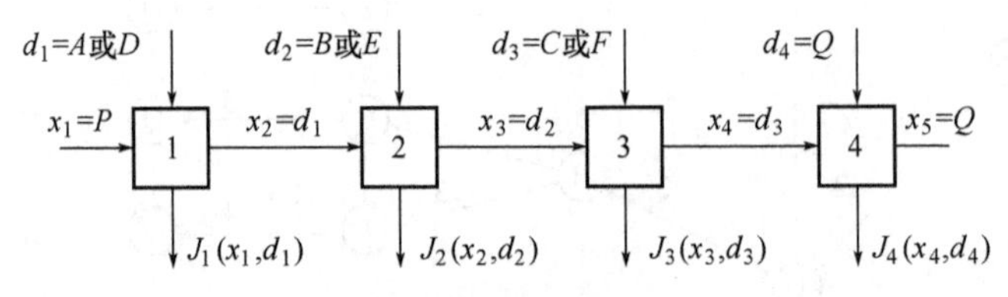

图 7.1-4　最短路径问题计算模型

此时，尚不能确定其决策值是 A 还是 D，也就是说在第二个阶段（第 2 级）的分析中，无法确定其出发点是 A 还是 D，因此只能取第 2 级的输入状态变量为 $x_2=d_1$，即只有在 d_1 确定后 x_2 才能确定。从图 7.1-1 可知，出发点无论是 A 还是 D，它们可能通往的市镇总是 B 或 E，因此取 $d_2=B$ 或 E。而第 2 级的级收益函数 $J_2(x_2,d_2)$ 则有四个可能值：

当 $x_2=A,d_2=B$（即从 A 出发到达 B），则 $J_2(A,B)=6\text{km}$。

当 $x_2=A,d_2=E$（即从 A 出发到达 E），则 $J_2(A,E)=7\text{km}$。

当 $x_2=D,d_2=B$（即从 D 出发到达 B），则 $J_2(D,B)=2\text{km}$。

当 $x_2=D,d_2=E$（即从 D 出发到达 E），则 $J_2(D,E)=2\text{km}$。

对于第 3 级的输入状态变量，应取 $x_3=d_2$，也就是第三阶段的出发点取决于第二阶段的决策值，但不论其出发点为 B 或 E，可能通往的市镇总是 C 或 F，相应的级收益函数有以下四种可能值：

$J_3(B,C)=3\text{km}, J_3(B,F)=3\text{km}, J_3(E,C)=6\text{km}, J_3(E,F)=4\text{km}$。

同理，第 4 级的输入状态变量应取 $x_4=d_3$，也就是第四阶段的出发点取决于第三阶段的决策值。不论其出发点为 C 或 F，可能通往的市镇只有 Q 市，因此对第 4 级来说，只能确定决策 $d_4=Q$，或者说最后一级没有决策问题。该级的级收益函数只有两个可能值：

$J_4(C,Q)=5\text{km}, J_4(F,Q)=4\text{km}$。

求解该问题——从 P 到 Q 的最短路径——的最佳方案，为通过分级求出其最佳决策。这类方法称为“分级决策方法”。

该问题的求解过程如下：

对于求解第1级输入状态变量(x_1)已知($x_1 = P$)的这类问题(数学上称为初值问题),计算程序总是从最后一级开始进行。

第一步:从第4级开始计算。通往Q市的路径共有两条：

①当 $x_4 = C$ 时,$J_4(C,Q) = 5$km。

②当 $x_4 = F$ 时, $J_4(F,Q) = 4$km。

第二步:分析第3级。其输入状态变量 $x_3 = B$ 或 E,而决策变量 $d_3 = C$ 或 F。因此通往Q市的路径就有四种方案：

①$x_3 = B, d_3 = C$,则从B到Q的总长度为:$J_3(B,C) + J_4(C,Q) = 3 + 5 = 8$km。

②$x_3 = B, d_3 = F$,则从B到Q的总长度为:$J_3(B,F) + J_4(F,Q) = 3 + 4 = 7$km。

以上两方案都是从B通往Q,显然路径B→F→Q较路径B→C→Q短。因此,在以后的计算中,只要路径通往B市,必将选择B→F→Q路径到达Q市。

③$x_3 = E, d_3 = C$,则从E到Q的总长度为:$J_3(E,C) + J_4(C,Q) = 6 + 5 = 11$km。

④$x_3 = E, d_3 = F$,则从E到Q的总长度为:$J_3(E,F) + J_4(F,Q) = 4 + 4 = 8$km。

以上两方案都是从E通往Q,显然路径E→F→Q较路径E→C→Q短。因此在以后的讨论中,只要路径通过E市,必将选择E→F→Q路径到达Q市。

采用分级决策方法后,可以在逐级计算中,不断地淘汰非最佳方案,使总计算工作量减少。

第三步:分析第2级,其输入状态变量 $x_2 = A$ 或 D,而决策变量 $d_2 = B$ 或 E。因此通往Q市的路径也有四种方案。

①$x_2 = A, d_2 = B$,则从A经过B到Q的总长度为:$J_2(A,B) + [J_3(B,F) + J_4(F,Q)] = 6 + 7 = 13$km。

这里必须指出,由于在第二步计算中已经选出从B到Q的最短路径为B→F→Q。因此第三步中计算从A经B到Q的路径时即应沿着A→B→F→Q进行,式中方括号中的值是从B到Q的最短路径长度。

②$x_2 = A, d_2 = E$,则从A经过E到Q的总长度为:$J_2(A,E) + [J_3(E,F) + J_4(F,Q)] = 7 + 8 = 15$km,式中方括号中的值是从E到Q的最短路径长度。

比较①②结果可知,从A市到Q市的最短路径应为A→B→F→Q。因此在以后的计算中,凡是经过A市到达Q市的最短路径都应选择A→B→F→Q。

③$x_2 = D, d_2 = B$,则从D经过B到Q的总长度为:$J_2(D,B) + [J_3(B,F) + J_4(F,Q)] = 2 + 7 = 9$km,式中方括号中的值是从B到Q的最短路径长度。

④$x_2 = D, d_2 = E$,则从D经过E到Q的总长度为:$J_2(D,E) + [J_3(E,F) + J_4(F,Q)] = 2 + 8 = 10$km,式中方括号中的值是从E到Q的最短路径长度。

比较③④结果可知,从D市到Q市的最短路径应为D→B→F→Q。因此在以后的计算中,凡是经过D市到达Q市的最短路径都应选择D→B→F→Q。

第四步:分析第1级,其输入状态变量仅有一个单一值,即 $x_1 = P$,而决策变量 $d_1 = A$ 或 D。因此通往Q市的路径只有两种方案：

①$x_1 = P, d_1 = A$,则从P经A到Q的总长度为:$J_1(P,A) + [J_2(A,B) + J_3(B,F) + J_4(F,Q)] = 10 + 13 = 23$km,式中方括号中的值是从A到Q的最短路径长度。

②$x_1 = P, d_1 = D$,则从P经D到Q的总长度为:$J_1(P,D) + [J_2(D,B) + J_3(B,F) +$

$J_4(F,Q)] = 12 + 9 = 21\text{km}$,式中方括号中的值是从 D 到 Q 的最短路径长度。

比较①②结果可知,从 P 到 Q 的最短路径应为 P→D→B→F→Q,其全长为 21km。这就是我们求得的最佳解,而各级的决策值 $d_1 = D, d_2 = B, d_3 = F, d_4 = Q$ 可以写成序列形式 $<d_1, d_2, d_3, d_4> = <D, B, F, Q>$,称为该问题的"最佳决策序列"。

运用分级决策方法,仅需 10 次加法运算和 6 次比较运算,计算工作量较穷举法少。动态规划方法就是以分级决策方法为基础建立的决策算法。

7.1.2 分级决策问题的数学模型

从采用分级决策方法求解最短路径问题的启示中,得出图 7.1-5 所示的模型。

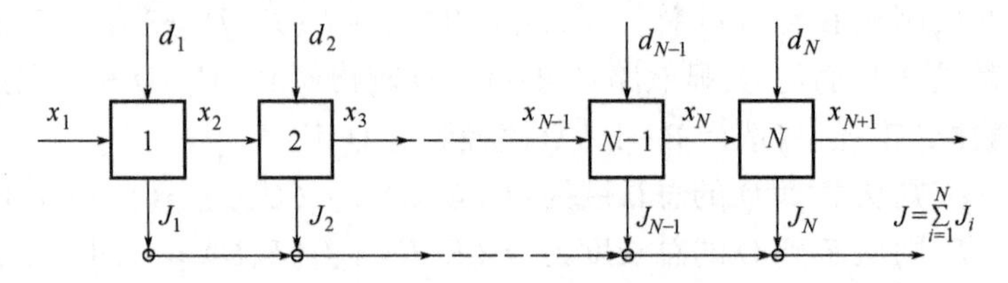

图 7.1-5 分级决策计算模型

图中 $d_1, d_2, \cdots, d_N$ 为 N 个决策变量。一个问题中,只有可以直接控制、调整的变量才能作为决策变量。分级决策问题就是在一定的条件下(如 x_1 为给定值),寻求一组可行决策变量 $\{d_1, d_2, \cdots, d_N\}$,使问题的总收益 J 为最佳。

图中 $x_1, x_2, \cdots, x_N, x_{N+1}$ 为状态变量,它常常是一个分级的输入而又是另一个分级的输出,或者说它在各级之间起着信息传递的作用。

图中 $J_i(i = 1, 2, \cdots, N)$ 为第 i 级的级收益。各个级收益的和为该问题的总收益,即 $J = J_1 + J_2 + \cdots + J_N = \sum_{i=1}^{N} J_i$。

为了更方便地应用分级决策方法,要求各级的级收益是该级输入状态变量和决策变量的函数,即级收益函数为 $J_i = R_i(x_i, d_i)$。

图 7.1-5 所示的模型清楚地显示出采用分级决策方法可以把一个含有 N 个变量的问题转化为求解 N 个单变量的问题,只要原问题满足分级条件,并按照一定的要求将问题分成 N 级,这样求解 N 个单变量的问题当然比求解一个 N 变量的问题要容易得多。

应用分级决策方法的条件是状态变量的传递性和总收益函数的可分性。

(1)状态变量的传递性。

从图 7.1-5 可知,每级的输入状态变量是前一级的输出状态变量。对于能够应用分级决策方法求解的问题,必须要求各级状态变量有一定的函数关系,即

$$x_{i+1} = g_i(x_i,\ d_i) \quad (i = 1, 2, \cdots, N) \tag{7.1-1}$$

式中,x_i 为级输入状态变量;d_i 为决策变量。

式(7.1-1)为状态传递方程。在给定了初始状态 x_1 后(称为初值问题),当已知决策 d_1,即可求出 x_2;当已知 d_2,又可求出 x_3……因此有

$$\begin{aligned} x_{i+1} &= g_i(x_i, d_i) = g_i(g_{i-1}(x_{i-1}, d_{i-1}), d_i) = g_i(g_{i-1}(g_{i-2}(x_{i-2}, d_{i-2}), d_{i-1}), d_i) \\ &= g_i(g_{i-1}(g_{i-2}(\cdots g_1(x_1, d_1), d_2), \cdots), d_i) \quad (i = 1, 2, \cdots, N) \end{aligned} \tag{7.1-2}$$

式(7.1-2)从另一方面说明了级间状态变量之间的关系,只要知道了初始状态 x_1 及决策序列$\{d_1, d_2, \cdots, d_N\}$,就可以求得 x_i 的值。

在分级决策问题中,选择状态变量是一个较为复杂但又很关键的一步,目前并没有普遍可遵循的规则,主要依靠解题的技巧和经验。

(2)总收益函数的可分性。

从图7.1-5可知,若要运用分级决策方法,必须能把总收益 J 划分成 N 个级收益,在总收益函数为下列形式时,总是可以满足这一要求的,即

$$J = \sum_{i=1}^{N} J_i = \sum_{i=1}^{N} J_i(x_i, d_i) \tag{7.1-3}$$

或

$$J = \prod_{i=1}^{N} J_i = \prod_{i=1}^{N} J_i(x_i, d_i) \tag{7.1-4}$$

尽管应用分级决策方法有上述的局限性,但是在人们的生产实践和社会活动中,存在着大量在时间和空间上互相关联而又可分的问题,可用分级决策方法求解。

从状态变量的传递性和总收益函数的可分性,可以得到分级决策方法的另一个重要性质:如 $J_{K,N}$ 表示从第 K 级到第 N 级(末级)的收益值,则有

$$J_{K,N} = \sum_{i=1}^{N} J_i = J_K(x_K, d_K) + J_{K+1}(x_{K+1}, d_{K+1}) + \cdots + J_N(x_N, d_N) \tag{7.1-5}$$

又知 $x_{K+1} = g_K(x_K, d_K)$,代入式(7.1-5)则有

$$J_{K,N} = \sum_{i=1}^{N} J_i = J_K(x_K, d_K) + J_{K+1}(g_K(x_K, d_K), d_{K+1}) + \cdots + J_N(g_{N-1}(g_{N-2}(\cdots g_K(x_K, d_K), d_{K+1}), \cdots), d_N) \tag{7.1-6}$$

如果把分级看成一个时间推移的过程,可以这样描述式(7.1-6):K 级到 N 级的总收益仅取决于第 K 级的状态变量和 K 级到 N 级的决策变量,而与第 K 级以前的状态和决策无关,这种性质在数学上又称为马尔可夫性质,是状态变量传递性的另一种形式,因此,称该系统为"无记忆的",即在任何级,决策收益只取决于当前状态和决策(该收益为下一级决策的"当前状态"),而与导致当前状态的所有过去的状态和决策无关。

【例7.1-1】利用已有的12t原料制造A、B两种建材产品,已知制造每吨A产品需要4t原料,制造每吨B产品需要2t原料,而A、B产品在市场上的单位售价分别为每吨8000元和每吨1万元,求这两种产品各生产多少能使总收益最大?

解:这是一个非常简单的线性规划问题。当设 d_1、d_2 分别表示A、B产品应生产的吨数时,则可以列出其数学模型:

约束条件为

$$4d_1 + 2d_2 \leqslant 12, \quad d_1 \geqslant 0, \quad d_2 \geqslant 0$$

使目标函数 $J = 8d_1 + 10d_2$ 为最大。

这个问题中最佳解必然是尽量多生产B产品以得到最大收益(因为B产品所需的单位原料消耗少而售价又高),其最佳解应为

$$d_1 = 0, \quad d_2 = 6, \quad J = 60$$

下面建立该问题的分级决策模型。

由于待求的未知量 d_1、d_2 是可以控制和调整的变量,可选其为决策变量,并任选一种产品(如A)的产量 d_1 作为第一级的决策,而产品B的产量 d_2 作为第2级的决策。将原料看成生

产产品的输入状态变量。各分级的级收益则可写为

$$J_1 = 8d_1, \quad J_2 = 10d_2$$

分级决策模型如图7.1-6所示。

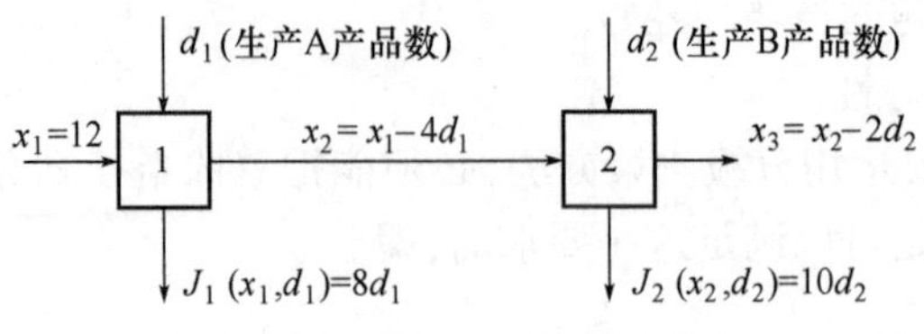

图7.1-6　例7.1-1分级决策模型

对图7.1-6稍作说明：由于只需确定两个决策值 d_1 和 d_2，因此分级数 $N=2$。状态变量应为原料总量，故 $x_1=12$ 为已知值，因此该问题为初值问题。由题意可知每生产1tA产品需4t原料，因此在模型的第1级中，由于生产了 d_1 tA产品，经过第1级后，剩余的原料数是 $x_2=x_1-4d_1$，x_2 也是供应生产B产品的原料数，所以它又是第2级的输入状态变量。由于第2级是决策B产品的产量，而每生产1tB产品需原料2t，因此当第2级中生产了 d_2 t产品后，剩余的原料必为 $x_3=x_2-2d_2$。分析联系各级的输入、输出状态变量可知它们是符合式(7.1-1)的函数关系的：

$$x_2 = g_1(x_1, d_1) = x_1 - 4d_1$$

$$x_3 = g_2(x_2, d_2) = x_2 - 2d_2$$

对收益函数来说，一方面各级收益的总和就是总收益，即

$$J = J_1 + J_2 = 8d_1 + 10d_2$$

另一方面，各级收益函数只取决于该级的状态变量和决策变量，即

$$J_1 = J_1(x_1, d_1) = 8d_1$$

$$J_2 = J_2(x_2, d_2) = 10d_2$$

从以上分析可知，一个约束方程数不多的线性规划问题可以用分级决策方法进行处理。

从例7.1-1可以看到，当采用分级决策方法对某问题进行最佳决策时，可以将一个多变量的复杂问题变成一个多级的单变量（即决策）的简单问题，因而不再需要复杂的数学推演即可得到问题的解。

7.2　动态规划方法

7.2.1　动态规划方法中的术语

动态规划方法是把7.1节所谈到的分级决策方法和“最佳化原理”相结合而产生的一种有效的计算方法，它的基本思想是把一个可以分级决策的问题按照“最佳化原理”逐级寻求最佳决策序列，达到整体优化的目标。

一个问题的动态规划模型与分级决策模型是一样的，如图7.2-1所示。

(1)级(Stage)，指分级的编号，图7.2-1中共有 N 个分级，因此称该问题可分为 N 级。通常用 K 表示级变量。一般有两种分级编号方法：从左向右顺序编号，或者从右向左顺序编号。本书一律采用从左向右顺序编号的方法。

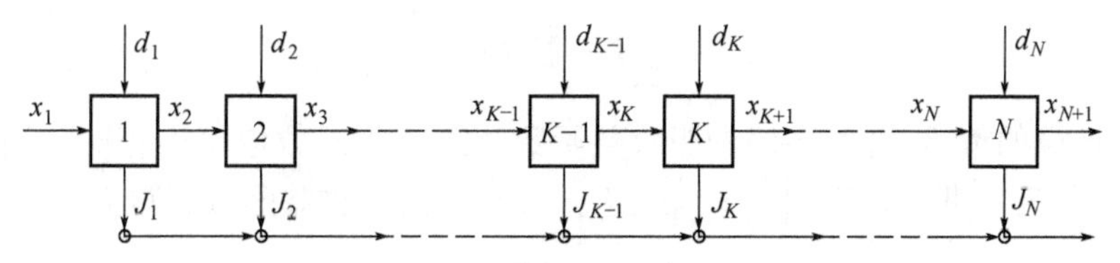

图7.2-1 动态规划计算模型

(2)状态变量(State Variable):图中每一级的输入 x_K 为状态变量。通常第 K 级的输入状态变量是第 $K-1$ 级的输出状态变量。每一级的状态变量可以是一个数、一组数或者一个连续函数。和分级决策方法一样,动态规划方法也是利用状态传递方程把各级的状态变量联系起来:

$$x_{K+1}=g_K(x_K,d_K)\quad (K=1,2,\cdots,N) \tag{7.2-1}$$

当各级状态变量为一组数时,可以用"状态集合"表示为 $x_K=\{x_K^{(1)},x_K^{(2)},\cdots,x_K^{(r)}\}$。

(3)决策变量(Decision Variable):决策变量是在某级状态变量给定之后,在该级可能给出的可控制量,如图7.2-1中的 $d_1,d_2,\cdots,d_K,\cdots,d_N$。它也像状态变量一样,可以是一个数或一组数。由于各级的决策变量取决于其状态变量 x_K,因此也称 $d_K(x_K)$ 为参数决策变量。实际问题中,各级决策变量的取值总是限制在一定范围之内,称此范围为"允许决策集合",用 $D_K(x_K)$ 表示,因此有 $d_K(x_K)\in D_K(x_K)$。

(4)策略(Policy):由各级决策组成的决策序列称为该问题的策略。如将初始状态为 x_1 的策略用符号 $p_{i,N}(x_1)$ 表示,则有 $p_{i,N}(x_1)=[d_1(x_1),d_2(x_2),\cdots,d_K(x_K),\cdots,d_N(x_N)]$。一个动态规划问题,可能有多种可行的策略,多种可行策略的集合称为"可行策略集合",用 $\boldsymbol{P}_{i,N}(x_1)$ 表示。因此有 $p_{i,N}(x_1)\in P_{i,N}(x_1)$。应用动态规划方法求解某一问题,就是寻求一个"最佳策略" $p_{i,N}^*(x_1)$,使它满足 $p_{i,N}^*(x_1)=\text{opt. } p_{i,N}^*(x_1)$。符号"opt."是 optimal 的缩写,它的含义是取可行策略集合中的最佳值。

(5)收益函数(Return Function)和级收益函数(Stage Return Function)。在利用动态规划方法寻求某一问题的最佳策略时,收益函数 $J_{1,N}$ 是用来衡量方案优劣的主要指标。若希望寻求一个策略使总的收益为最大,则称收益函数为最大收益函数(Maximum Return Function)。若希望寻求一个策略使总的成本为最低,则称收益函数为最小成本函数(Minimum Cost Function)。为了叙述简单,一般统称为"收益函数"。因此在使用这个名称时,不应该认为收益函数只是求最大值。

只表示各个级的收益的函数称为级收益函数,用 J_K 表示,它仅是该级的状态变量和决策变量的函数:

$$J_K=R_K(x_K,d_K) \tag{7.2-2}$$

动态规划方法也和分级决策方法一样,只能应用于求解其总收益可分为级收益的这类问题,也就是说必须满足下列形式:

$$J_{1,N}=\sum_{K=1}^{N}J_K=\sum_{K=1}^{N}R_K(x_K,d_K) \tag{7.2-3}$$

或

$$J_{1,N}=\prod_{K=1}^{N}J_K=\prod_{K=1}^{N}R_K(x_K,d_K) \tag{7.2-4}$$

此外在计算中,还会用到从 K 级到 N 级的部分总收益函数,即从 K 级到 N 级的各级收益的和:

$$J_{K,N}=\sum_{i=K}^{N}J_i=\sum_{i=K}^{N}R_i(x_i,d_i) \tag{7.2-5}$$

显然由于选取的策略不同,各级的级收益函数和总收益函数值也不相同。当已知初始状态变量为 x_i,选取某一可行策略 $p_{1,N}=[d_1,d_2,\cdots,d_N]$ 时,总收益函数可写为

$$J_{1,N}(x_1,p_{1,N})=\sum_{i=1}^{N}R_i(\tilde{x}_i,d_i) \tag{7.2-6}$$

式中,$\tilde{x}_i$ 为第 i 级的输入状态变量,$\tilde{x}_i=g_{i-1}(\tilde{x}_{i-1},d_{i-1})$,是唯一取决于前一级的状态变量和决策变量。

应用动态规划方法就是在允许策略集合中寻求一个最佳策略,使总收益函数为最佳(收益最大或成本最低)。最佳收益函数用符号 $f_{1,N}$ 表示。因此有

$$f_{1,N}=\text{opt. }J_{1,N}(\tilde{x}_1,p_{1,N})=J_{1,N}(\tilde{x}_i,p_{1,N}^*) \tag{7.2-7}$$

这里必须指出,一个最佳策略必然使总收益函数为最佳,但并不一定使每个级收益函数都为最佳,这一思想在以后的章节中都要用到。

也可以用 $f_{K,N}$ 表示从 K 级到 N 级的最佳收益

$$f_{K,N}=\text{opt. }J_{K,N}(\tilde{x}_K,p_{K,N})=J_{K,N}(\tilde{x}_K,p_{K,N}^*) \tag{7.2-8}$$

从 K 级到 N 级的最佳收益函数 $f_{K,N}$ 是在动态规划中经常要用到的函数。

7.2.2 最佳化原理

1957 年,R. Bellman 提出了最佳化原理,它是奠定动态规划方法的最基本的原理。该原理作为分级决策过程的最佳策略,具有这样的性质:不论过去的状态和决策如何,对于由前面的决策所形成的状态而言,后面各级的决策也必然构成最佳策略。换句话说,每个最佳策略只能由最佳子策略组成。可用图 7.2-2 所示的动态规划模型加以解释。

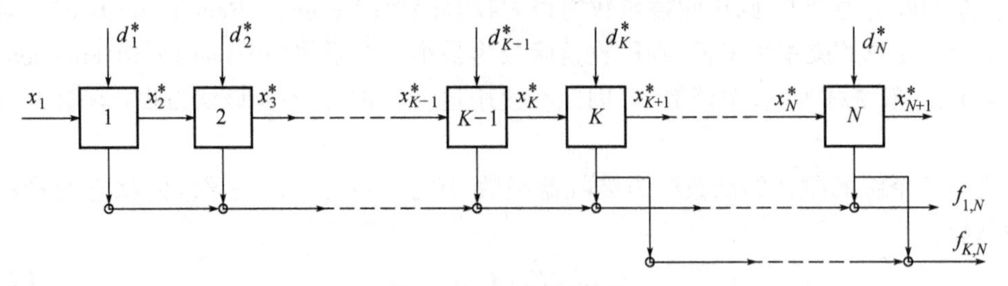

图 7.2-2 动态规划模型

当找到问题的最佳策略 $p_{1,N}^*=[d_1^*,d_2^*,\cdots,d_K^*,\cdots,d_N^*]$ 后,总收益必为最佳收益 $f_{1,N}$,而各级的状态变量也由其前面的决策值所决定。当 x_1 已知时,则 $x_2^*=g_1(x_1,d_1^*)$,$x_3^*=g_2(x_2^*,d_2^*)$,$\cdots$,$x_K^*=g_{K-1}(x_{K-1}^*,d_{K-1}^*)$。从图 7.2-2 可以清楚地看出,对 x_K^* 而言,后面各级的策略必然也是最佳策略,即 $p_{K,N}^*=[d_K^*,\cdots,d_N^*]$。

为了进一步了解最佳化原理的实质,以图 7.1-1 所示的“最短路径”问题为例加以说明。在该问题中,已经找到从 P 市到 Q 市的最短路径为 P→D→B→F→Q,如图 7.2-3 中粗线所示路径,也就是说其最佳策略为 $p_{1,4}^*=[D,B,F,Q]$。

这时如果需要寻求从B市到Q市的最短路径，则不论怎样从P市到达B市(即不论过去的状态和决策如何)，从B市到Q市的最佳策略必然是$p_{2,4}^{*}=[\mathrm{F},\mathrm{Q}]$。下面给出最佳化原理的数学证明。

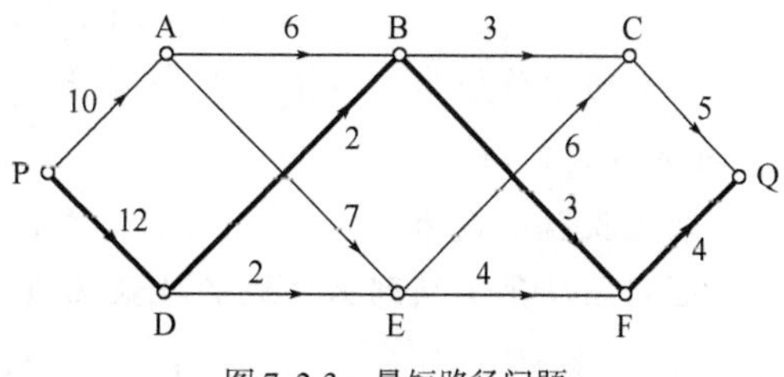

图7.2-3　最短路径问题

定理　$p_{1,N}^{*}=[d_1^{*},d_2^{*},\cdots,d_K^{*},\cdots,d_N^{*}]$为容许策略集合$P_{1,N}$中最佳策略的充要条件是对任意第$K$级($1\leqslant K\leqslant N$)，在初始状态变量为$x_1$时，收益函数为

$$J_{1,N}(x_1,p_{1,N}^{*})=\text{opt.}\left[J_{1,K-1}(x_1,p_{1,K-1})+\text{opt.}\,J_{K,N}(\tilde{x}_K,p_{K,N})\right] \tag{7.2-9}$$

式中，$\tilde{x}_K=g_{K-1}(\tilde{x}_{K-1},d_{K-1})$，即第$K$级的输入状态变量值不能任意选取，它只能由前一级子过程在子策略$p_{1,K-1}(x_1)$下确定。为了显示其特殊性，在x_K上加了波浪线。

推论　已知$p_{1,N}^{*}$为最佳策略，则对任意的K($1\leqslant K\leqslant N$)，从第K级到第N级的子策略$p_{K,N}^{*}$对于$x_K^{*}=g_{K-1}(x_{K-1}^{*},d_{K-1}^{*})$为初始状态变量的子过程来说，必是最佳策略。

7.3　动态规划方法的计算程序

动态规划方法是分级决策方法和最佳化原理的综合应用。下面举例说明动态规划方法的计算程序。

【例7.3-1】一隧道工地的通风系统由三台空压机组组成，要求在风压不变的情况下，输出流量为L m³/min，三台空压机组的运行费用分别是$c_1=\frac{1}{2}d_1^2$，$c_2=d_2^2$，$c_3=\frac{3}{2}d_3^2$。d_1、d_2和d_3分别表示三台空压机组的功率(单位:MW)。通风系统示意图见图7.3-1。用动态规划方法寻求在满足负荷需求的前提下：

(1)当两台空压机组同时运行时，使运行费用为最小的运行方案。

(2)当三台空压机组同时运行时，使运行费用为最小的运行方案。

解:(1)设1号空压机组和2号空压机组的功率分别为d_1和d_2，则可建立图7.3-2所示的动态规划模型，先从最后一级开始求解。

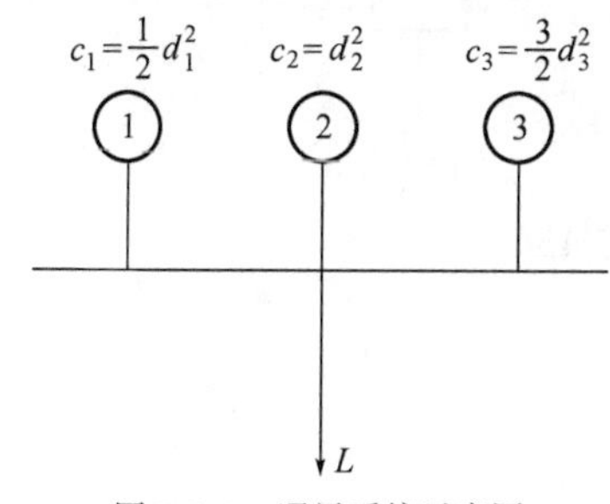

图7.3-1　通风系统示意图

d_1　d_2　x_1　1　$x_2=x_1-d_1$　2　$x_3=x_2-d_2=0$　$J_1=\frac{1}{2}d_1^2$　$J_2=d_2^2$

图7.3-2　通风系统问题计算模型

①列出第2级收益函数

$$J_2=d_2^2$$

最佳收益函数为

$$f_{2,2}(x_2)=\min J_2=\min(d_2^2)$$

又知约束条件为 $x_2-d_2=0$,即 $d_2=x_2$,因此第2级的最佳决策并无选择余地,只有唯一解,即 $d_2^*(x_2)=x_2$。

最佳收益函数为 $$f_{2,2}(x_2)=x_2^2$$

②列出从第1级到第2级的收益函数

$$J_{1,2}=c_1+f_{2,2}(x_2)=\frac{1}{2}d_1^2+x_2^2$$

又知状态传递方程 $$x_2=x_1-d_1$$

代入上式,则有 $$J_{1,2}=\frac{1}{2}d_1^2+(x_1-d_1)^2$$

最佳收益函数为 $$f_{1,2}(x_1)=\min\left[\frac{1}{2}d_1^2+(x_1-d_1)^2\right]$$

为了求得使上式为最小的 d_1,可取

$$\frac{\partial J_{1,2}}{\partial d_1}=\frac{\partial}{\partial d_1}\left[\frac{1}{2}d_1^2+(x_1-d_1)^2\right]=d_1-2(x_1-d_1)=3d_1-2x_1,\quad \frac{\partial^2 J_{1,2}}{\partial d_1^2}=3>0$$

二阶导数大于0,是凹函数,即一阶导数等于0时,最佳收益 $f_{1,2}(x_1)$ 最小,故 $d_1^*(x_1)=\frac{2}{3}x_1$。

最佳收益函数为

$$f_{1,2}(x_1)=\frac{1}{2}\left(\frac{2}{3}x_1\right)^2+\left(x_1-\frac{2}{3}x_1\right)^2=\frac{1}{3}x_1^2$$

③已知 $x_1=L$,最佳决策序列为 $\left[\frac{2}{3}L,\frac{1}{3}L\right]$,在此情况下,总运行费用为最小,即

$$f_{1,2}(L)=\frac{1}{3}L^2$$

(2)当三台空压机组同时运行时,就需要确定三台空压机组各自的输出风量为多少,使总的运行费用为最小。因此,需要有三个决策变量,建立的动态规划模型如图7.3-3所示。

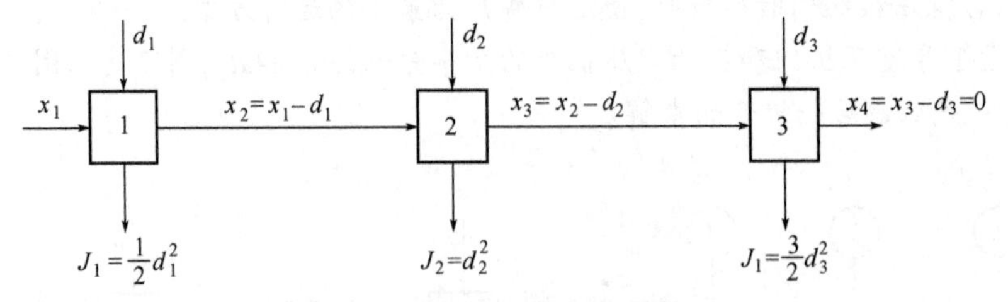

图7.3-3 三变量决策问题计算模型

①列出第3级的收益函数

$$J_3=\frac{3}{2}d_3^2$$

又知约束条件 $x_3-d_3=0$,即 $d_3=x_3$,因此第3级的最佳决策并无选择余地,只有唯一解,即 $d_3^*(x_3)=x_3$。

最佳收益函数为

$$f_{3,3}(x_3)=\min J_3=\min\left(\frac{3}{2}d_3^2\right)=\frac{3}{2}x_3^2$$

②列出从第2级到第3级的收益函数

$$J_{2,3}=J_2+f_{3,3}(x_3)=d_2^2+\frac{3}{2}x_3^2$$

又知状态传递方程 $x_3=x_2-d_2$,代入上式,则有

$$J_{2,3}=d_2^2+\frac{3}{2}(x_2-d_2)^2$$

最佳收益函数为

$$f_{2,3}(x_2)=\min\left[d_2^2+\frac{3}{2}(x_2-d_2)^2\right]$$

为了求得使上式为最小的 d_2,可取

$$\frac{\partial J_{2,3}}{\partial d_2}=\frac{\partial}{\partial d_2}\left[d_2^2+\frac{3}{2}(x_2-d_2)^2\right]=2d_2-3(x_2-d_2)=0,\quad \frac{\partial^2 J_{2,3}}{\partial d_2^2}=5>0$$

二阶导数大于0,是凹函数,即一阶导数等于0时,最佳收益 $f_{2,3}(x_2)$ 最小,故 $d_2^*(x_2)=\frac{3}{5}x_2$。

最佳收益函数为

$$f_{2,3}(x_2)=\left(\frac{3}{5}x_2\right)^2+\frac{3}{2}\left(x_2-\frac{3}{5}x_2\right)^2=\frac{3}{5}x_2^2$$

③列出从第1级到第3级的收益函数

$$J_{1,3}=J_1+f_{2,3}(x_2)=\frac{1}{2}d_1^2+\frac{3}{5}x_2^2$$

又知状态传递方程 $x_2=x_1-d_1$,代入上式,则有

$$J_{1,3}=\frac{1}{2}d_1^2+\frac{3}{5}(x_1-d_1)^2$$

最佳收益函数为

$$f_{1,3}(x_1)=\min\left[\frac{1}{2}d_1^2+\frac{3}{5}(x_1-d_1)^2\right]$$

为了求得使上式为最小的 d_1,可取

$$\frac{\partial J_{1,3}}{\partial d_1}=\frac{\partial}{\partial d_1}\left[\frac{1}{2}d_1^2+\frac{3}{5}(x_1-d_1)^2\right]=d_1-\frac{6}{5}(x_1-d_1)=\frac{11}{5}d_1-\frac{6}{5}x_1,\quad \frac{\partial^2 J_{1,3}}{\partial d_1^2}=\frac{11}{5}>0$$

由此,$d_1^*(x_1)=\frac{6}{11}x_1$。

最佳收益函数为

$$f_{1,3}(x_1)=\frac{1}{2}\left(\frac{6}{11}x_1\right)^2+\frac{3}{5}\left(x_1-\frac{6}{11}x_1\right)^2=\frac{3}{11}x_1^2$$

④已知 $x_1=L$,则有 $d_1^*(L)=\frac{6}{11}L$,$x_2=x_1-d_1=L-\frac{6}{11}L=\frac{5}{11}L$,$d_2^*(x_2)=\frac{3}{5}x_2=\frac{3}{5}\times\frac{5}{11}L=\frac{3}{11}L$,$x_3=x_2-d_2=\frac{5}{11}L-\frac{3}{11}L=\frac{2}{11}L$,$d_3^*(x_3)=x_3=\frac{2}{11}L$,即最佳决策序列为 $\left[\frac{6}{11}L,\frac{3}{11}L,\frac{2}{11}L\right]$,而总运行费用为 $f_{1,3}(L)=\frac{3}{11}L^2$。

在本例中，由于指定输出风量，在动态规划模型的终端是固定值，即在问题(1)中，$x_3=0$；在问题(2)中，$x_4=0$。这是和前面各例不同之处，为了区别，若只有始端状态为固定值的问题称为“初值问题”的话，始端与终端状态均为固定值的问题可称为“初值—终值问题”。在这类问题中，最后一级的决策值没有任选的自由度，只能按终端状态的固定值确定。

7.4 离散变量动态规划

在很多实际的工程或管理问题中，采用动态规划方法寻求最佳策略时，其状态变量和决策变量都是离散值(有时还必须是整数值)。还有一类问题，它本身的决策变量和状态变量都是连续函数，如例7.1-1的资源分配问题。对于决策变量 d_i 和状态变量 x_i 都未限制其为离散值，因此这类问题称为连续变量动态规划问题。对于这类问题也可以采用“整量化”的方法将其离散化，然后采用离散变量动态规划的方法进行求解。下面对离散变量动态规划的计算程序加以讨论，并举例说明。

当已知问题的收益函数为

$$J=\sum_{K=1}^{N}J_K(x_K,d_K) \tag{7.4-1}$$

状态传递方程为

$$x_{K+1}=g_K(x_K,d_K)$$

又知状态变量 $x_i(i=1,2,\cdots,N)$ 和决策变量 $d_i(i=1,2,\cdots,N)$ 都为离散值，或可整量化为离散值，则离散变量动态规划计算程序如下：

(1)将问题分成 N 级处理，并从最后一级($K=N$)进行计算。

(2)对应于第 N 级的各个输入状态变量 $x_N^{(i)}$(设状态变量 x_N 的离散值共有 p 个，则 $i=1,2,\cdots,p$)，各个决策变量 $d_N^{(j)}$(设决策变量 d_N 的离散值共有 q 个，则 $j=1,2,\cdots,q$)，求出该级的 p 个最佳决策 $d_N^*(x_N^{(i)})$ 和相应的最佳收益值

$$f_{N,N}(x_*^{(i)})=\text{opt.}\ J_N(x_*^{(i)},d_*^{(j)})\quad(i=1,2,\cdots,p;\quad j=1,2,\cdots,q) \tag{7.4-2}$$

(3)依次由后向前对第 K 级($K=1,2,\cdots,N-1$)进行计算。对应于第 K 级的各个输入状态变量 $x_K^{(i)}$ 及各个决策变量 $d_K^{(i)}$，求出该级的 p 个最佳决策 $d_K^*(x_K^{(i)})$ 和相应的最佳收益值

$$f_{K,N}(x_K^{(i)})=\text{opt.}\ \{J_K(x_K^{(i)},d_K^{(j)})+f_{K+1,*}[g_K(x_K^{(i)},d_K^{(j)})]\}\quad(i=1,2,\cdots,p;\quad j=1,2,\cdots,q) \tag{7.4-3}$$

(4)根据题目给定的 x_1 及传递方程 $x_{K+1}=g_K(x_K,d_K)$ 即可确定最佳决策序列。

从上述计算程序可知，当输入状态变量离散值共有 p 个，决策变量离散值共有 q 个时，每级都需进行 $p\times q$ 次计算，并从中确定出 p 个最佳决策和最佳收益函数。因此，在 p、q 值较大时，计算工作量是很大的。现以下例说明离散变量动态规划计算程序的应用。

【例7.4-1】已知收益函数为 $J=\sum_{K=1}^{5}(x_K^2+d_K^2)+2.5(x_6-2)^2$，状态传递方程为 $x_{K+1}=x_K+d_K$，而状态变量 x_K 和决策变量 d_K 都被约束在 $0\leqslant x_K\leqslant 2$ 和 $-1\leqslant d_K\leqslant 1$ 范围内。试用离散变量动态规划法求解以下问题：

(1)$x_1=2$ 时，使收益函数为最小的最佳策略。

(2)$x_1=0$ 时,使收益函数为最小的最佳策略。

(3)$x_3=0$ 时,使收益函数为最小的最佳策略。

解:对收益函数分析可知,该问题应分为6级处理,动态规划计算模型如图7.4-1所示。

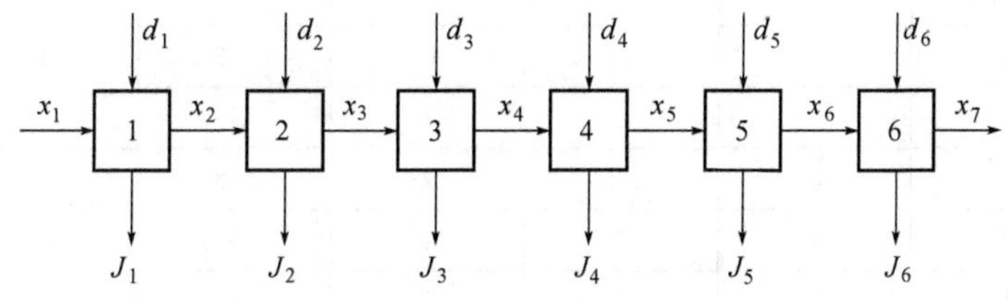

图7.4-1 例7.4-1动态规划计算模型

将状态变量 x_K 和决策变量 d_K 离散化,取增量 $\Delta x=\Delta d=1$,则有 $X_K=\{x_K\}=\{0,1,2\}$,$D_k=\{d_K\}=\{-1,0,1\}$,$K=1,2,3,4,5,6$。

利用网格法逐级计算,并将计算结果填入网格结点的右侧,如图7.4-2所示。

①列出第6级的收益函数

$$J_{6,6}=J_6=2.5(x_6-2)^2$$

最佳收益函数为

$$J_{6,6}(x_6)=\min J_6=\min[2.5(x_6-2)^2]$$

由于 J_6 不是 d_6 的函数,因此该级无最佳决策,有

$$f_{6,6}(x_6)=J_{6,6}=J_6=2.5(x_6-2)^2$$

又知第6级状态输入变量 x_6 有三个离散值,因此对应的最佳收益值为

$$x_6=0,\quad f_{6,6}=2.5(0-2)^2=10$$

$$x_6=1,\quad f_{6,6}=2.5(1-2)^2=2.5$$

$$x_6=2,\quad f_{6,6}=2.5(2-2)^2=0$$

②列出从第5级到第6级的收益函数 $f_{5,6}(x_5)=J_5+f_{6,6}(x_6)$,当输入状态变量 $x_5=0,1,2$ 时,对于允许决策集合 $D_k=\{-1,0,1\}$,其收益值如表7.4-1所示。将以上计算结果标注于网格上。

③列出从第4级到第6级的收益函数 $f_{4,6}(x_4)=J_4+f_{5,6}(x_5)$,并对 x_4 和 d_4 的离散值进行计算,以确定第4级的最佳决策 $d_4(x_4)$ 和相应的最佳收益函数 $f_{4,6}(x_4)$。计算如表7.4-2所示。

x_5 计算表 表7.4-1

x_5	d_5	$x_6=x_5+d_5$	$f_{6,6}(x_6)$	$J_5=x_5^2+d_5^2$	$J_{5,6}(x_5)$	d_5^*	$f_{5,6}(x_5)$
0	-1	—	—	—	—	1	3.5
	0	0	10	0	10		
	1	1	2.5	1	3.5		
1	-1	0	10	2	12	1	2
	0	1	2.5	1	3.5		
	1	2	0	2	2		
2	-1	1	2.5	5	7.5	0	4
	0	2	0	4	4		
	1	—	—	—	—		

x_4计算表 表7.4-2

x_4	d_4	$x_5=x_4+d_4$	$f_{5,6}(x_5)$	$J_4=x_4^2+d_4^2$	$J_{4,6}(x_4)$	d_4^*	$f_{4,6}(x_4)$
0	-1	—	—	—	—	1	3
	0	0	3.5	0	3.5		
	1	1	2	1	3		
1	-1	0	3.5	2	5.5	0	3
	0	1	2	1	3		
	1	2	4	2	6		
2	-1	1	2	5	7	-1	7
	0	2	4	4	8		
	1	—	—	—	—		

用相似的计算程序还可以逐级计算出$K=3$、2、1时$d_K^*(x_K)$和$f_{K,6}(x_K)$的值。将其结果都标注在图7.4-2所示的网格图上。

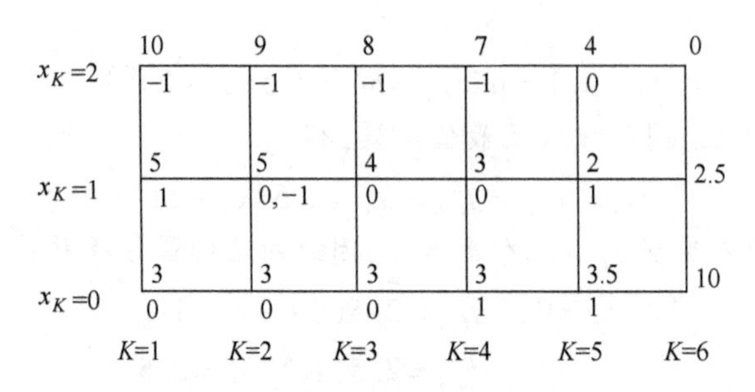

图7.4-2 计算网格

根据给定的初始状态值x_1，确定最佳决策序列。

(1)当$x_1=2$时，则可利用网格图及状态传递方程，由前向后逐级推算而确定出最佳决策序列如表7.4-3所示。

$x_1=2$计算表 表7.4-3

K	x_K	d_K^*	J_K
1	2	-1	5
2	1	0, -1	1, 2
3	1,0	0,0	1, 0
4	1,0	0,1	1, 1
5	1	1	2
6	2	—	0
$f_{1,6}(x_1)$			10

当$x_1=2$时，有两组等价的最佳决策序列[-1,0,0,0,1,—]及[-1,-1,0,1,1,—]，而最佳收益(最小费用)为10。

(2)当$x_1=0$时，最佳决策序列可由表7.4-4推算。

$x_1=0$ 计算表　　表7.4-4

K	x_K	d_K^*	J_K
1	0	0	0
2	0	0	0
3	0	0	0
4	0	1	1
5	1	1	2
6	2	—	0
$f_{1,6}(x_1)$			3

(3)当 $x_3=1$ 时,应以第3级输入状态变量作为寻求最佳决策序列的起点,利用网格图及状态传递方程由前向后逐级推算出最佳决策序列,如表7.4-5所示。

$x_3=1$ 计算表　　表7.4-5

K	x_K	d_K^*	J_K
3	1	0	1
4	1	0	1
5	1	1	2
6	2	—	0
$f_{3,6}(x_3)$			4

如将以上最佳决策序列标注于网格图上,则可用粗线将对应的各级最佳决策结点连接起来,使最佳策略清楚地表示在图上,以便指导实际的生产活动。

习　题

7.1　某工程项目需要对三个施工工地加派一定数量的重载运输车,加派的运输车数量增加时,收益也随之增加,增加的收益如题7.1表所示。现有运输车4辆,问:采用怎样的派遣计划能使总收益最大?

收益增加表　　题7.1表

工地	车辆				
	0	1	2	3	4
1	0	16	25	30	32
2	0	16	17	21	22
3	0	16	14	16	17

7.2　现有10台相同规格型号的机器,承担两种不同的施工任务。根据以往的运行经验,当承担1号施工任务时,机器每周的损坏率达到1/3;当承担2号施工任务时,机器每周的损坏率仅为1/10。又知承担1号施工任务时,每台机器每周可收益1000元;而承担2号施工任

务时,每台机器每周只能收益700元。寻求最佳的加工分配方案,以使在4周内的总收益最大。

7.3 设某列车的总装载能力为 W(W 可与序号挂钩,例如可令 $W=1,\cdots,10$)千吨,某次运输需装载四种货物,规定每种货物的装载单数不得超过2单,各种货物的单位质量、单位运费见题7.3表。怎样装载这些货物,能使获得的总运费最大?

货物运价表 题7.3表

货物种类 i	每单货重 W_i(千吨)	每单运费 V_i(百万元)
1	2	3
2	1	1
3	3	4
4	4	7

7.4 改革开放以来,我国社会主义建设走上快车道,对能源尤其是电力的需求与日俱增。某地电力供应部门根据政府经济发展预期,针对未来三年内电力发展得出以下结论:

(1)政策因素:首先,为保证基本生活、生产需求,政府绝不允许缺电额超过500MW,否则将进行行政干预。其次,缺电额过大时,政府将对电力部门进行罚款,各年份缺电罚款政策如题7.4表1所示。

(2)市场需求:电力负荷增长预期如题7.4表2所示。

(3)投资和设备现状:目前仅有500MW和1000MW两种容量的机组,其装机成本(以当前成本为基数1)将逐年下降,如题7.4表3所示。

(4)扩容计划:为了适应负荷增长需求,计划在未来第一年、第二年和第三年增大系统装机容量(设每次只增加一台新机组,且新增机组型号和现有机组一致,只有两种容量可选择)。

现要求规划出最佳装机方案,既能满足负荷增长的需要,又使投资总额(投资总额 = 投资 + 罚款)最小。

各年份缺电罚款政策 题7.4表1

缺电额(MW)	第一年	第二年	第三年
100	0.2	0.1	0.05
200	0.4	0.2	0.1
300	0.6	0.3	0.15
400	0.8	0.4	0.2

电力负荷增长预期 题7.4表2

年份	负荷增长(MW)
第一年	400
第二年	800
第三年	1200

预计装机成本 题 7.4 表 3

机组容量(MW)	第一年	第二年	第三年
500	1.0	0.5	0.25
1000	1.6	0.8	0.4

第8章

其他数据分析方法

8.1 神经网络

8.1.1 方法简介

人工神经网络(Artificial Neural Network,ANN)简称“神经网络”,它采用物理上可实现的器件或采用计算机来模拟生物体中神经网络的某些结构和功能,是由大量的简单计算单元(即神经元)构成的非线性系统。它在一定程度和层次上模仿人脑神经系统的信息处理、存储及检索功能,因而具有学习、记忆、计算等智能处理功能。人工神经网络理论是用神经元这种抽象的数学模型来描述客观世界的生物细胞。生物的神经细胞是神经网络理论诞生和形成的物质基础和源泉。神经元的数学描述必须以生物神经细胞的客观行为特性为依据。

起源于20世纪40年代、崛起于80年代的神经网络是海量信息并行处理和大规模并行计算的基础,其不仅是高度非线性动力学系统,也是自适应组织系统,可用来描述认知、决策及控制的智能行为。其优点:①与各门现代科学技术紧密合作,相互促进;②工作时具有高速度和潜在的超高速;③具有容错和容差能力;④适合求解难以找到好的求解规则的问题(如模式识别)。其缺点:①难以精确分析神经网络的各项性能指标;②不宜用来求解必须得到正确答案的问题;③不宜用来求解用数字计算机解决得很好的问题;④体系结构的通用性差。

其分类方式有多种:①按照网络的性能可分为“连续型与离散型网络”和“确定性与随机性网络”;②按照信息传递规律可分为“反馈网络”“前向网络”和“自组织网络”;③按照学习方式可分为“监督学习网络”和“无监督学习网络”;④按照连接突触性质可分为“一阶线性并联网络”和“高阶非线性并联网络”;⑤按照对生物神经系统的层次模拟可分为“神经元层次模型”“网络层次模型”“组合式模型”“神经系统层次模型”和“智能型模型”。根据神经元连接的方式,神经网络模型可分为前向神经网络和反馈神经网络,典型代表:①反向传播(Back Propagation,BP)神经网络,它是一种多层前馈网络,在多层感知器的基础上增加误差反射传播信号,这样就可以处理非线性的信息,是应用最广泛的网络;②Hopfield 神经网络,它通常含有一组全互联的神经元,即各个神经元之间均相互连接,神经元之间的连接是双向的。其初始输入置成神经元的状态,神经元状态根据其连接权值发生变化,此状态向量将逐渐收敛到一个稳定向量,即不再发生变化,这个最终状态向量称为网络的稳态输出。

8.1.2 人工神经元模型

神经元(也称为处理单元)是神经网络最基本的组成部分,典型的生物神经元由细胞体、树突和轴突组成,如图 8.1-1 所示。树突占神经元的大多数,用于接收由其他神经元传递过来的信息;成千上万根轴突(又称神经纤维)组成神经干,用于传递和输出信息;两个神经元间进行信息传递的部位称为突触,突触是组成神经网络的神经元间功能接触的部位。一个神经元可以从别的神经元接收多至上千个突触输入,这些输入可以到达神经元的树突、细胞体、轴突等部位,分布点各不相同,对神经元影响的程度也不同。

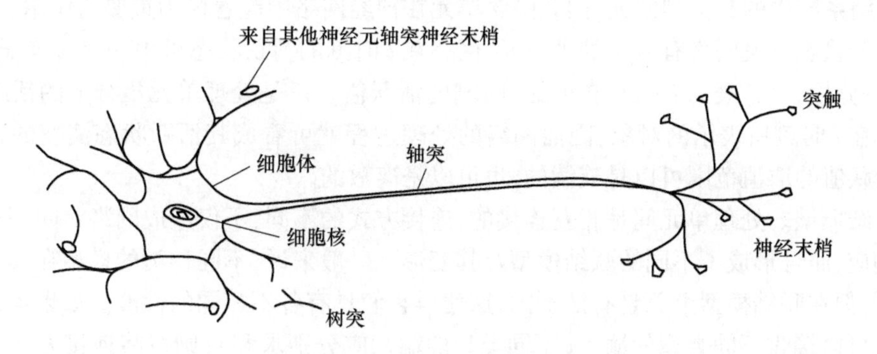

图 8.1-1 典型的生物神经元

参照大脑神经网络,人工神经网络(图 8.1-2)从拓扑上可以看成以处理单元(Processing Element,图 8.1-2 中圆圈内是处理单元)为结点,用加权有向弧连接而成的有向图。其中处理单元是对生物神经元的模拟,而有向弧则是“轴突-树突”对的模拟,有向弧的权值标志着两处理单元间相互影响的强弱。综合全部有向弧形成的互联强度矩阵对应于人脑中信息的长期记忆。处理单元用非线性函数实现单元输入与输出间的非线性映射,其即时活跃值[图 8.1-2 中 $a_i(t)$]对应于人脑中信息的短期记忆,每一时刻各处理单元 u_i 有各自的活跃值 $a_i(t)$。

活跃值通过函数 f_i 产生输出值 $O_i(t)$,通过互联,该输出值被送到其他单元。表征互联程度的尺度为互联权重 $\boldsymbol{W}$,ω_{ij} 表示第 j 个单元对第 i 个单元的影响,一个单元 i 的净输入 $\mathrm{net}_i = \sum_j \omega_{ij} O_j$。单元的净输入 net_i 与当前活跃值 a_i 在函数 F_i 的作用下产生该单元的下一活跃值 $a_i(t+1)$。

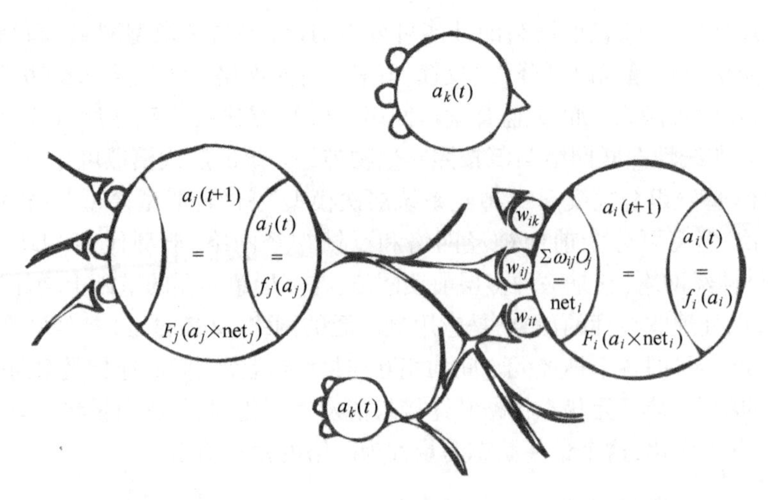

图 8.1-2　一个人工神经元

不同的模型在某些方面可以有很大差异，但总体而言，可用“处理单元”“活跃状态”“联结模型”“传递规则”“活跃规则”“输出规则”“学习规则”和“环境”8 项特征刻画一个网络模型。

①处理单元是网络的结点，具有加工(计算)的能力，这些单元的机理是相同的，可以任意地排列起来。按照单元的作用可分为输入单元、输出单元、隐含单元。输入单元接收网络外部的输入信息，输出单元向网络外部发送输出，这两种单元与外界均有直接联系。隐含单元处于神经网络中，不与外界环境产生直接联系，它从网络内部接受输入信息，所产生的输出只作用于神经网络系统中的其他神经元，因此隐含单元在神经网络中起着极为重要的作用。

②活跃状态。设网络有 n 个处理单元，网络在 t 时刻的活跃状态可由一 n 维向量 $\boldsymbol{A}(t)$ 表示，其每一分量 $a_i(t)$ 表示 i 处理单元在 t 时刻的活跃值。正是处理单元集合上的活跃状态刻画了网络在 t 时刻所表示的对象，因而网络的处理过程就可看成其活跃状态演变的过程。处理单元活跃值的取值范围可以是连续的，也可以是离散的。

③联结模型。处理单元间是相互连接的，连接方式的不同，不仅造成网络对同一外部输入的不同响应，而且形成了不同的联结模型及其变形。一般来说，不同种类的模型在其他特征上可以相同，但在联结模型上总是有区别的，这使得它们具有各不相同的性能。如果考虑到每一处理单元可以接收不同类型的输入(不同类型的输入应分别求和)，则可将连接方式表述为更复杂或更一般的形式，即每一类连接方式有一权重矩阵 $\boldsymbol{W}$，若干连接方式将结合成一组权重矩阵($\boldsymbol{W}_a,\boldsymbol{W}_b,\cdots$)。连接方式还是网络是否分层、规模大小、分多少层、是否存在正向抑制或反向传输、有无反馈、能存贮的信息量、输入和输出各是多少等内容的综合反映。

④传递规则，指将若干处理单元的输出和连接矩阵 $\boldsymbol{W}$ 结合起来以得到某处理单元净输入的规则。可以假定，总有一些处理单元接受另一些处理单元的输出，一个处理单元的总输入 net_i 就和对它提供输入的各处理单元的活跃值成正比，即有 $net_i = \sum_j \omega_{ij} O_j$。权重 ω_{ij} 表示由处理单元 u_j 到 u_i 的互联强度和性质。若 u_j 使 u_i 兴奋，则 ω_{ij} 为正；若 u_j 使 u_i 抑制，则 ω_{ij} 为负。ω_{ij} 的绝对值则表示连接的强度。

⑤活跃规则，指将一处理单元的净输入与该处理单元当前活跃状态结合起来以产生新的活跃状态的规则，也叫更新规则，如图中的 F 函数。F 可取阈值函数、随机函数、S 型函数等。

⑥输出规则，指将某处理单元的活跃值转换到该处理单元对其他处理单元的输出的规则，一般既与处理单元本身的活跃值有关，也与输出函数有关。通常用函数 f 表示，将其当前活跃值 $a_i(t)$ 映射成输出 $O_i(t)$ 的函数，在向量记法下用 $\boldsymbol{O}(t)$ 表示系统的输出。

⑦学习规则，也称为学习算法或训练算法，实际上是权值矩阵的修改规则，神经网络的联结模型确定后，通过学习（或训练），网络具有对确定性输入产生正确响应的能力。

⑧环境。神经网络的工作环境通常可用输入空间的一个时变随机函数来表达，即下一输入既可能与系统此时的输出有关，也可能与输入的历史有关。

目前，在应用和研究中采用的神经网络模型超过30种，较有代表性的有"自适应共振（ART）""双向联想存储器（BAM）""Boltzmann 机""反向传播""BSB 模型""重复传播模型（CPN）""Hopfield 神经网络""Madaline""认知机（Neocognitron）""感知器（Perceptron）""自组织映射网（SOM）""RBF 神经网络"等。限于篇幅本文仅较为详细地介绍"BP 神经网络"和"Hopfield 神经网络"，其他神经网络类型需查阅相关文献。

（1）BP 神经网络。

BP 神经网络也叫误差后向传播网络（Error-Back Propagation Network，简称"BP 网络"），这是目前应用最为广泛的神经网络之一。BP 神经网络是典型的前向神经网络，所谓前向神经网络是指其输入信号只沿着连线前进，经过隐层神经元（此处的"神经元"即"处理单元"）时对信号施加一个变换，直至信号传递到输出层神经元。唯一与时间有关的因素是，只有发送信号的神经元的输出状态计算完成后，接收信号的神经元才开始计算自己的输出，一旦信号流到达输出层神经元，一切值不再变化，除非新的输入信号传递至输入层神经元。

BP 神经网络把一个输入向量/矩阵经过隐层变换成输出向量/矩阵，实现了从输入空间到输出空间的映射，这种映射与网络的权值相关。BP 神经网络的任务就是寻找一组合适的权值来实现期望的映射。下面介绍三层 BP 神经网络模型（图 8.1-3）及 BP 学习算法。

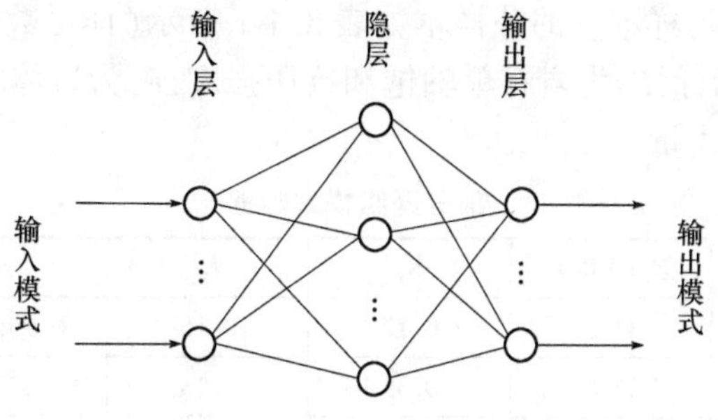

图 8.1-3 三层 BP 神经网络模型

对于输入层神经元，其输入与输出相同，即

$$O_i = x_i \tag{8.1-1}$$

隐层和输出层神经元操作特性为

$$\text{net}_{pj} = \sum_i \omega_{ji} O_{pi} \tag{8.1-2}$$

$$O_{pj} = f_j(\text{net}_{pj}) \tag{8.1-3}$$

式中，p 为当前的输入样本；ω_{ji} 为神经元 i 到神经元 j 的连接权值；O_{pj} 为神经元 j 的当前输出；O_{pi} 为神经元 i 的当前输入；$f_j(x)$ 为激励函数（通常为非线性可微递增函数），一般取 S 型函数，即 $f_i(x) = (1 + \mathrm{e}^{-x})^{-1}$。

网络进行学习(训练)时,其输出误差为

$$E_p = \frac{1}{2}\sum_j \delta_{pj}^2 = \frac{1}{2}\sum_j (d_{pj} - O_{pj})^2 \tag{8.1-4}$$

式中,d_{pj}为理想输出;O_{pj}为实际输出。

将 Delta 规则(Delta rule,关于该方法的详细介绍,请查阅相关文献)应用于 BP 神经网络模型,权值的修正量等于误差乘输入:

$$\omega_{ij}(k+1) = \omega_{ij}(k) + \eta\delta_{pj}O_{pj} \tag{8.1-5}$$

对于输出层神经元:

$$\delta_{pj} = (d_{pj} - O_{pj})O_{pj}(1 - O_{pj}) \tag{8.1-6}$$

对于隐层神经元:

$$\delta_{pj} = O_{pj}(1 - O_{pj})\sum_i \delta_{pi}\omega_{ij} \tag{8.1-7}$$

下面以隧道围岩级别评定为例,说明 BP 神经网络在工程中的应用。一是永福山隧道,地处张唐线河北省承德市丰宁县与张家口市赤城县境内。该隧道西起赤城县东卯乡大沟门村东 100m 处,终止于丰宁县杨木栅子乡石湖沟村北 100m 处,隧道最大埋深为 496.62m。隧道进口里程为 DK146 + 826,出口里程为 DK155 + 108,隧道全长 8282m,隧道设单车道斜井 1 座,计划工期 24.6 个月。根据施工图阶段隧道风险评估,该隧道为高风险隧道,随机选取 20 组样本资料。二是张家口至唐山铁路工程五道梁隧道,位于河北省承德市丰宁县境内,隧道起讫里程 DK232 + 842 ~ DK244 + 560,全长 11718m。隧道为单洞双线隧道,最大埋深 260m。洞内线路纵坡为单面坡,DK232 + 880 ~ DK242 + 700 为坡度为 4.5% 的上坡,DK242 + 700 ~ DK244 + 559 为坡度为 3.0% 的上坡,DK242 + 740.52 ~ DK26.70 段位于曲线上,其余均位于直线上。隧道进口植被极为茂盛,出口植被比较稀疏,基岩出露。隧道设双车道斜井 2 座,计划工期 26 个月。根据施工图阶段隧道风险评估,该隧道为高风险隧道,随机选取 20 组样本资料。以上样本资料共同组成 40 组学习样本。部分样本如表 8.1-1 所示(详尽数据请见参考文献[44])。表中,RQD 为岩体质量指标,R_w为岩石单轴饱和抗压强度,K_v为岩体完整性系数,K_f为结构面强度系数,w 为地下水渗流量。

部分网络样本数据 表 8.1-1

编号	RQD(%)	R_w(MPa)	K_v	K_f	w	围岩级别输出
1	22.8	34.2	0.18	0.16	99.0	Ⅴ
2	49.5	26.6	0.35	0.18	33.0	Ⅳ
3	43.5	24.0	0.25	0.33	22.5	Ⅳ
4	49.0	46.2	0.33	0.49	11.0	Ⅲ
5	78.0	58.9	0.58	0.69	13.0	Ⅱ

该问题可以视为多元非线性回归问题。选取以上 5 个指标为网络模型的输入节点,即输入节点数为 5。输出节点是反映高风险隧道围岩级别的数值,即网络的一个输出节点对应一种围岩级别,若不为整数时,四舍五入确定相应的围岩级别。使用 Python 程序设计语言(也可以通过 MATLAB 神经网络工具箱 GUI 界面来建立一个适合高风险隧道围岩级别评定的神经网络模型),基于 TensorFlow 2.0 神经网络框架构建了包含 5 个输入层节点、11 个隐层节点和 1 个输出层节点的三层 BP 神经网络模型,进行模型的训练。

训练完成后,另外随机选取10组样本数据,对所建立的BP神经网络模型进行实例验证,如表8.1-2所示。

应用实例　　表8.1-2

编号	RQD(%)	R_w(MPa)	K_v	K_f	w	网络输出	预测围岩级别	实际围岩级别
1	28.0	26.0	0.32	0.30	18.0	[3.7728453]	Ⅳ	Ⅳ
2	51.0	40.2	0.38	0.55	10.5	[3.0482032]	Ⅲ	Ⅲ
3	23.5	13.4	0.15	0.16	120.0	[4.902526]	Ⅴ	Ⅴ
4	87.0	95.0	0.70	0.50	8.0	[1.9293346]	Ⅱ	Ⅱ
5	24.0	33.0	0.23	0.18	95.0	[4.7170157]	Ⅴ	Ⅴ
6	72.0	50.0	0.55	0.45	24.0	[3.0894432]	Ⅲ	Ⅲ
7	40.0	25.0	0.22	0.35	24.0	[4.057686]	Ⅳ	Ⅳ
8	28.0	40.0	0.32	0.30	18.5	[3.7094264]	Ⅳ	Ⅳ
9	76.0	63.9	0.65	0.62	10.0	[2.1996539]	Ⅱ	Ⅱ
10	23.0	13.0	0.10	0.15	137.0	[5.1142893]	Ⅴ	Ⅴ

由表8.1-2可以看出,预测围岩级别与实际围岩级别完全一致,一定程度上证明了所建立的BP神经网络模型的合理性,也说明BP神经网络可以应用于土木工程相关领域。

Python程序代码如下,其中文件数据库需要独立创建。

```
#导入库
import pandas as pd
import matplotlib.pyplot as plt
import tensorflow as tf
from tensorflow.keras import layers
#读取文件,r表示绝对路径
df = pd.read_csv(r"E:\data_01.csv",header = None)
#划分数据集
x_train = df.values[0:40,0:5].astype(float)
y_train = df. values[0:40,5]
x_test = df.values[40:50,0:5].astype(float)
y_test = df.values[40:50,5]
#第一步,创建模型 model
inputs = tf.keras.Input(shape = (5,))
x = layers.Dense(11,activation = 'relu')(inputs)
#x = layers.Dense(16,activation = 'relu')(x)
predictions = layers.Dense(1,activation = 'relu')(x)
model = tf.keras.Model(inputs = inputs,outputs = predictions)
#第二步,编译模型
model.compile(optimizer = 'adam',
```

```
            loss = 'mean_squared_error',
            metrics = ['mae'])
#第三步,训练模型
hist = model.fit(x_train,
                 y_train,
                 epochs = 500,
                 batch_size = 2)
#输出预测
predicted = model.predict(x_test)
print(predicted)
```

BP 算法为前向神经网络提供了一种切实可行的学习算法,现已证明三层 BP 网络模型可以逼近任意非线性特性,但由于 BP 算法本质上是基于梯度下降的一种迭代学习算法,存在学习收敛速度慢、易陷于局部极小、学习率难以选取、隐层数及隐层神经元个数难以确定等固有缺陷。其改进方向主要是提高训练速度,通常可以尝试的途径有改变目标函数、修改激励函数,寻找最佳搜索步长和改进训练策略等。

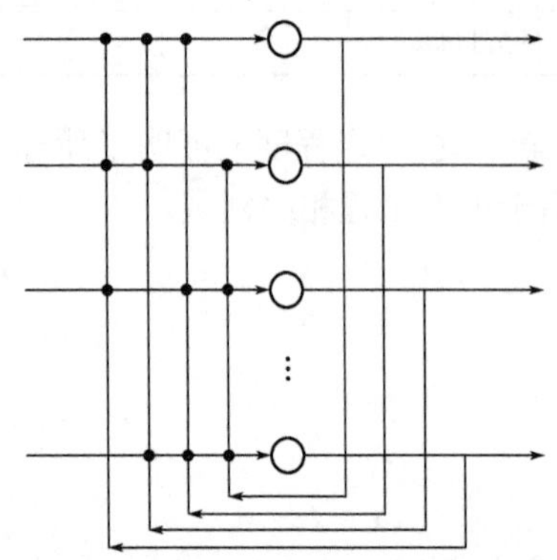

图 8.1-4　连续型 Hopfield 神经网络结构示意图

(2) Hopfield 神经网络。

Hopfield 神经网络由 J. J. Hopfield 在 20 世纪 80 年代提出,有离散型与连续型两种类型,这里仅介绍连续型 Hopfield 网络。连续型 Hopfield 神经网络结构示意如图 8.1-4所示,它是单层反馈型非线性网络,每一节点的输出均反馈至其他节点的输入,无自反馈。这种拓扑结构反映了生物神经系统中广泛存在的神经回路现象。

在连续型 Hopfield 神经网络中,各个神经元的状态取值是连续的,它根据式(8.1-8)所规定的规律变化:

$$
\begin{cases}
c_j \dfrac{\mathrm{d}u_j}{\mathrm{d}t} = \sum\limits_j T_{ji} v_j - \dfrac{u_j}{R_j} + I_j \\
v_j = f(u_j) \quad (j = 1, 2, \cdots, n)
\end{cases}
\tag{8.1-8}
$$

式中,u_j为神经元 j 的状态;c_j为细胞膜输入电容,为一常数且大于 0;R_j为细胞膜电阻,为正数;I_j为外部输入;v_j为神经元 j 的输出。

输出函数 $f(x)$ 为 S 型函数,即

$$
f(x) = 1/(1 + \mathrm{e}^{-x}) \tag{8.1-9}
$$

可以用一个简单的放大器来仿真形成人工神经元,第 j 个神经元的输入为状态 u_j,它与输出 v_j之间的关系满足式(8.1-8),v_j为输出的最大值。

根据克希霍夫定律可得

$$
\begin{cases}
c\dfrac{\mathrm{d}u_i}{\mathrm{d}t} = -\left(\dfrac{1}{R} + \sum\limits_{j=1}^{n}\dfrac{1}{R_{ij}}\right)u_i + \sum\limits_{j=1}^{n}\dfrac{1}{R_{ij}}v_j + I_i \\
v_j = f(u_j)
\end{cases}
\tag{8.1-10}
$$

对于具有 n 个互相连接的神经元的人工神经元网络,每个神经元都满足上式,故可以用一个 n 维非线性微分方程来描述连续型 Hopfield 神经网络。

对于连续型 Hopfield 神经网络的稳定性,Hopfield 在 20 世纪 80 年代初提出了一个对单层反馈动态神经网络的稳定性判别函数:

$$
E = -\frac{1}{2}\sum_i\sum_j T_{ij}v_iv_j - \sum_i v_iI_i + \sum_i\frac{1}{R_i}\int_0^{v_i}f^{-1}(v_i)\,\mathrm{d}v_i
\tag{8.1-11}
$$

式中,v_i、I_i 分别为第 i 个神经元的输出和外部输入;$f^{-1}(v_i)$ 为函数 v_i 的逆函数,即 $f^{-1}(v_i) = u_i$;u_i 为第 i 个神经元的状态变量;T_{ij} 为神经元 i 与神经元 j 之间的连接权值。

若 $T_{ij} = T_{ji}$ 且输入与输出关系是单调上升函数 $\left(\dfrac{\mathrm{d}v_i}{\mathrm{d}u_i} > 0\right)$,则网络最终到达稳定点,实现连续型 Hopfield 神经网络的稳定性。

8.1.3 神经网络在土木工程领域中的应用

人工神经网络在土木工程中的应用已经越来越广泛,主要有模式识别和分类、预测预报、人工智能专家系统的研制、对真实现象的模拟、算法优化等。

在结构工程方面,神经网络的主要应用:①模式识别和机器学习的结构分析及设计;②设计自动化和优化;③结构系统辨识;④结构状况的评估和监测;⑤结构控制;⑥有限元网络生成;⑦结构材料的表征和建模;⑧并行大规模问题的神经网络算法。

在建设工程方面,神经网络的主要应用:①施工调度与管理;②项目建设成本估算;③资源分配和预定;④建筑诉讼等。

另外,在环境与水资源工程、交通工程、公路工程、岩土工程等土木工程领域,神经网络也多有应用。

8.2 支持向量机

8.2.1 方法简介

支持向量机(Support Vector Machine,SVM)是由 Vapnik 等基于统计学习理论的 VC 维理论与结构风险极小化原理提出的一种机器学习算法。机器学习的目的是根据给定的已知训练样本得出对系统输入与输出之间的依赖关系的估计,能够对未知的输出做出尽可能准确的预测。机器学习问题可以被看作"依据有限观测,寻找蕴含在数据中的依赖关系"的科学问题。SVM 作为建立在统计学习理论基础之上的机器学习算法,是借助于最优化方法解决机器学习问题的有力工具,其较好地解决了其他机器学习方法常出现的过学习问题、局部最小问题和维数灾难问题等,已经被成功应用到数据挖掘的不同领域。与数据挖掘中的其他方法相比,支持向量机具有明显的优点:①具有坚实的理论基础,包括统计学习理论、最优化理论与核理论。

其根据统计学习理论,把数据挖掘中的问题转化为最优化问题(例如线性规划问题或非线性规划问题),然后寻求高效的算法求解相应的最优化问题。②实际应用效果好,使用方便,模型参数较少,易于掌握,可得到广泛的应用。随着研究的深入,关于 SVM 的新理论和新算法不断涌现,其应用领域不断拓宽。

8.2.2 支持向量机理论

对两类数据的分类问题,用 SVM 原理可以简单描述为寻找一个满足分类要求的超平面,使得该超平面在保证分类精度的同时最大化超平面的间隔。理论上,SVM 能够实现对线性分类数据的最优分类。为进一步解决非线性分类问题,SVM 采用核映射的方法将低维空间中的非线性分类问题转化为高维空间的线性分类问题,而不需要知道非线性映射的具体形式和高维空间的维数。

1. 最优化理论基础

支持向量机训练涉及求解两个凸二次规划,由两个规划之间解的关系建立算法。因此,关于凸规划问题的优化理论也是 SVM 的重要理论基础。

(1) Fermat 定理。

Fermat 定理给出了一种求解无约束条件下函数稳定点的方法,即给出了求解无约束函数的局部极小值或极大值的方法。

设 $f(x)$ 为一元函数,且在点 x^* 处可微。如果 x^* 是局部极值点,则

$$f'(x^*)=0 \tag{8.2-1}$$

使上式成立的点 x^* 也称为稳定点。

利用 n 元函数的可微概念,Fermat 最优解定理也可推广到求解定义在 R^n 上的函数 $f(x)$,$x\in R^n$ 的稳定点。

设 $f(x)$ 为一个 n 元函数,且在点 x^* 处可微。如果 x^* 是函数 $f(x)$ 的一个局部极值点,则

$$f'(x^*)=0 \tag{8.2-2}$$

即对 $\boldsymbol{x}^*=(x_1^*,\cdots,x_n^*)^{\mathrm{T}}$ 的 n 个分量的偏导数均为零,则

$$f'_{x_1}(x^*)=\cdots=f'_{x_n}(x^*)=0 \tag{8.2-3}$$

(2) Lagrange 乘子法则。

令 x^* 为满足 n 维空间 R^n 中的约束最优化问题的约束条件的点,使得 $f(x^*)$ 为局部极小值。

$$\begin{gathered}\min_x f(x)\\ \text{s.t. } g_i(x)=0\quad(i=1,\cdots,l)\end{gathered} \tag{8.2-4}$$

假设 $f(x)$ 和 $g_i(x)(i=1,\cdots,l)$ 及其偏导数均在 n 维空间 R^n 上连续,Lagrange 乘子法则对各约束条件乘一个 Lagrange 乘子系数 $\lambda_i(i=1,\cdots,l)$,并将其附加到目标函数 $f(x)$ 上构造如下 Lagrange 函数

$$L(x,\lambda)=f(x)+\sum_{i=1}^{l}\lambda_i g_i(x) \tag{8.2-5}$$

设 n 维空间 R^n 中的函数 $f(x)$ 和 $g_i(x)(i=1,\cdots,l)$ 在点 x^* 的某个领域内连续可微。如果 x^* 是一个局部极值点,则存在一个 Lagrange 乘子 $\lambda^*=(\lambda_1^*,\cdots,\lambda_l^*)^{\mathrm{T}}$,使得下列条件(即稳定性条件)

$$L'_x(x^*,\lambda^*)=0 \tag{8.2-6}$$

成立,即

$$L'_{x_i}(x^*,\lambda^*)=0 \quad (i=1,2,\cdots,n) \tag{8.2-7}$$

由 Lagrange 函数取极值的必要条件(Fermat 定理)以及约束条件,可以得到如下含有 $n+l$ 个未知数的 $n+l$ 个方程组

$$\begin{cases} \dfrac{\partial}{\partial x_j^*}L(x^*,\lambda^*)=0 \quad (j=1,2,\cdots,n) \\ \dfrac{\partial}{\partial \lambda_j^*}L(x^*,\lambda^*)=g_i(x^*)=0 \quad (i=1,2,\cdots,l) \end{cases} \tag{8.2-8}$$

上述方程组的解定义了一系列稳定点,其中包含要求解的最优点。

(3)Kuhn-Tucker 定理及 Wolfe 对偶。

f 是定义在非空凸集上的函数,若对定义域内的任意两点 x_1,x_2,f 都能满足不等式

$$f(\lambda x_1+(1-\lambda)x_2)\leqslant\lambda f(x_1)+(1-\lambda)f(x_2) \tag{8.2-9}$$

式中,参数 λ 满足 $0<\lambda<1$,则称函数 f 为定义域上的凸函数。若当 $x_1\neq x_2$ 时,式中的不等号严格成立,则称函数 f 为定义域上的严格凸函数。

凸规划是指满足下列条件的约束优化问题。

$$\begin{aligned} &\min_x f(x) \\ &\text{s. t. } g_i(x)=0 \quad (i=1,\cdots,l) \end{aligned} \tag{8.2-10}$$

式中,$f(x)$ 和 $g_i(x)\,(i=1,\cdots,l)$ 都为凸函数,且 $P=\{x|g_i(x)\leqslant 0,i=1,\cdots,l\}$ 为凸集。

为了求解这个凸规划问题,考虑引入 Lagrange 函数

$$L(x,\lambda)=f(x)+\sum_{k=1}^{m}\lambda_k g_k(x) \tag{8.2-11}$$

式中,$\lambda=(\lambda_1,\cdots,\lambda_m)$。

称如下优化问题为凸规划式(8.2-10)的 Wolfe 对偶问题

$$\begin{aligned} &\max_x L(x,\lambda) \\ &\text{s. t. } L'_\lambda(x,\lambda)=0 \quad (\lambda\geqslant 0) \end{aligned} \tag{8.2-12}$$

如果 $x^*\in R^n$ 是 n 维空间 R^n 中的约束规划式(8.2-10)的最优解,则存在 Lagrange 乘子 $\lambda^*=(\lambda_1^*,\cdots,\lambda_m^*)$,使得下列三个条件成立:

①最小值原理。

$$\min_{x\in\Lambda}L(x,\lambda^*)=L(x^*,\lambda^*)$$

②非负性条件。

$$\lambda_k^*\geqslant 0 \quad (k=1,\cdots,m)$$

③Kuhn-Tucker 条件。

$$\lambda_k^* g_k(x^*)=0 \quad (k=1,\cdots,m)$$

这一定理称为 Kuhn-Tucker 定理,它等价于含有 $m+n$ 个变量的 Lagrange 函数 $L(x,\lambda)$ 的鞍点 (x^*,λ^*) 的存在性,即

$$\min_{x\in\Lambda}L(x,\lambda^*)=L(x^*,\lambda^*)=\max_{\lambda>0}L(x^*,\lambda) \tag{8.2-13}$$

2. 线性支持向量机

SVM 中最简单也是最早提出的模型是最大间隔分类器,也称为硬间隔支持向量机(Hard

Margin SVM)。它只能用于线性可分的数据,因此不能在现实世界的许多情况下使用。因此,本节首先讨论在输入空间线性可分的情况,再讨论在特征空间线性可分的情况。

(1)线性可分情况。

设给定的训练样本集 $G_0=\{(x_i,y_i):x_i\in R^n,y_i\in\{-1,1\},i=1,\cdots,l\}$,它在输入空间线性可分,表明存在$(\boldsymbol{w},b)$,使

$$\begin{cases}(\boldsymbol{w}\cdot x_i)+b\geqslant 0 & (y_i=+1)\\(\boldsymbol{w}\cdot x_i)+b\leqslant 0 & (y_i=-1)\end{cases}\tag{8.2-14}$$

分类的目的是寻求$(\boldsymbol{w},b)$的最佳值来分离两类数据。此时假设空间为

$$f(x)=\mathrm{sgn}((\boldsymbol{w}\cdot x)+b)\tag{8.2-15}$$

式中,sgn 为符号函数;"·"为向量的点积;$\boldsymbol{w}$ 为超平面的法向量;b 为分类阈值,即分类超平面离原点的距离。

然而,使得上式成立的参数对$(\boldsymbol{w},b)$有很多,到底应该选择其中的哪一对呢?为了回答这个问题,首先给出分类间隔和最优分类超平面的概念。

假设超平面$(\boldsymbol{w}\cdot x)+b=0$ 可以将两类样本正确地分开,且使得所有的正类样本满足$(\boldsymbol{w}\cdot x_i)+b\geqslant 1$,所有的负类样本满足$(\boldsymbol{w}\cdot x_i)+b\leqslant -1$,又令超平面$(\boldsymbol{w}\cdot x)+b=1$ 和$(\boldsymbol{w}\cdot x)+b=-1$ 之间的距离为 2Δ,则称 Δ 为分类间隔,也称为几何间隔。

任取超平面$(\boldsymbol{w}\cdot x)+b=0$ 上的一点 x_0,即$(\boldsymbol{w}\cdot x_0)+b=0$,则 x_0 到超平面$(\boldsymbol{w}\cdot x)+b=1$ 的距离即为分类间隔 Δ

$$\Delta=\frac{|(\boldsymbol{w}\cdot x_0)+b-1|}{\|\boldsymbol{w}\|}=\frac{1}{\|\boldsymbol{w}\|}\tag{8.2-16}$$

能将两类样本无误地分开,而且使得分类间隔 Δ 最大的超平面$(\boldsymbol{w}\cdot x)+b=0$ 称为最优分类超平面,也称为最大间隔超平面。图 8.2-1 直观地展示了最优分类超平面和分类超平面的区别,其中 H_0 为最优分类超平面,H_1 和 H_2 为间隔超平面,H_3 和 H_4 为分类超平面。

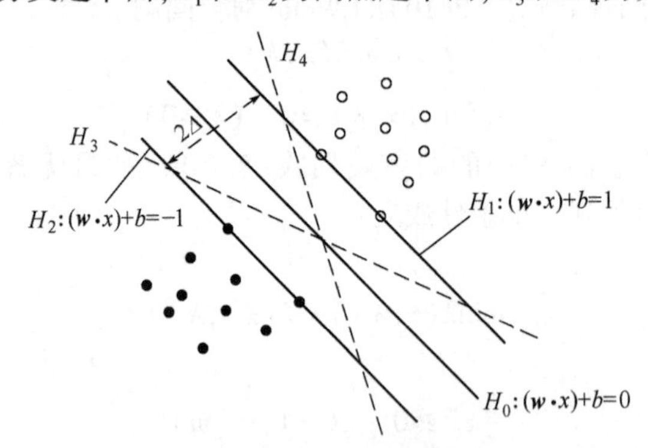

图 8.2-1 最优分类超平面示意图

最优分类超平面使得分类间隔最大,根据 VC 维理论,分类间隔最大化将产生最小的推广误差的界,实际上是对支持向量机推广学习能力的控制。统计学理论指出,在 n 维特征空间中,假设样本分布在一个半径为 r 的超球范围内,则满足条件 $\|\boldsymbol{w}\|\leqslant A$ 的正则超平面构成的指示函数集 $f(x,\boldsymbol{w},b)=\mathrm{sign}\{(\boldsymbol{w}\cdot x)+b\}$ 的 VC 维 h 满足下面的界

$$h\leqslant\min\{[r^2,A^2],n\}+1\tag{8.2-17}$$

因此,使 $\|\boldsymbol{w}\|^2$ 最小就是使 VC 维的上界最小。可见,支持向量机通过最大化分类间隔距

离,实现了对VC维大小的控制,降低了学习模型的复杂度,从而实现了结构风险最小化准则中对函数复杂性的选择和控制。在结构风险最小化准则下的最优分类超平面可以通过以下的二次规划问题求解

$$\begin{gathered}\min\left(\frac{1}{2}\|\boldsymbol{w}\|^{2}\right)\\ \text{s.t. } y_i((\boldsymbol{w}\cdot x_i)+b)\geqslant 1\quad(i=1,\cdots,l)\end{gathered}\tag{8.2-18}$$

引入Lagrange函数

$$L(\boldsymbol{w},b,\alpha)=\frac{1}{2}\|\boldsymbol{w}\|^{2}-\sum_{i=1}^{l}\alpha_i(y_i((\boldsymbol{w}\cdot x_i)+b)-1)\tag{8.2-19}$$

式中,$\alpha_i\geqslant 0$是每个样本对应的Lagrange乘子。

根据最优解满足KKT条件可得

$$\frac{\partial}{\partial\boldsymbol{w}}L(\boldsymbol{w},b,\alpha)=\boldsymbol{w}-\sum_{i=1}^{l}\alpha_i y_i x_i=0\tag{8.2-20}$$

$$\frac{\partial}{\partial\boldsymbol{w}}L(\boldsymbol{w},b,\alpha)=\sum_{i=1}^{l}\alpha_i y_i=0\tag{8.2-21}$$

代入原Lagrange函数,得到

$$\begin{aligned}L(\boldsymbol{w},b,\alpha)&=\frac{1}{2}\|\boldsymbol{w}\|^{2}-\sum_{i=1}^{l}\alpha_i(y_i((\boldsymbol{w}\cdot x_i)+b)-1)\\&=\frac{1}{2}\sum_{i=1}^{l}\sum_{j=1}^{l}y_iy_j\alpha_i\alpha_j(x_i\cdot x_j)-\sum_{i=1}^{l}\sum_{j=1}^{l}y_iy_j\alpha_i\alpha_j(x_i\cdot x_j)+\sum_{i=1}^{l}\alpha_i\\&=\sum_{i=1}^{l}\alpha_i-\frac{1}{2}\sum_{i=1}^{l}\sum_{j=1}^{l}y_iy_j\alpha_i\alpha_j(x_i\cdot x_j)\end{aligned}\tag{8.2-22}$$

于是得到原始优化问题式(8.2-18)的Wolfe对偶问题

$$\begin{gathered}\max\left(\sum_{i=1}^{l}\alpha_i-\frac{1}{2}\sum_{i=1}^{l}\sum_{j=1}^{l}y_iy_j\alpha_i\alpha_j(x_i\cdot x_j)\right)\\ \text{s.t. }\sum_{i=1}^{l}\alpha_i y_i=0,\quad\alpha_i\geqslant 0,\quad i=1,\cdots,l\end{gathered}\tag{8.2-23}$$

显然,这是一个具有线性约束的凸二次优化问题,具有唯一解$\boldsymbol{\alpha}^*=(\alpha_1^*,\cdots,\alpha^l)^{\mathrm{T}}$。根据原始最优化问题式(8.2-18)的KKT条件,最优解$\boldsymbol{\alpha}^*$,$(\boldsymbol{w}^*,b^*)$必须满足

$$\boldsymbol{\alpha}_i^*(y_i(\boldsymbol{w}^*\cdot x_i+b^*)-1)=0\quad(i=1,\cdots,l)\tag{8.2-24}$$

这意味着只有最靠近最优分类超平面的点对应的$\boldsymbol{\alpha}_i^*$非零,而其他的点对应的$\boldsymbol{\alpha}_i^*$均为零,这说明了式(8.2-23)的解具有稀疏性。这些具有非零$\boldsymbol{\alpha}_i^*$的点就称为支持向量(Support Vector,SV)。显然,只有支持向量对最终求得的分类超平面的法向量$\boldsymbol{w}^*$有影响,而非支持向量与此无关。计算

$$\boldsymbol{w}^*=\sum_{i=1}^{l}y_i\,\boldsymbol{\alpha}_i^*\,x_i\tag{8.2-25}$$

任选$\boldsymbol{\alpha}^*$中的一个分量$\alpha_j^*>0$对应的点x_j(支持向量),并据此计算

$$b^*=y_i-\sum_{i=1}^{l}y_i\alpha_i(x_i\cdot x_j)\tag{8.2-26}$$

由此求得分类判别函数

$$f(x)=\mathrm{sgn}(\boldsymbol{w}^* \cdot x+b^*)=\mathrm{sgn}\left(\sum_{i=1}^{l} y_i \boldsymbol{\alpha}_i^* (x_i \cdot x)+b^*\right) \tag{8.2-27}$$

(2)线性不可分情况。

当训练样本不能被线性函数完全分开时,优化问题式(8.2-18)没有可行解。为了在训练样本线性不可分的情况下构造最优分类超平面,Cortes 和 Vapnik 引入了"软间隔(Soft Margin)"最优超平面的概念,可以通过引入非负松弛因子 $\xi_i \geqslant 0$ 允许错分样本的存在。这时,约束式(8.2-18)变为

$$\begin{gathered}\min\left(\frac{1}{2}\|\boldsymbol{w}\|^2+C\sum_{i=1}^{l}\xi_i\right)\\ \text{s.t. } y_i((\boldsymbol{w}\cdot x_i)+b)\geqslant 1-\xi_i,\quad \xi_i\geqslant 0,\quad i=1,\cdots,l\end{gathered} \tag{8.2-28}$$

式中,ξ_i为松弛变量,体现了样本被错分情况;C 为惩罚因子,用于折中分类间隔最大化和最小化分类错误的样本数目。

用与求解硬间隔 SVM 时同样的方法求解这一最优化问题,得到其对偶形式如下

$$\begin{gathered}\max\left(\sum_{i=1}^{l}\alpha_i-\frac{1}{2}\sum_{i=1}^{l}\sum_{j=1}^{l}y_i y_j\alpha_i\alpha_j(x_i\cdot x_j)\right)\\ \text{s.t. }\sum_{i=1}^{l}\alpha_i y_i=0,\quad 0\leqslant\alpha_i\leqslant C,\quad i=1,\cdots,l\end{gathered} \tag{8.2-29}$$

对该优化问题求解,α_i有三种可能的取值:

①若 $\alpha_i=0$,则 $\xi_i=0$。在这种情况下,x_i被正确分类,x_i位于相应间隔超平面之外。

②若 $0<\alpha_i<C$,则 $\xi_i=0, y_i((\boldsymbol{w}\cdot x_i)+b)=1$。在这种情况下,$x_i$位于相应间隔超平面上,被称为标准支持向量机。

③若 $\alpha_i=C$,因为 $\xi_i\geqslant 0$,则 $y_i((\boldsymbol{w}\cdot x_i)+b)=1-\xi_i\leqslant 1$。分两种情况:

a. 若 $\alpha_i=C, 0\leqslant\xi_i\leqslant 1$,则 $0<y_i((\boldsymbol{w}\cdot x_i)+b)<1$,这时,$x_i$位于分类超平面和相应间隔超平面之间;

b. 若 $\alpha_i=C, \xi_i\geqslant 1$,则 $y_i((\boldsymbol{w}\cdot x_i)+b)\leqslant 1$,这时,$x_i$被误分,位于分类超平面的另一侧。

当 $\alpha_i=C$,对应的样本称为边界支持向量(Bounded SV)。线性不可分情况的最优分类超平面如图 8.2-2 所示。

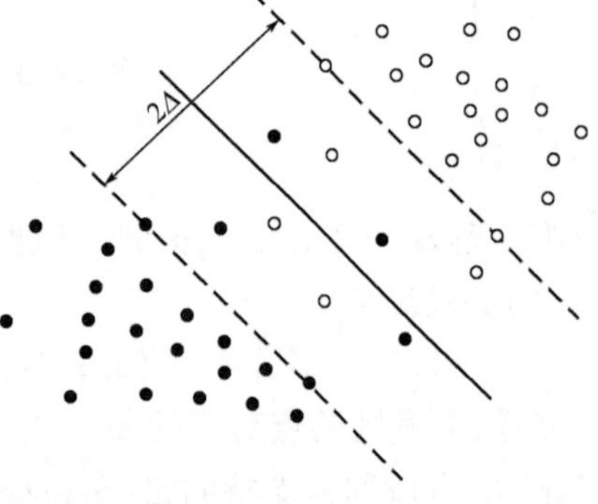

图 8.2-2 线性不可分情况的最优分类超平面

3. *核函数方法*

线性学习机的学习能力是有限的,现实世界复杂的应用需要比线性函数更富有表达能力的假设空间。支持向量机采用了核(Kernel)这一表示方式,将数据映射到高维空间来增加线性支持向量机的计算能力。这种通过核映射将原空间线性不可分的问题转化成某高维特征空间线性可分问题,而且不增加计算的复杂度,就是所谓的核技巧。通过选取适当的映射函数,大多数在输入空间线性不可分的问题可以转化为在特征空间的线性可分问题来解决。

图8.2-3展示了数据从二维输入空间映射到二维特征空间的例子，数据在输入空间不能通过线性函数分开，但在特征空间可以分开。核函数的引入大大地降低了非线性变换的计算量，提供了一种将经典的线性分类算法非线性化的有效途径。

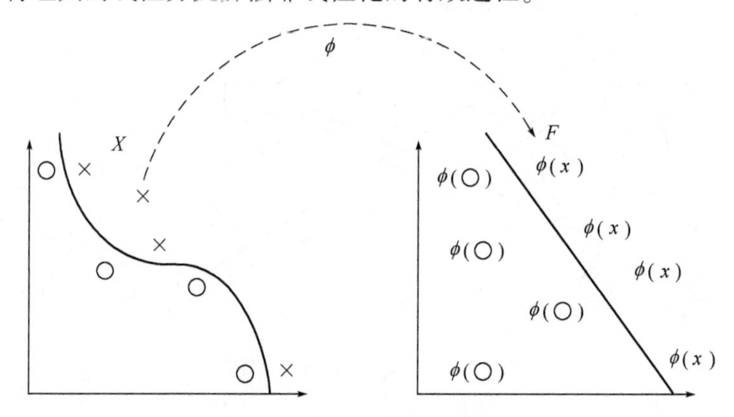

图8.2-3　简化分类任务的特征映射

与这种类型相对应的假设集的函数

$$f(x) = \sum_{i=1}^{l} (\boldsymbol{w}_i \phi_i(x) + b) \tag{8.2-30}$$

式中，ϕ 为从输入空间 X 到某个特征空间 F 的映射，即应用一个固定的非线性映射将数据表示为新的表达形式。

这意味着建立非线性学习机分为两步：首先使用一个非线性映射将数据变换到一个特征空间，然后在这个特征空间中使用线性学习机分类。这种变换可能比较复杂，且高维特征空间的转换函数也很难显式地表示出来。但是，线性学习机有一个重要的性质，即它可以表示为对偶的形式。这意味着假设函数集可以表示为训练数据的线性组合，因此决策规则可以用测试样本的内积来表示，即

$$f(x) = \sum_{i=1}^{l} (\alpha_i y_i \langle \phi(x_i), \phi(x) \rangle + b) \tag{8.2-31}$$

如果有一种方式可以在特征空间中直接计算内积 $\langle \phi(x_i), \phi(x) \rangle$，就像在原始输入空间的函数中一样，就有可能将两个步骤整合到一起建立一个非线性的学习机，这样直接计算的方法称为核函数方法。如果存在某个内积空间（或 Hilbert 空间）H 以及映射 $\phi: X \to H$, $\forall x, z \in X$，使得 $K(x,z) = \langle \phi(x), \phi(z) \rangle$，称二元函数 $K: X \times X \to \mathbf{R}$ 是核函数。与核函数所对应的核矩阵是对称半正定矩阵，这决定一个候选函数是不是核函数。

实际上，非线性支持向量机就是通过核函数定义的非线性映射将输入空间变换到高维特征空间，在该特征空间中求最优分类超平面，其分类函数形式上类似于一个神经网络，输出是中间节点的线性组合，每个中间节点对应的是输入向量和一个支持向量的内积运算，也可称为支持神经网络，其结构如图8.2-4所示。

SVM 采用不同核函数可以构造不同的非线性映射学习机，常用的核函数主要有线性核函数（$K(x,x_i) = \langle x, x_i \rangle$），多项式核函数（$K(x,x_i) = (\langle x, x_i \rangle + c)^d, d \in \mathbf{Z}^+, c \geqslant 0$），高斯径向基核函数（$K(x,x_i) = \exp\{-\| x - x_i \|^2 / 2\sigma^2\}$），Sigmoid 核函数（$K(x,x_i) = \tanh(\rho \langle x, x_i \rangle + \lambda), \rho > 0, \lambda > 0$），及傅立叶核函数等。这些不同形式的核函数对应不同的应用算法，在处理实际问题时，得到的结果有时也存在明显的优劣差异。

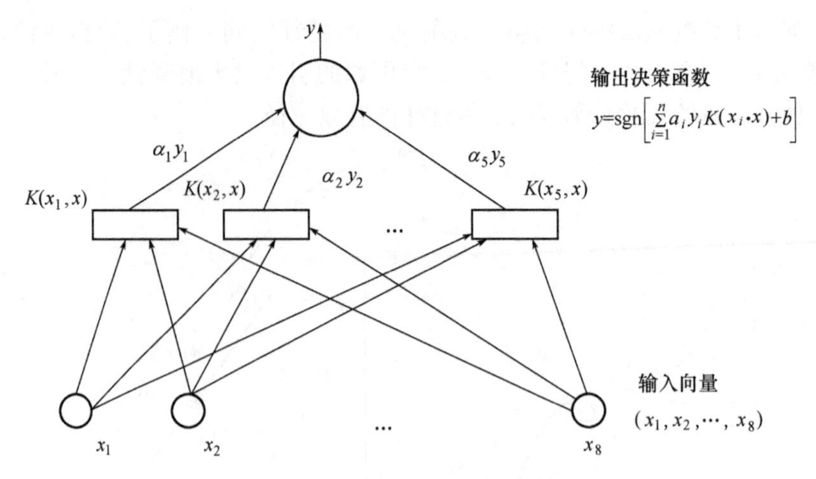

图 8.2-4　非线性支持向量机结构

8.2.3　支持向量机在土木工程领域中的应用

SVM 能较好地解决小样本、非线性、高维数等实际问题,在土木工程中有较强的实用性。特别是近几年工程技术及经济的发展,土木工程中数学、计算机、数值计算等相关知识的结合运用,推动了工程项目的发展进程。而 SVM 可以分析数据、识别模式,或者用于分类及回归分析,还能够推广应用到函数拟合等其他机器学习中,能够解决土木工程中的一些不确定因素或者相关的风险问题,具有广泛的适用性。

在岩土工程方面,SVM 方法可以对岩土结构位移进行预测,也可以用于岩土工程位移反应分析。结合遗传算法,还可以识别边坡最危险滑动面及优化基坑设计参数等。

在道路工程中,SVM 可以预测路基沉降、交通事故发生率、路段行程时间、公路造价、道路坡度、道路网短时交通量等,以及识别交通标志,提取高分辨率遥感影像中道路信息,研究城市交通道路状态判别方法等。

在桥梁工程中,SVM 可以用于桥梁冲刷深度识别、桥梁状态监测、桥梁群体震害预测和损伤识别等。

另外,SVM 在结构工程中的健康监测、工程造价预测等方面也有应用。

8.3　聚类分析

8.3.1　方法简介

作为数据分析方法的一种,20 世纪 40 年代在心理学研究中提出的聚类分析旨在将数据集合按相似程度进行分类。聚类分析是研究如何利用数学的方法将事物进行分类的学科,其实质是将物理或抽象对象的集合分组为由类似的对象组成的多个类的分析过程,聚类分析的目标就是在相似的基础上收集数据来分类。聚类源于很多领域,包括数学、计算机科学、统计学、生物学和经济学。在不同的应用领域,很多聚类技术都得到了发展,这些技术方法被用来描述数据、衡量不同数据源间的相似性,以及把数据源分类到不同的簇中。

聚类分析方法主要有基于划分的聚类算法、基于层次的聚类算法、基于密度的聚类算法、基于网格的聚类算法和基于模型的聚类算法。聚类分析作为统计学中研究分类问题的一种方法，在数据挖掘、模式识别、信息检索、微生物学分析、机器学习等方面都发挥着重要作用。目前，聚类分析在科学数据分析、商业、生物学、医疗诊断、文本挖掘、Web 数据挖掘等领域都有广泛应用。

8.3.2 聚类分析相关基础理论

聚类的定义：给定一个数据集 X，包含 N 个数据对象，每个数据对象 $\boldsymbol{x}_i(i=1,2,\cdots,N)$ 由 d 维特征属性组成，即 $\boldsymbol{x}_i=(x_{i1},x_{i2},\cdots,x_{id})$，聚类分析的过程就是按照数据对象之间的某相似度量，将数据集划分成 k 个簇 $C_1,C_2,\cdots,C_k$，并且这 k 个簇满足以下条件：

$$\begin{cases}X=C_1\cup\cdots\cup C_k\cup C_n\\ C_i\cap C_j=\varnothing(i\neq j)\end{cases}\tag{8.3-1}$$

以上对聚类的定义是普遍认同的定义，但是对于模糊聚类，一个数据对象可能同时属于多个簇，它给出的只是数据对象隶属于每个簇的程度，并不满足上述约束条件。

聚类分析的主要过程如下：①特征获取和选择，即选择具有代表性的属性，减少冗余的数据，并且获得恰当表示数据对象的属性值；②计算数据对象之间的相似度，即根据数据对象的特征，利用某种相似性度量的方法，计算数据之间的相似度，相似度可以在聚类之前一次性计算完成，也可以在聚类过程中按需要计算；③利用聚类算法对数据集进行聚类，即根据数据对象之间的相似度，按照某种策略将相似的数据对象划分到一组，将不相似的数据对象划分到不同的组；④聚类结果展示，即根据聚类分组的情况输出每个数据对象的分组信息，或者用图形化的方式表示聚类结果。

常用的相似性度量方法包括欧氏距离、马氏距离、余弦相似度、Jaccard 相似系数等。对于给定数据集（$X=\{\boldsymbol{x}_1,\boldsymbol{x}_2,\cdots,\boldsymbol{x}_N\}$，其中每个数据对象 $\boldsymbol{x}_i$ 是向量，由 d 维属性组成），它们的具体定义如下。

①欧氏距离：

$$d(\boldsymbol{x}_i,\boldsymbol{x}_j)=\sqrt{(\boldsymbol{x}_i-\boldsymbol{x}_j)^{\mathrm{T}}(\boldsymbol{x}_i-\boldsymbol{x}_j)}=\sqrt{\sum_{k=1}^{d}(\boldsymbol{x}_{ik}-\boldsymbol{x}_{jk})^2}\tag{8.3-2}$$

②马氏距离：

$$d(\boldsymbol{x}_i,\boldsymbol{x}_j)=(\boldsymbol{x}_i-\boldsymbol{x}_j)^{\mathrm{T}}\Sigma^{-1}(\boldsymbol{x}_i-\boldsymbol{x}_j)\tag{8.3-3}$$

式中，$\Sigma^{-1}(\boldsymbol{x}_i-\boldsymbol{x}_j)$ 为样本的协方差矩阵。

③余弦相似度：

$$\mathrm{sim}(\boldsymbol{x}_i,\boldsymbol{x}_j)=\frac{\boldsymbol{x}_i\cdot\boldsymbol{x}_j}{\|\boldsymbol{x}_i\|\cdot\|\boldsymbol{x}_j\|}\tag{8.3-4}$$

式中，$\|\boldsymbol{x}_i\|=(\boldsymbol{x}_{i1}^2+\boldsymbol{x}_{i2}^2+\cdots+\boldsymbol{x}_{id}^2)^{-2}$ 为向量 $\boldsymbol{x}_i$ 的欧几里得范数。

④Jaccard 相似系数：

$$J(\boldsymbol{x}_i,\boldsymbol{x}_j)=\frac{|\boldsymbol{x}_i\cap\boldsymbol{x}_j|}{|\boldsymbol{x}_i\cup\boldsymbol{x}_j|}\tag{8.3-5}$$

上述相似度量方法中，欧氏距离是最常用的距离度量函数，一般适用于低维数据，如二维或三维空间数据,而不适用于高维数据;马氏距离利用数据对象之间各个特性之间的联系计算数据对象之间的距离,从而有效地度量了两个数据对象的相似度;余弦相似度将两个数据对象看作向量,计算这两个向量夹角的余弦值,相似度越高,余弦值越接近1;Jaccard 相似系数实际上是利用两个数据对象之间属性的交集和并集的比值来度量两个数据对象之间的相似度。除了以上常用的相似性度量方法外,还有一些用于度量离散向量以及混合值的距离函数,读者可以查阅相关文献学习。

为了解决应用中存在的各种问题,研究者提出了很多聚类算法,下面将对主要聚类分析方法做简要介绍。

(1)基于划分的聚类算法。

基于划分的聚类算法是一种以紧密性为目标的方法,即簇内对象联系紧密,簇间关系疏远。通过迭代重定位的方法,不断改变簇中心和每个簇中包含的成员,使得簇内变差度量最小。其中 K-means 算法和 K-medoids 算法是最具代表性的基于划分的聚类算法。

K-means 算法首先从数据集中随机地选出 k 个数据对象作为初始的聚类中心,然后将其他的数据对象按照某种距离度量划分至最近的聚类中心,从而将数据集划分成 k 个簇。接下来计算每个簇中的数据对象的均值,将其作为新的聚类中心,再重新划分数据对象,不断重复这个过程,直到每个簇中的数据对象不再变化。理论证明该算法可以收敛,但并不一定能够得到全局最优解。其中簇内变差度量计算如下:

$$E=\sum_{i=1}^{k}\sum_{p\in C_i}d(p,c_i) \tag{8.3-6}$$

式中,p 为簇 C_i 中的数据对象;c_i 为簇 C_i 的簇中心。

与 K-means 算法不同,K-medoids 算法选择用其他非代表对象替换代表对象后看聚类质量是否提高,重复这个替换过程直到没有其他的替换能够提高聚类质量。但是 K-medoids 算法为了得到最好的聚类质量,尝试用所有的非代表对象替换代表对象的做法大大增加了时间的复杂度。

(2)层次聚类算法。

层次聚类算法将数据对象分层组织,形成一棵层次聚类树,从层次聚类树中可以得到不同层次包含的聚类结果。层次聚类算法利用“自底向上”和“自顶向下”两种策略进行聚类,分别对应凝聚的方法和划分的方法。凝聚的方法,即将每个数据对象当作一个簇,根据簇与簇之间的相似度不断地进行合并,直到所有数据对象都在一个簇中或满足某个终止条件。划分的方法,即将所有数据对象放在一个簇中,根据簇与簇之间的距离不断地进行划分,直到每个簇中只包含一个数据对象或满足某个终止条件。

在进行层次的划分和合并时,需要度量子簇之间的距离。常见的度量方法包括最小距离法、最大距离法、平均距离法、均值距离法和中心距离法等。最小距离是不同簇中所有数据对象之间相距最近的两个点之间的距离。最大距离是不同簇中所有数据对象之间相距最远的两个点之间的距离。平均距离是不同簇中所有数据对象之间距离的平均值。均值距离是不同簇的均值点之间的距离。中心距离是不同簇的簇中心之间的距离。

Chameleon 算法是层次聚类算法中的一个代表,它结合了“自底向上”和“自顶向下”两种策略。首先在原数据集上构造 k-最近邻图,然后使用图划分算法递归地将 k-最近邻图划分成初始子簇,直到初始子簇大小满足预先设定的阈值,最后根据簇与簇之间的相似度,重复地合并这些子簇并得到最后的聚类结果,如图 8.3-1 所示。在合并的过程中,Chameleon 算法既考虑簇与簇的互连度,又考虑簇与簇之间的接近度,即子簇之间的相似度由它们的相对互连度(RI)和相对接近度(RC)共同决定。

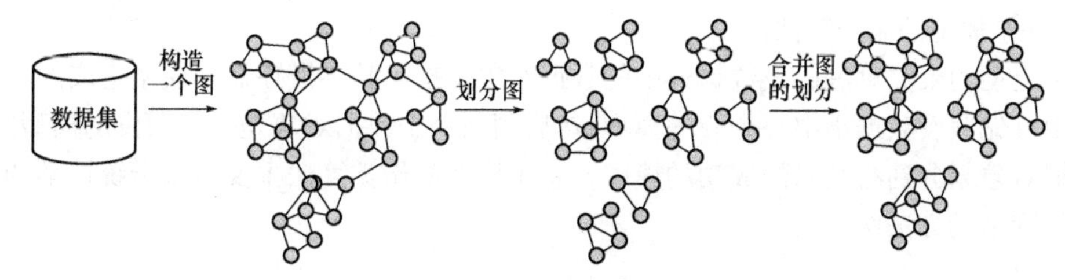

图 8.3-1 Chameleon 算法的主要过程

$$\mathrm{RI}(C_i,C_j)=\frac{|\mathrm{EC}_{\{C_i,C_j\}}|}{\frac{1}{2}(|\mathrm{EC}_{C_i}|+|\mathrm{EC}_{C_j}|)} \tag{8.3-7}$$

$$\mathrm{RC}(C_i,C_j)=\frac{\overline{S}_{\mathrm{EC}\{C_i,C_j\}}}{\frac{|C_i|}{|C_i+C_j|}\overline{S}_{\mathrm{EC}_{C_i}}+\frac{|C_i|}{|C_i+C_j|}\overline{S}_{\mathrm{EC}_{C_j}}} \tag{8.3-8}$$

式中,$\mathrm{EC}_{\{C_i,C_j\}}$为两个子簇$C_i$和$C_j$之间的割边集合;$\mathrm{EC}_{C_i}$(或$\mathrm{EC}_{C_j}$)为将$C_i$(或$C_j$)划分成两个近似大小的子簇之间的割边的集合;$\overline{S}_{\mathrm{EC}\{C_i,C_j\}}$为连接两个子簇$C_i$和$C_j$的割边的平均权重;$\overline{S}_{\mathrm{EC}_{C_i}}$(或$\overline{S}_{\mathrm{EC}_{C_j}}$)为由最小二分簇$C_i$(或$C_j$)得到的两个子簇的割边的平均权重。

(3)基于密度的聚类算法。

基于密度的聚类算法认为聚类簇是被稀疏区域分开的密集区域的集合。它们通常将每个数据对象周围确定半径范围内的数据对象的数目作为该数据对象的密度值。当数据对象的密度值超过某一阈值时,则认为该数据对象处于密集区域;当数据对象的密度值小于某一阈值时,则认为该数据对象处于稀疏区域。基于密度的聚类算法就是将找到的密集区域连接起来,得到聚类结果。以 DBSCAN 算法为例,对基于密度的聚类算法进行进一步讲解。

DBSCAN 算法首先设定扫描半径 eps 和最小点数 minpts,给定一个数据集D,如果数据对象p的 eps 半径范围内的数据对象数超过 minpts,则称p为核心对象。假设q在p的 eps 半径范围内,那么就说q是从p直接密度可达的。如果存在一个对象链$q_1,q_2,\cdots,q_n$,使得$q_1=p,q_n=q$,并且对于$q_i\in D,q_{i+1}$是从q_i直接密度可达的,那么就说q是从p密度可达的。如果存在一个对象$p\in D$,使得p_1和p_2都是从p密度可达的,那么就说p_1和p_2是密度相连的。DBSCAN 算法就是找出密度相连的数据对象,具体过程如下:首先随机地选择一个未被访问的对象,将其标记为已访问,然后判断它是否为核心对象。如果该数据对象是核心对象,则将其直接密度可达的未被访问的数据对象放入候选集合中,再从候选集合中选出一个数据对象,重复上述过程,直到候选集合为空,这样就得到了核心点扩展的簇。如果该数据对象不是核心对象,则将其标记为噪声点。接下来从一个新的未被访问的数据对象出发,直到所有数据对象都被标记为已访问。

(4)基于网格的聚类算法。

基于网格的聚类算法将数据对象空间按照不同的维度划分成有限个单元,在数据集所在维度空间形成网格结构,然后直接在网格结构上进行聚类。这种方法将对数据集的聚类操作转化为对空间中块的处理,从而提高算法效率。大致过程如下:首先将数据对象所在的维度空间划分为若干个单元格,然后以这些单元格为基础进行聚类分析。

基于网格的聚类算法速度快,但是其处理时间依赖于划分的空间中的单元数,且聚类结果往往会受到网格大小的影响。

(5)基于模型的聚类算法。

基于模型的聚类算法假设数据集中的数据对象是按照某种潜在概率模型生成的。它在聚类过程中首先假设数据集中每个簇的模型,然后判断每个数据对象是否与假设的模型匹配,从而将数据对象划分到与其匹配成功的簇中。基于模型的聚类算法主要有基于统计学的方法和基于神经网络的方法两种。

8.3.3 聚类分析在土木工程领域中的应用

在机器学习中,聚类分析又称无监督学习,指的是试图发现无标号数据集中内在的分布结构。如果是划分为有意义的组,则划分后的簇应当能获取数据的自然结构。从直觉上来说,同一个聚类的数据点应该比不同聚类的数据点更相似(接近)一点。聚类分析在许多领域中都得到应用,如:心理学和其他社会科学、生物学、统计学、模式识别、信息检索、机器学习和数据挖掘等。

在土木工程领域,聚类分析的应用也相当广泛,如:砂土地震液化评价、岩体节理产状研究、岩体工程稳定性评价、边坡稳定性评价、工程地质安全评价、铁路隧道施工风险评估、地震动时程记录分类、微震定位、城市轨道交通工程施工安全事故、公交出行特征分析、城市交通运行状态分析、土木结构损伤机理模式识别、公路隧道建设全周期动态风险评估、桥梁结构模态参数自动化识别、建筑施工事故统计及风工程相关分析等。

8.4 主成分分析

8.4.1 方法简介

在统计分析的实际应用中,往往会遇到高维度数据,人们希望用较少的综合变量代替原来较多的变量,以便降低原始数据的维度。主成分分析(Principal Component Analysis,PCA)是将多指标化为少数几个综合指标的一种统计分析方法,也是特征降维的一种统计方法。通过主成分分析得到的几个综合变量既能够反映原来变量的大部分信息,彼此之间又不相关。1901年Pearson对非随机变量引入主成分分析,1933年Hotelling将此方法推广到随机向量的情形,主成分分析有严格的数学理论做基础。主成分分析作为一种基于统计学的特征降维和提取方法,在图像分割、数据检测、人脸识别等领域取得了良好效果。

8.4.2 主成分分析的数学模型

设 $X_{(t)}=(x_{t1},x_{t2},\cdots,x_{tp})'(t=1,2,\cdots,n)$ 是来自总体 X 的样本,记样本资料矩阵为

$$\boldsymbol{X}=\begin{bmatrix} x_{11} & x_{12} & \cdots & x_{1p} \\ x_{21} & x_{22} & \cdots & x_{2p} \\ \vdots & \vdots & & \vdots \\ x_{n1} & x_{n2} & \cdots & x_{np} \end{bmatrix}=\begin{bmatrix} X'_{(1)} \\ X'_{(2)} \\ \vdots \\ X'_{(n)} \end{bmatrix} \tag{8.4-1}$$

样本协方差矩阵 $\boldsymbol{S}$ 为

$$\boldsymbol{S}=\frac{1}{n-1}\sum_{t=1}^{n}(X_{(t)}-\overline{X})(X_{(t)}-\overline{X})'=(s_{ij})_{p\times p} \tag{8.4-2}$$

式中，$\overline{X}=\frac{1}{n}\sum_{t=1}^{n}X_{(t)}=(\overline{x_1},\overline{x_2},\cdots,\overline{x_p})'$；$s_{ij}=\frac{1}{n-1}\sum_{t=1}^{n}(x_{ti}-\overline{x_i})(x_{tj}-\overline{x_j})$。

样本协方差矩阵 $\boldsymbol{R}$ 为

$$\boldsymbol{R}=(r_{ij})_{p\times p} \tag{8.4-3}$$

式中，$r_{ij}=\frac{s_{ij}}{\sqrt{s_{ii}s_{jj}}}(i,j=1,2,\cdots,p)$。

主成分分析就是将 p 个观测变量综合成 p 个新的变量(综合变量)，即

$$\begin{cases}F_1=a_{11}x_1+a_{12}x_2+\cdots+a_{1p}x_p\\F_2=a_{21}x_1+a_{22}x_2+\cdots+a_{2p}x_p\\\qquad\cdots\cdots\\F_p=a_{p1}x_1+a_{p2}x_2+\cdots+a_{pp}x_p\end{cases} \tag{8.4-4}$$

式(8.4-4)可以简化为

$$F_j=a_{j1}x_1+a_{j2}x_2+\cdots+a_{jp}x_p\quad(j=1,2,\cdots,p) \tag{8.4-5}$$

模型满足如下一些基本条件：

(1) F_i,F_j 互不相关($i\neq j,j=1,2,\cdots,p$)。

(2) $\mathrm{Var}(F_i)>\mathrm{Var}(F_j),i>j,(i,j=1,2,\cdots,p)$。

(3) $a_{k1}^2+a_{k2}^2+\cdots+a_{kp}^2=1,k=1,2,\cdots,p$。

因此，有第一主成分 F_1，第二主成分 F_2，依此类推，有 p 个主成分。其中，a_{ij} 为主成分的系数。上述模型可用矩阵表示为

$$\boldsymbol{F}=\boldsymbol{AX} \tag{8.4-6}$$

式中，$\boldsymbol{A}$ 为主成分系数矩阵。

相关参数分别为

$$\boldsymbol{F}=\begin{bmatrix}F_1\\F_2\\\vdots\\F_p\end{bmatrix},\quad \boldsymbol{X}=\begin{bmatrix}x_1\\x_2\\\vdots\\x_p\end{bmatrix},\quad \boldsymbol{A}=\begin{bmatrix}a_{11}&a_{12}&\cdots&a_{1p}\\a_{21}&a_{22}&\cdots&a_{2p}\\\vdots&\vdots&&\vdots\\a_{p1}&a_{p2}&\cdots&a_{pp}\end{bmatrix}=\begin{bmatrix}a_1\\a_2\\\vdots\\a_p\end{bmatrix}$$

在上述理论的基础上，假设有样本矩阵 $\boldsymbol{X}$[式(8.4-1)]，主成分分析主要步骤如下：

(1)对数据进行标准化。

$$x_{ij}^{*}=\frac{x_{ij}-\overline{x}_j}{\sqrt{\mathrm{var}(x_j)}}\quad(i=1,2,\cdots,n\quad j=1,2,\cdots,p) \tag{8.4-7}$$

式中，$\overline{x}_j=\frac{1}{n}\sum_{i=1}^{n}x_{ij}$；$\mathrm{var}(x_j)=\frac{1}{n-1}\sum_{i=1}^{n}(x_{ij}-\overline{x}_j)^2$。

(2)计算相关系数矩阵。

$$\boldsymbol{R}=\begin{bmatrix}r_{11}&r_{12}&\cdots&r_{1p}\\r_{21}&r_{22}&\cdots&r_{2p}\\\vdots&\vdots&&\vdots\\r_{p1}&r_{p2}&\cdots&r_{pp}\end{bmatrix} \tag{8.4-8}$$

可得相关系数为

$$r_{ij}=\frac{1}{n-1}\sum_{t=1}^{n}x_{ti}x_{tj}\quad (i,j=1,2,\cdots,p) \tag{8.4-9}$$

(3)求相关系数矩阵 $\boldsymbol{R}$ 的特征值($\lambda_1,\lambda_2,\cdots,\lambda_p$)和相应的特征向量 $\boldsymbol{a}_i=(a_{i1},a_{i2},\cdots,a_{ip})$,$i=1,2,\cdots,p$。

(4)根据贡献率选择主成分。

贡献率计算公式如下:

$$\text{贡献率}=\frac{\lambda_i}{\sum_{i=1}^{p}\lambda_i} \tag{8.4-10}$$

贡献率越大,说明该主成分所包含的原始变量的信息越多。主成分个数 k 的选取,主要根据主成分的累积贡献率来决定,即一般要求累积贡献率超过85%,这样才能保证综合变量能包括原始变量的绝大多数信息。

(5)计算主成分。

$$\begin{bmatrix} F_{11} & F_{12} & \cdots & F_{1k} \\ F_{21} & F_{22} & \cdots & F_{2k} \\ \vdots & \vdots & & \vdots \\ F_{n1} & F_{n2} & \cdots & F_{nk} \end{bmatrix} \tag{8.4-11}$$

8.4.3 主成分分析在土木工程领域中的应用

作为一种线性变换算法,主成分分析将高维数据投影至低维空间,从而可以有效地表示高维数据,其在图像处理和机器学习中有很多重要的应用。

在土木工程领域,主成分分析应用也相当广泛,如:结构健康监测、结构损伤识别、地层岩性识别、边坡稳定预测、围岩安全性预测评价、土微结构研究、膨胀土分类、施工质量控制、建筑工程项目安全性评价、城市轨道交通短时客流预测、城市公交线网规划等。

8.5 因子分析

8.5.1 方法简介

因子分析由 Charles Spearman 于1904年在研究智力测验得分统计方法时提出,是主成分分析的推广和发展,是一种多元数据的降维方法。它研究相关矩阵或协方差矩阵的内部依赖关系,将多个变量综合为少数几个因子,以再现原始变量与因子之间的相关关系,同时根据不同因子还可以对变量进行分类。从20世纪50年代开始,因子分析在心理学、医学、地质学、经济学等领域得到广泛应用。

8.5.2 因子分析原理

1. 因子分析模型

设 p 个可观测变量 $X_1,X_2,\cdots,X_p$,表示为

$$\begin{cases}X_1 = a_{11}F_1 + a_{12}F_2 + \cdots + a_{1m}F_m + \varepsilon_1\\X_2 = a_{21}F_1 + a_{22}F_2 + \cdots + a_{2m}F_m + \varepsilon_2\\\cdots\cdots\\X_p = a_{p1}F_1 + a_{p2}F_2 + \cdots + a_{pm}F_m + \varepsilon_p\end{cases} \tag{8.5-1}$$

式中,$F_1,F_2,\cdots,F_m$为公因子;$\varepsilon_1,\varepsilon_2,\cdots,\varepsilon_p$为特殊因子,它们是不可观测的随机变量。

式(8.5-1)为因子分析模型。公因子 $F_1,F_2,\cdots,F_m$出现在每一个原始变量 $X_i(i=1,2,\cdots,p)$的表达式中,可理解为原始变量共同具有公共因素。每个公因子 $F_j(j=1,2,\cdots,m)$至少对两个原始变量有作用,否则将其归入特殊因子。每个特殊因子 $\varepsilon_i(i=1,2,\cdots,p)$仅仅出现在与之相应的第 i 个原始变量 X_i的表达式中,它只对这一个原始变量有作用。因子分析模型假设 p 个特殊因子之间是彼此独立的,特殊因子和公因子之间也是彼此独立的。

在因子分析模型中,每一个观测变量由 m 个公因子和一个特殊因子的线性组合表示。人们感兴趣的只是这些能够代表较多信息的公因子,公因子的个数最多可以等于观测变量数。因为在求因子的解时,总是使第一个公因子代表所有变量中最多的信息,随后的公因子代表的信息逐步减少,因此通常忽略掉最后几个公因子。所以,在因子分析模型中,公因子的个数往往远小于观测变量的个数。

2. 几个重要的概念

(1)因子载荷。

在因子分析模型中,a_{ij}称为因子载荷,它反映了第 i 个原始变量 X_i在第 j 个公因子 F_j上的相对重要性。可以证明原始变量 X_i与公因子 F_j之间的相关系数等于 a_{ij},即 $r_{X_iF_j}=a_{ij}$。a_{ij}的绝对值越大,表示原始变量 X_i与公因子 F_j之间的关系越密切。由所有因子载荷构成的矩阵称为因子载荷矩阵,记作 $\boldsymbol{A}$,即

$$\begin{bmatrix}a_{11} & a_{12} & \cdots & a_{1m}\\a_{21} & a_{22} & \cdots & a_{2m}\\\vdots & \vdots & & \vdots\\a_{p1} & a_{p2} & \cdots & a_{pm}\end{bmatrix} \tag{8.5-2}$$

(2)变量共同度。

变量共同度也称公因子方差。原始变量 X_i的方差由两部分组成,第一部分为公因子决定的方差即公因子方差,第二部分为特殊因子决定的方差即特殊因子方差。公因子方差表示了原始变量方差中能被公因子所解释的部分,公因子方差越大,变量能被公因子说明的程度越高。若公因子方差接近 1,说明该变量几乎全部的原始信息都被所选取的公因子说明了。公因子方差记作 h_i^2,用公式表示为

$$h_i^2 = a_{i1}^2 + a_{i2}^2 + \cdots + a_{im}^2 \quad (i=1,2,\cdots,p) \tag{8.5-3}$$

(3)公因子 F_j的方差贡献。

公因子 F_j的方差贡献记作 g_j^2,用公式表示为

$$g_j^2 = a_{1j}^2 + a_{2j}^2 + \cdots + a_{pj}^2 \quad (j=1,2,\cdots,p) \tag{8.5-4}$$

式中,g_j^2 为公因子 F_j对诸原始变量所提供方差贡献的总和。

g_j^2 是衡量公因子相对重要性的指标,等于公因子 F_j所对应的特征值,即

$$g_j^2 = \sum_{i=1}^{p} a_{ij}^2 = \lambda_j \tag{8.5-5}$$

所有公因子的方差总贡献为

$$\sum_{j=1}^{p} g_j^2 = \sum_{j=1}^{p} \lambda_j \tag{8.5-6}$$

在实际问题中,常用下列相对指标:

a. 每个公因子 F_j 的方差贡献率为

$$\frac{g_j^2}{\sum_{j=1}^{p} g_j^2} = \frac{\lambda_j}{\sum_{j=1}^{p} \lambda_j} \tag{8.5-7}$$

b. 前 k 个公因子的累积方差贡献率为

$$\frac{\sum_{j=1}^{k} g_j^2}{\sum_{j=1}^{p} g_j^2} = \frac{\sum_{j=1}^{k} \lambda_j}{\sum_{j=1}^{p} \lambda_j} \tag{8.5-8}$$

根据前 k 个公因子的累积方差贡献率的大小,决定选取多少个公因子。

3. 求解初始因子

求因子分析模型的关键是求出因子载荷矩阵 $\boldsymbol{A}$,对 $\boldsymbol{A}$ 的估计方法有很多,如主成分法、主轴因子法、最大似然法、α 因子提取法、映像分析法、最小二乘法等,应用较为普遍的是主成分法。其是按主成分分析求出相关矩阵的特征根 λ_j 和单位特征向量 $(e_{1j}, e_{2j}, \cdots, e_{pj})$ $(j=1,2,\cdots,m)$,则

$$\begin{bmatrix} a_{1j} \\ a_{2j} \\ \vdots \\ a_{pj} \end{bmatrix} = \sqrt{\lambda_j} \begin{bmatrix} e_{1j} \\ e_{2j} \\ \vdots \\ e_{pj} \end{bmatrix} \quad (j=1,2,\cdots,m) \tag{8.5-9}$$

$$\boldsymbol{A} = \begin{bmatrix} a_{11} & a_{12} & \cdots & a_{1m} \\ a_{21} & a_{22} & \cdots & a_{2m} \\ \vdots & \vdots & & \vdots \\ a_{p1} & a_{p2} & \cdots & a_{pm} \end{bmatrix} = \begin{bmatrix} e_{11}\sqrt{\lambda_1} & e_{12}\sqrt{\lambda_2} & \cdots & e_{1m}\sqrt{\lambda_m} \\ e_{21}\sqrt{\lambda_1} & e_{22}\sqrt{\lambda_2} & \cdots & e_{2m}\sqrt{\lambda_m} \\ \vdots & \vdots & & \vdots \\ e_{p1}\sqrt{\lambda_1} & e_{p2}\sqrt{\lambda_2} & \cdots & e_{pm}\sqrt{\lambda_m} \end{bmatrix} \tag{8.5-10}$$

4. 因子旋转

因子分析的目的不仅是找出公因子,更重要的是知道每个公因子的意义。但是用上述方法求出的公因子解,各因子的典型代表变量不是很突出,因而容易使因子的意义含糊不清,不便于对因子进行解释。为此必须对因子载荷矩阵进行旋转,使得因子载荷的平方按列向 0 和 1 两级转化,达到结构简化的目的。所谓结构简化就是使每个变量仅在一个公因子上有较大的载荷,而在其余公因子上的载荷比较小,这种变换因子载荷矩阵的方法称为因子旋转。因子旋转的方法有很多种:最大方差旋转、斜交旋转、四次方最大正交旋转、平均正交旋转、直接斜交旋转。

5. 公因子得分

因子模型将原变量表示为公因子的线性组合。由于公因子能反映原变量的相关关系,用

公因子代表原变量时,有时更有利于描述研究对象的特征。因此,常常反过来将公因子表示为原变量的线性组合,即

$$F_j = b_{j1}X_1 + b_{j2}X_2 + \cdots + b_{jp}X_p \quad (j = 1,2,\cdots,p) \tag{8.5-11}$$

式(8.5-11)为因子得分函数。用它计算出的每个样品的公因子值,称为公因子得分。

对于用主成分分析法求得的公因子解,可以直接得到因子得分函数。对于用其他方法得到的公因子解,只能得到因子得分函数系数的估计值,通常用回归法进行估计。

6. 因子分析的步骤

(1)将原始数据标准化。

(2)计算变量的相关矩阵。

(3)计算相关矩阵的特征根和单位特征向量。

(4)进行因子旋转。

(5)计算因子得分。

8.5.3 因子分析在土木工程领域中的应用

因子分析法用少量的综合指标(即公因子)代替多个原始指标,所得的公因子为原始指标的线性组合。随着基础理论研究的深入和计算机技术的进步,这一方法有了很大的发展,在很多领域都有应用。在土木工程领域近些年也有涉及,如:建筑业发展水平综合评价、建筑施工现场安全管理、建筑业增长方式评价、风险管理、地震引起的山体滑坡的潜在危险研究、结构损伤识别、交通事故监测等。

8.6 判别分析

8.6.1 判别分析简介

产生于20世纪30年代的判别分析法又称"分辨法",是在分类确定的条件下,根据某一研究对象的各种特征值判别其类型归属的一种多元统计分析方法。与聚类分析不同,判别分析是在已知研究对象分成若干类型,并已取得一批已知类型的样品的数据的基础上,根据某些准则建立判别式,然后对未知类型的样品进行判别分类。判别分析和聚类分析往往联合使用,例如,当总体分类不清楚时,可先用聚类分析对原来的一批样品进行分类,然后用判别分析建立判别式对新样品进行判别。

判别分析的内容很丰富,方法很多。按判别的组数分类,有两组和多组判别分析;按区分不同总体所用的数学模型分类,有线性和非线性判别;按判别时处理变量的方法分类,分为逐步和序贯判别等;根据资料的性质分类,分为定性和定量资料的判别。判别分析可以从不同的角度提出问题,因此会有不同的判别准则,如马氏距离最小准则、Fisher 准则、平均损失最小准则、最小平方准则、最大似然准则、最大概率准则等,根据判别准则的不同又提出了多种判别方法。限于篇幅,本章仅介绍距离判别法和贝叶斯判别法。

8.6.2 距离判别法

距离判断法的基本思想是根据已知分类的数据，分别计算各类的重心，即分组(类)均值；对于任一新样品的观测值，若它与第 i 类的重心距离最近，就认为它来自第 i 类。因此，距离判别法又称为最邻近方法。距离判别法对各类总体的分布没有特定的要求，适用于任意分布的资料。

1. 两总体的距离判别

设有两组总体 G_A 和 G_B，相应抽出样品个数分别为 $n_1, n_2, n_1 + n_2 = n$。每个样品观测 p 个指标，所得观测数据如下。

总体 G_A 的样本数据为

$$\begin{matrix} x_{11(A)} & x_{12(A)} & \cdots & x_{1p(A)} \\ x_{21(A)} & x_{22(A)} & \cdots & x_{2p(A)} \\ \vdots & \vdots & & \vdots \\ x_{n_1 1(A)} & x_{n_1 2(A)} & \cdots & x_{n_1 p(A)} \end{matrix} \tag{8.6-1}$$

G_A 总体样本指标的平均值为

$$\overline{x}_{1(A)} \overline{x}_{2(A)} \cdots \overline{x}_{p(A)} \tag{8.6-2}$$

总体 G_B 的样本数据为

$$\begin{matrix} x_{11(B)} & x_{12(B)} & \cdots & x_{1p(B)} \\ x_{21(B)} & x_{22(B)} & \cdots & x_{2p(B)} \\ \vdots & \vdots & & \vdots \\ x_{n_2 1(B)} & x_{n_2 2(B)} & \cdots & x_{n_2 p(B)} \end{matrix} \tag{8.6-3}$$

G_B 总体样本指标的平均值为

$$\overline{x}_{1(B)} \overline{x}_{2(B)} \cdots \overline{x}_{p(B)} \tag{8.6-4}$$

现任取一个新样品 X，实测指标数值为 $X = (x_1, x_2, \cdots, x_p)$，判断 X 属于哪一类？

首先计算样品 X 与 G_A、G_B 两类的距离，分别记为 $D(X, G_A)$、$D(X, G_B)$，其次按照距离最近准则判别归类，即样品距离哪一类最近就判为哪一类；如果样品距离两类距离相同，则暂不归类。判别准则写为

$$\begin{cases} X \in G_A, \text{如果 } D(X, G_A) < D(X, G_B) \\ X \in G_B, \text{如果 } D(X, G_A) > D(X, G_B) \\ X \text{ 待判}, \text{如果 } D(X, G_A) = D(X, G_B) \end{cases}$$

其中，距离 D 的定义有很多，根据不同情况区别选用。

(1)如果样品的各个变量之间互不相关或相关性很小,可选用欧氏距离。欧氏距离公式为

$$\begin{cases} D(X,G_{\mathrm{A}}) = \sqrt{\sum_{\alpha=1}^{p}(x_\alpha - \bar{x}_{\alpha(\mathrm{A})})^2} \\ D(X,G_{\mathrm{B}}) = \sqrt{\sum_{\alpha=1}^{p}(x_\alpha - \bar{x}_{\alpha(\mathrm{B})})^2} \end{cases} \tag{8.6-5}$$

然后比较 $D(X,G_A)$ 和 $D(X,G_B)$ 的大小,按照距离最近准则判别归类。

(2)实际应用中,考虑到判别分析常涉及多个变量,且变量之间可能相关,故多用马氏距离。马氏距离公式为

$$d^2(X,G_{\mathrm{A}}) = (X-\bar{X}_{(\mathrm{A})})'\boldsymbol{S}_{\mathrm{A}}^{-1}(X-\bar{X}_{(\mathrm{A})}) \tag{8.6-6}$$

$$d^2(X,G_{\mathrm{B}}) = (X-\bar{X}_{(B)})'\boldsymbol{S}_{\mathrm{B}}^{-1}(X-\bar{X}_{(\mathrm{B})}) \tag{8.6-7}$$

式中,$\bar{X}_{(\mathrm{A})}$、$\bar{X}_{(\mathrm{B})}$分别为 G_{A}、G_{B}的均值;$\boldsymbol{S}_{\mathrm{A}}$、$\boldsymbol{S}_{\mathrm{B}}$分别为 G_{A}、G_{B}的协方差矩阵。

这时的判别准则分两种情况:

①当 $\boldsymbol{S}_{\mathrm{A}}=\boldsymbol{S}_{\mathrm{B}}=\boldsymbol{S}$ 时,

$$\begin{aligned} & d^2(X,G_{\mathrm{B}}) - d^2(X,G_{\mathrm{A}}) \\ &= (X-\bar{X}_{(\mathrm{B})})'\boldsymbol{S}_{\mathrm{B}}^{-1}(X-\bar{X}_{(\mathrm{B})}) - (X-\bar{X}_{(\mathrm{A})})'\boldsymbol{S}_{\mathrm{A}}^{-1}(X-\bar{X}_{(\mathrm{A})}) \\ &= 2\left[X-\frac{1}{2}(\bar{X}_{(\mathrm{A})}+\bar{X}_{(\mathrm{B})})\right]'\boldsymbol{S}^{-1}(\bar{X}_{(\mathrm{A})}-\bar{X}_{(\mathrm{B})}) \end{aligned} \tag{8.6-8}$$

令 $\bar{X}=\frac{1}{2}(\bar{X}_{(\mathrm{A})}+\bar{X}_{(\mathrm{B})})$,同时记 $W(X)=\frac{d^2(X,G_{\mathrm{B}})-d^2(X,G_{\mathrm{A}})}{2}$,则 $W(X)=(X-\bar{X})\boldsymbol{S}^{-1}\times(\bar{X}_{(\mathrm{A})}-\bar{X}_{(\mathrm{B})})$,所以判别准则写成

$$\begin{cases} X\in G_{\mathrm{A}},\text{如果 } W(X)>0 \\ X\in G_{\mathrm{B}},\text{如果 } W(X)<0 \\ X\text{ 待判},\text{如果 } W(X)=0 \end{cases}$$

该规则取决于 $W(X)$的值,也可以写成:$W(X)=\alpha(X-\bar{X})$,其中 $\alpha=\boldsymbol{S}^{-1}(\bar{X}_{(\mathrm{A})}-\bar{X}_{(\mathrm{B})})$。$W(X)$被称为线性判别函数。

作为特例,当 $p=1$ 时,两总体的分布分别是 $N(\mu_1,\sigma^2)$和 $N(\mu_2,\sigma^2)$,判别函数为

$$W(X)=\left(X-\frac{\mu_1+\mu_2}{2}\right)\frac{1}{\sigma^2}(\mu_1-\mu_2) \tag{8.6-9}$$

或

$$W(X)=\left(X-\frac{\bar{x}_1+\bar{x}_2}{2}\right)\frac{1}{s^2}(\bar{x}_1-\bar{x}_2) \tag{8.6-10}$$

设 $\mu_1<\mu_2$,这时 $W(X)$的符号取决于 X 与 $\bar{\mu}$ 的关系。$X<\bar{\mu}$ 时,$X\in G_{\mathrm{A}}$;$X>\bar{\mu}$ 时,$X\in G_{\mathrm{B}}$。

②当 $\boldsymbol{S}_{\mathrm{A}}\neq\boldsymbol{S}_{\mathrm{B}}$时,

仍然用 $W(X)=\frac{d^2(X,G_{\mathrm{B}})-d^2(X,G_{\mathrm{A}})}{2}=(X-\bar{X}_{(\mathrm{B})})'\boldsymbol{S}_{\mathrm{B}}^{-1}(X-\bar{X}_{(\mathrm{B})})-(X-\bar{X}_{(\mathrm{A})})'\boldsymbol{S}_{\mathrm{A}}^{-1}\times(X-\bar{X}_{(\mathrm{A})})$作为判别函数,此时的判别函数是 X 的二次函数。

两种距离判别法,简单、容易理解,相应的判别准则也是合理的,但是有时也会出现错判。如图 8.6-1 所示,若 X 来自总体 G_{A},但却属于 D_2,则 X 被判错到 G_{B}。这种判错的概率为图中阴

影部分的面积，记为 $P(2|1)$。同样有 $P(1|2)$，显然 $P(2|1)=P(1|2)=1-\Phi\left(\frac{\mu_1-\mu_2}{2\sigma}\right)$。

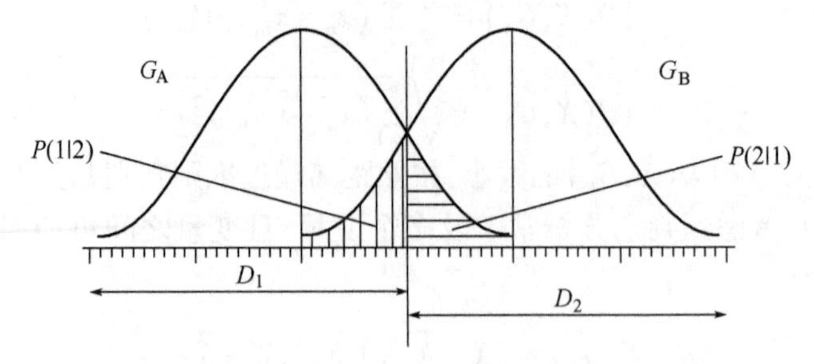

图 8.6-1　错判概率示意图

2. 多总体的距离判别

设 $n_1,\cdots,n_k$ 分别为 k 个总体 $G_1,\cdots,G_k$ 的样品个数，$n(n=n_1+\cdots+n_k)$ 为总样品个数，每个样品均有 p 个观测指标。总体 $G_i(i=1,2,\cdots,k)$ 的样本数据为

$$\begin{matrix} x_{11}(k) & x_{12}(k) & \cdots & x_{1p}(k) \\ x_{21}(k) & x_{22}(k) & \cdots & x_{2p}(k) \\ \vdots & \vdots & & \vdots \\ x_{n_i1}(k) & x_{n_i2}(k) & \cdots & x_{n_ip}(k) \end{matrix} \tag{8.6-11}$$

记总体 G_i 的样本均值和样本协方差矩阵分别为 $\overline{X}_{(i)}$ 和 $\boldsymbol{S}_i$。

①当 $\boldsymbol{S}_1=\cdots=\boldsymbol{S}_k=\boldsymbol{S}$ 时，$d^2(X,G_i)=(X-\overline{X}_{(i)})'\boldsymbol{S}_i^{-1}(X-\overline{X}_{(i)})$，$i=1,2,\cdots,k$，其判别函数为

$$W_{ij}(X)=\frac{d^2(X,G_j)-d^2(X,G_i)}{2}=\left(-\frac{\overline{X}_i+\overline{X}_j}{2}\right)\frac{1}{\boldsymbol{S}^2}(\overline{X}_i-\overline{X}_j)\quad(i=1,2,\cdots,k) \tag{8.6-12}$$

相应的判别准则为

$$\begin{cases} X\in G_i,\text{当 } W_{ij}(X)>0 \text{ 时，对于一切 } j\neq i \\ \text{待判，若有一个 } W_{ij}(X)=0 \end{cases} \tag{8.6-13}$$

②当 $\boldsymbol{S}_1,\cdots,\boldsymbol{S}_k$ 不相等时，判别函数为

$$W_{ji}(X)=(X-\overline{X}_{(j)})'\boldsymbol{S}_j^{-1}(X-\overline{X}_{(j)})-(X-\overline{X}_{(i)})'\boldsymbol{S}_i^{-1}(X-\overline{X}_{(i)}) \tag{8.6-14}$$

相应的判别准则仍采用式(8.6-13)形式。

8.6.3　贝叶斯判别法

设有 m 个总体 $G_1,G_2,\cdots,G_m$，它们的先验概率分别为 $q_1,q_2,\cdots,q_m$，密度函数为 $f_1(X)$，$f_2(X),\cdots,f_m(X)$（在离散情形下是概率函数），在观测到一个样品 x 的情况下，可用贝叶斯公式计算它来自第 g 个总体的后验概率

$$p(g|x)=\frac{q_g f_g(X)}{\sum_{i=1}^{m} q_g f_g(X)}\quad(g=1,2,\cdots,m) \tag{8.6-15}$$

若

$$p(h|x)=\max p(g|x) \tag{8.6-16}$$

判定 X 来自第 h 个总体。

另外,有时为了合理考虑错判所带来的损失,使用错判损失最小的概念确定判别函数,这时,把 X 错判给第 h 个总体的平均损失定义为

$$E(h|x)=\sum_{g\neq h}\frac{q_g f_g(x)}{\sum_{i=1}^{m}q_i f_i(x)}\cdot L(h|g) \tag{8.6-17}$$

式中,$L(h|g)$ 为损失函数,表示实属 G_g 的样品错判为其他总体的损失。

于是建立判别准则为

$$E(h|x)=\min_{1\leqslant g\leqslant m}E(g|x) \tag{8.6-18}$$

使后验概率最大,实际上等价于使错判损失最小,即

$$p(h|x)\xrightarrow{h}\max\Leftrightarrow E(h|x)\xrightarrow{h}\min \tag{8.6-19}$$

根据以上描述,可以得到判别函数。

在实际问题中遇到的许多总体往往服从正态分布,下面介绍 p 元正态总体的贝叶斯判别法,以及判别函数的导出。

(1)待判样品的先验概率和密度函数。

使用贝叶斯准则进行分析,首先需要知道待判总体的先验概率 q_g 和密度函数 $f_g(x)$(如果是离散情况,则是概率函数)。

对于先验概率,一般可用样品频率来代替,即令 $q_g=n_g/n$,其中 n_g 为用于建立判别函数的已知分类数据中来自第 g 个总体样品的数目,且 $n_1+n_2+\cdots+n_k=n$,或令先验概率相等,即 $q_g=1/k$,这时可以认为先验概率不起作用。

对于第 g 个总体的密度函数,设 p 维正态分布密度函数为

$$f_g(x)=(2\pi)^{-\frac{p}{2}}|\Sigma^{(g)}|^{-\frac{1}{2}}\cdot\exp\left\{-\frac{1}{2}(x-\mu^{(g)})'\Sigma^{(g)-1}(x-\mu)^{(g)}\right\} \tag{8.6-20}$$

式中,$\mu^{(g)}$ 为第 g 个总体的均值向量(p 维);$\Sigma^{(g)}$ 为第 g 个总体的协方差矩阵(p 阶)。

把 $f_g(x)$ 代入 $p(g|x)$ 的表达式中。因为人们只关心寻找使 $p(g|x)$ 最大的 g,而分式中的分母不论 g 为何值都是常数,故可改令

$$q_g f_g(x)\xrightarrow{g}\max \tag{8.6-21}$$

对 $q_g f_g(x)$ 取对数并去掉与 g 无关的项,记为

$$\begin{aligned}Z(g|x)&=\ln q_g-\frac{1}{2}\ln|\Sigma^{(g)}|-\frac{1}{2}(x-\mu^{(g)})'\Sigma^{(g)-1}(x-\mu^{(g)})\\&=\ln q_g-\frac{1}{2}\ln|\Sigma^{(g)}|-\frac{1}{2}x'\Sigma^{(g)-1}x-\frac{1}{2}\mu^{(g)'}\Sigma^{(g)-1}\mu^{(g)}+x'\Sigma^{(g)-1}\mu^{(g)}\end{aligned} \tag{8.6-22}$$

问题可化为

$$Z(g|x)\xrightarrow{g}\max \tag{8.6-23}$$

(2)假设各组协方差矩阵相等,导出判别函数。

$Z(g|x)$ 中含有 k 个总体的协方差矩阵(逆矩阵及行列式值),而且对于 x 还是二次函数,实际计算时工作量很大。如果进一步假定 k 个总体协方差矩阵相同,即 $\Sigma^{(1)}=\Sigma^{(2)}=\cdots=$

$\Sigma^{(k)}=\Sigma$，这时 $Z(g|x)$ 中 $\frac{1}{2}\ln|\Sigma^{(g)}|$ 和 $\frac{1}{2}x'\Sigma^{(g)-1}x$ 两项与 g 无关，求最大时可以去掉，最终得到如下形式的判别函数与判别准则（如果协方差矩阵不等，则有非线性判别函数）：

$$\begin{cases} y(g|x)=\ln q_g-\frac{1}{2}\mu^{(g)'}\Sigma^{(g)-1}\mu^{(g)}+x'\Sigma^{(g)-1}\mu^{(g)} \\ y(g|x)\xrightarrow{g}\max \end{cases} \tag{8.6-24}$$

式中判别函数也可以写成多项式的形式：

$$y(g|x)=\ln q_g+C_0^{(g)}+\sum_{i=1}^{p}C_i^{(g)}x_i \tag{8.6-25}$$

式中，$C_i^{(g)}=\sum_{j=1}^{p}s^{ij}x_j^{(g)}, i=1,2,\cdots,p$；$C_0^{(g)}=-\frac{1}{2}\sum_{i=1}^{p}C_i^{(g)}\mu_i^{(g)}$；$x=(x_1,x_2,\cdots,x_p)'$；$\mu^{(g)}=(\mu_1^{(g)},\mu_2^{(g)},\cdots,\mu_p^{(g)})'$；$\Sigma^{(g)}=S=(s_{ij})_{p\times p}$；$\Sigma^{(g)-1}=(S^{ij})_{p\times p}^{-1}$。

(3)计算后验概率。

做计算分类时，主要根据判别式 $y(g|x)$ 的大小，而它不是后验概率 $P(g|x)$，但是有了 $y(g|x)$ 之后，就可以根据式(8.6-26)算出 $P(g|x)$：

$$P(g|x)=\frac{\exp\{y(g|x)\}}{\sum_{i=1}^{k}\exp\{y(i|x)\}} \tag{8.6-26}$$

因为 $y(g|x)=\ln(q_g f_g(x))-\Delta(x)$，其中 $\Delta(x)$ 是 $\ln(q_g f_g(x))$ 中与 g 无关的部分，所以式(8.6-26)成立。若使 y 为最大 h，其 $P(h|x)$ 必为最大，因此需把样品 x 代入判别式中，计算 $y(h|x)$，$g=1,2,\cdots,k$。若

$$y(h|x)=\max_{1\leqslant g\leqslant k}\{y(g|x)\} \tag{8.6-27}$$

则把样品 x 归入第 h 个总体。

8.6.4 判别分析在土木工程领域中的应用

判别分析是一种统计判别和分组技术，就一定数量样本的一个分组变量和相应的其他多元变量的已知信息，确定分组与对其他多元变量信息所属的样本进行判别分组。判别分析方法在气候分类、农业区划、土地类型划分中有着广泛的应用。对土木工程而言，其在高速铁路地基膨胀土判别、地质滑坡稳定性研究、砂土地震液化判别、深基坑支护方案比选、黏性土层位的确定、公路隧道围岩分级、施工现场安全评价及结构损伤识别等方面，也有探索与应用。

8.7 遗传算法

8.7.1 方法简介

遗传算法(Genetic Algorithm，GA)由美国密歇根大学的 Holland 教授及其学生在 1967 年共同提出，其模拟达尔文的生物自然选择学说和自然界的生物进化过程，是一种自适应全局概

率搜索算法。遗传算法在很多文献中又被叫作基因进化算法或简称“进化算法”，属于优化算法的一种，该算法是通过模拟自然界的生物进化过程搜索实际问题空间中最优解的一种方法。

遗传算法是从代表问题可能潜在解集的一个种群开始的，而一个种群则由经过基因编码的一定数目的个体组成，每个个体实际上是染色体带有特征的实体。染色体作为遗传物质的主要载体，其内部表现(基因型)是某种基因组合，它决定了个体性状的外部表现。因此，在开始需要实现从表现型到基因型的映射。模仿基因编码的工作很复杂，因此需要进行简化，如二进制编码。初始种群产生之后按照适者生存和优胜劣汰的机制，逐代演化产生出越来越好的近似解。在每一代，根据问题域中个体的适应度大小挑选个体，并借助于自然遗传学的遗传算子进行组合交叉和变异，产生出代表新的解集的种群。这个过程即使得种群的后代比前代更适应环境，末代种群中的最优个体可以作为问题的近似最优解。在遗传算法中，每个问题的解被称为染色体的串，通常表示为位串，每个染色体称为个体。

遗传算法求解问题的过程是首先产生一个个体的初始群体(通常是随机产生的)，其次对初始群体进行演化，再对从中间代中随机选取的每一对个体按照杂交概率 P_c 进行杂交，杂交的目的在于交换个体间的信息，经杂交后，每一对个体产生两个子个体，将这些子个体放入一个新的中间代，如果一对个体没有被杂交，则将它们直接放入新的中间代(其概率为 $1-P_c$)，最后对新的中间代的每一个个体按照变异概率 P_m 进行变异，使用变异算子的目的是引入个体的多样性，以防止早熟收敛。经变异后，得到下一代群体。初始群体经过若干代的演化后，遗传算法收敛到适应值最高的个体，这样可以得到问题的最优解或近似最优解。遗传算法将最后群体中适应值最高的个体作为问题的优化解。遗传算法在应用过程中往往会涉及遗传学和各种进化的相关概念，主要包括串、群体、群体的规模、基因、基因位置、基因的特征值、串结构空间 S^S、参数空间 S^P、适应度。

在遗传算法中使用变异算子的目的是使得遗传算法有局部的随机搜索能力，维持群体的多样性。与其他传统方法相比较，遗传算法具有鲁棒性、全局择优能力、隐含的并行性。

8.7.2 遗传算法的具体实现流程

遗传算法以群体中的所有个体作为研究对象，选择、交叉、变异为遗传算法操作算子，构成所谓的遗传操作。遗传算法中包含五个最基本要素，即变量编码、初始群体的设定、适应度函数的设计、遗传操作设计和参数设定，这五个要素构成了遗传算法的核心内容。遗传算法主要包括如下内容：①构造适应度函数；②初始化群体；③繁殖后代群体；④群体进化收敛判别；⑤最优个体转化为优化解。遗传算法基本流程如图 8.7-1 所示。

(1)编码。

遗传算法编码的主要目的是把所要求解空间的数据表示成生物空间的基因型串结构数据。遗传算法自诞生以来，编码技术得到不断改进，其主要编码技术有：二进制编码、实数编码、格雷编码、符号编码、多参数编码以及 DNA 编码等。其中最常见的编码技术是二进制编码和实数编码。对于问题解 $X=(x_1,x_2,\cdots,x_n)$，二进制编码为使用二值符号集合 $\{0,1\}$ 来表示 X 中的 x_i。二进制编码有许多优点：编码和解码操作简单，遗传操作算子容易实现，符合最小字符集编码原则，容易利用模式定理对算法进行理论分析。当然，二进制编码也存在一些缺陷，如对于某些连续函数的优化问题，其随机性使得其局部搜索能力较差。而实数编码就是将问题空间的解 $\boldsymbol{X}$ 表示为一个向量，即 $\boldsymbol{X}=(x_1,x_2,\cdots,x_n)$，其中 x_i 是实数。

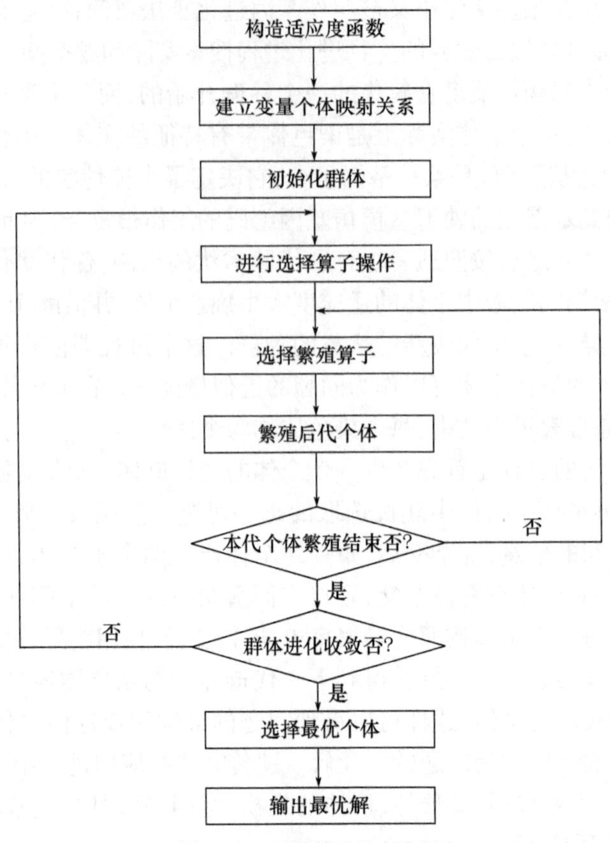

图 8.7-1　遗传算法基本流程

(2)产生初始种群。

初始种群是遗传算法的开始代,即第一代,遗传算法是以初始种群作为迭代的基础。一般采用随机的方式产生 N 个初始种群的个体,这 N 个个体就构成一个初始种群。一般种群可以表示为

$$Z = \{X_i \mid X_i = (x_{i1}, x_{i2}, \cdots, x_{ij}) \quad (i = 1, 2, \cdots, N)\} \tag{8.7-1}$$

式中,X_i 为染色体或者个体;$x_{ij}(j = 1, 2, \cdots, n)$ 为位或基因,有时也称为基因位。

若是实数编码,则 $x_{ij} \in (a_i, b_i)$;若是二进制编码,则 x_{ij} 取 0 或 1。

(3)适应度函数计算。

适应度函数是模拟自然选择,该函数的设计尤为关键,它是进行遗传进化操作的基础,它的选取将直接决定算法的收敛速度以及最终能否找到局部或全局最优解。遗传算法在整个搜索过程中以适应度函数为依据,通过适应度函数计算出每个个体的适应度值,利用每个个体的适应度值来进行搜索。遗传算法中最关键的不是评价解结构的好坏,而是确定解的适应度值,利用适应度这个概念来判断群体中每个个体在优化计算过程中可能达到或接近于最优解的优良程度。具有较高适应度的个体遗传到下一代的概率比较大,而适应度较低的个体遗传到下一代的概率相对小一些。因此,适应度函数要尽可能简单,即单值、非负、连续、最大化、具有一致性,以保证算法的时间复杂度最小、通用性最强。下面列出几种常见的适应度函数(假设有目标函数 $f(x)$,取 $C_{\min}, C_{\max}$,使得 $C_{\min} < \min\limits_{x}\{f(x)\}$,$C_{\max} > \max\limits_{x}\{f(x)\}$,$C_{\max} > 0$)。

①求目标函数 $f(x)$ 最大值问题。

如果目标函数 $f(x)$ 对应解 x 所对应的个体为 X,则可以定义个体 X 的适应度函数为

$$\mathrm{Fit}(X)=\begin{cases} f(X)-C_{\min} & f(X)>C_{\min} \\ 0 & \text{其他} \end{cases} \tag{8.7-2}$$

或

$$\mathrm{Fit}(X)=\frac{1}{C_{\max}-f(X)} \tag{8.7-3}$$

式中,$C_{\min}$ 为目标函数 $f(x)$ 的最小估计值;$C_{\max}$ 为目标函数 $f(x)$ 的最大估计值。

②求目标函数 $f(x)$ 最小值问题。

如果目标函数 $f(x)$ 对应解 x 所对应的个体为 X,则可以定义个体 X 的适应度函数为

$$\mathrm{Fit}(X)=\begin{cases} C_{\max}-f(X) & f(X)<C_{\max} \\ 0 & \text{其他} \end{cases} \tag{8.7-4}$$

或

$$\mathrm{Fit}(X)=\frac{1}{f(X)-C_{\min}} \tag{8.7-5}$$

式中,$C_{\min}$ 为目标函数 $f(x)$ 的最小估计值;$C_{\max}$ 为目标函数 $f(x)$ 的最大估计值。

(4)选择。

选择操作是遗传算法中对群体中的个体实施优胜劣汰的关键一步。选择操作完成后,适应度高的个体以较高的概率被遗传到下一个群体中,而适应度低的个体被遗传到下一代群体中的概率比较小。选择操作的主要任务就是按照某种方法或某种规则从父代群体中选取一些适应度比较高的个体遗传到下一代群体中。选择算子设计依赖选择概率,对个体 X_i 的选择概率定义为

$$P(X_i)=\frac{\mathrm{Fit}(X_i)}{\sum_{j=1}^{N}\mathrm{Fit}(X_j)} \quad (i=1,2,\cdots,N) \tag{8.7-6}$$

$P(X_i)$ 越大,个体 X_i 被选择遗传到下一代的概率就越大。

(5)交叉。

在自然界生物进化过程中起核心作用的是生物遗传基因的重组(加上变异)。同样,遗传算法中起核心作用的是遗传操作中的交叉算子。所谓交叉是指把两个父代个体的部分结构加以替换重组而生成新个体的操作。通过交叉,新群体中的个体具有多样性,原来种群中的优良个体的一些特性会保留下来,同时遗传算法的搜索能力也会得到飞速提高,扩大了解的整个搜索空间,并使个体所对应的解逐步逼近局部最优解。在使用遗传算法的过程中,交叉是非常重要的一环,因此设计交叉算子必须考虑下面三个问题。

①交叉概率 P_c 的确定。

②判别两个父代个体是否需要交叉。

③确定两个父代个体交叉的形式。

当两个父代个体进行交叉时,可选用的交叉形式比较多,具体采用何种交叉算子,需要根据实际问题来确定。

(6)变异。

变异算子的基本作用是对群体中的个体串的某些基因位上的基因值作变动,使得种群中的某些个体基因位产生突变,从而引入原有种群不含有的基因,形成新的个体。交叉算子是保证遗传算法的对应解逐步逼近局部最优解,而变异算子是使得遗传算法的对应解逼近全局最优解。遗传算法中,交叉算子因具备全局搜索能力而作为主要算子,变异算子因具备局部搜索能力而作为辅助算子。遗传算法通过交叉和变异这一对相互配合又相互竞争的操作而具备兼顾全局和局部的均衡搜索能力。所谓相互配合,是指当群体在进化中陷于搜索空间中某个超平面而仅靠交叉不能摆脱时,变异操作可帮助其摆脱;所谓相互竞争,是指当通过交叉已形成所期望的基因块时,变异操作有时可能会破坏这些基因块。变异算子设计时必须考虑如下三个问题。

①变异概率 P_m的确定。

②判别父代个体某个基因是否需要变异。

③对需要变异的基因采用何种形式变异。

变异概率 P_m取值一般在0.001 到0.01 之间。假设种群具有 n 个个体,且每个个体具有 N 个基因,在给定变异概率 P_m的情况下,需要变异的基因数为 $M = n \times N \times P_m$。一般来说,变异算子操作的基本步骤如下。

①事先设定变异概率 P_m。

②在群体中随机抽取个体 X_i以及在该个体的码串范围内随机地确定基因位 x_{ij}。

③产生一个随机数 r,其中 r 的取值在(0,1)区间内。

④如果 r 小于变异概率 P_m,则表示基因位 x_{ij}需要变异,否则不需要变异。

⑤重复②③④步骤,直到需要变异的基因数为 $M = n \times N \times P_m$时停止(一般情况下,一个个体变异基因数控制为最多一个是比较合理的)。

8.7.3 遗传算法在土木工程领域中的应用

随着智能技术在土木工程领域的应用逐渐增多,遗传算法在土木工程领域也发挥着至关重要的作用,主要应用于优化设计、检查检测、抗震设计、损伤识别、预测预报等。

在结构工程方面,遗传算法的应用尤为广泛,主要有:①优化设计,如:斜拉桥、悬索桥索力优化,桁架桥桥体结构优化、支护结构优化等;②损伤识别,如:钢筋混凝土结构损伤识别、简支梁桥结构损伤识别等;③检查检测,如:结构构件预应力快速检测、结构损伤检测、结构破损参数检测等。

在工程建设方面,遗传算法主要应用于:①优化设计,如:施工进度多目标优化、梁板式地下室顶板多目标优化等;②抗震设计,如:钢筋混凝土桥墩抗震设计、高层建筑结构抗震设计、无支撑框架离散变量的抗震优化设计等;③检查检测,如:桩基础质量检测、桩孔质量检测等。

在岩土工程方面,遗传算法主要应用于:①优化设计,如:地铁隧道上方基坑工程优化设计、重力式挡土墙优化设计、深基坑复合土钉支护优化设计、抗滑桩优化设计等;②隧道变形预测、隧道周围岩体变形预测、地铁隧道沉降预测等。

遗传算法不仅在土木工程领域中的应用广泛,还在水利工程、交通运输工程等领域发挥着重要作用。

8.8 决策树算法

8.8.1 方法简介

决策树(Decision Tree)是数据挖掘中最常用的一种分类方法,最早产生于20世纪60年代末。决策树类似于流程图的树形结构,树中包含三种节点类型:根节点、内部节点以及叶节点。决策树最上端为树的根,最下端为树的叶,以这种倒置的树形结构简单直观、形象生动地展现整个数据分类过程,因此深受数据分析人员的喜爱。根据使用情况不同,决策树有时也被称为分类树或回归树。决策树是以一组样本数据集为基础的一种归纳学习算法,该算法主要是从无次序、无规则的样本数据中推理出以决策树形式表示的分类规则。决策树模型简单、易于理解,且容易转变为SQL语句,能有效地访问数据库,在大多数情况下,决策树分类器与其他分类方法的准确度相近甚至更好。目前已形成了多种决策树算法,如ID3、CART、C4.5、SLIQ、SPRINT等。根据决策树的属性,主要可分为二叉树、多叉树、布尔决策树。决策树构造过程如图8.8-1所示。

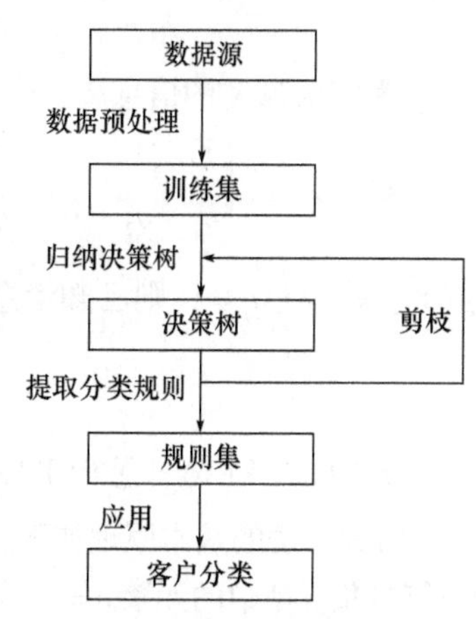

图8.8-1 决策树构造过程图

决策树的优点:①易于理解和实现,通过结合实际问题经过解释后的决策树所表达的意义理解起来非常容易;②对数据没有过多的要求,其他的算法对处理的数据要求比较严格,往往要求先对数据进行预处理,比如去掉多余的或者空白的属性;③处理的数据类型多样,能够同时处理数据型和常规型属性;④易于通过静态测试来对模型进行评测;⑤在相对短的时间内能够对大型数据源做出可行且效果良好的结果;⑥是一个白盒模型,如果给定一个观察的模型,那么根据其所产生的决策树很容易推出相应的逻辑表达式;⑦相对于其他数据挖掘算法,决策树处理速度较快,这主要是由于它的计算量相对较小,且较容易转化为分类规则,只要沿着树根向下一直走到叶节点,沿途的分裂条件就能够确定唯一一条分类规则;⑧挖掘出的分类规则准确性高,而且最终结果能够清晰地显示出哪些属性比较重要。

相对而言,决策树的缺陷:①灵活性不够,伸缩性差,由于进行深度优先搜索,算法受内存大小的限制,难以处理大训练集;②仅适用于离散型数据,对于连续型数据较难预测,必须先离散化后才能使用决策树;③对于时间序列数据,处理起来比较麻烦;④当将数据的类别划分得太多时,容易出现错误的分类。

8.8.2 常见的几种决策树算法

(1)ID3算法。

决策树算法中最早期的算法之一的ID3算法(Interative Dichotomic Version 3),是由Quinlan于1986年提出的。它起源于1966年由Hunt等人提出的概念学习系统CLS(Concept Learning System)。ID3算法主要是引入了信息论中的互信息,即信息增益作为决策属性判别能力的度量,进行决策结点属性的选择。

在ID3算法中用信息增益作为属性选择的标准,使得对每个非叶子节点测试时,能获得关于被测试例子最大的类别信息。使用该属性将训练样本集分成子集后,系统的熵值最小,期望该非叶子节点到各个后代叶节点的平均路径最短,生成的决策树的平均深度较小,从而提高分类的速度和准确率。ID3算法的目标是使用一系列测试将训练集迭代地划分为多个子集,使得每个子集中的对象尽量属于同一个类。由此引出信息源的信息熵与条件熵的定义如下。

定义1:设U是论域,$\{X_1,\cdots,X_n\}$是U的一个划分,其上有概率分布$p_1=P(X_i)$,则称

$$H(X) = -\sum_{i=1}^{n} P_i \log P_i \tag{8.8-1}$$

为信息源X的信息熵,其中对数取2为底,而当某个P_i为零时,则可以理解为$0\cdot\log0=0$。

定义2:设$\begin{Bmatrix} Y_1 & Y_2 & \cdots & Y_n \\ q_1 & q_2 & \cdots & q_n \end{Bmatrix}$是一个信息源,即$\{Y_1 \quad Y_2 \quad \cdots \quad Y_n\}$是$U$的另一个划分,$p(Y_j)=q_j,\sum_{j=1}^{n}q_j=1$,则已知信息源$X$是信息源$Y$的条件熵$H(Y|X)$为

$$H(Y|X) = \sum_{i=1}^{n} P(X_i)H(Y|X_i) \tag{8.8-2}$$

式中,$H(Y|X)=\sum_{i=1}^{n}P(Y_j|X_i)\log P(Y_j|X_i)$为事件$X_i$发生时的信息源$Y$的条件熵。

ID3算法的基本原理如下。设$E=F_1\times F_2\times\cdots\times F_n$是$n$维有穷向量空间,其中$F_i$是有穷离散符号集。$E$中的元素$e=\{V_1,V_2,\cdots,V_n\}$称为样本空间的例子,其中$V_j\in F_i(j=1,2,\cdots,n)$。为简单起见,假定样本例子在真实世界中仅有两个类别,在这种两个类别的归纳任务中,PE和NE是实体分别称为概念的正例和反例。假设向量空间E中的正、反例集的大小分别为P、N,由决策树的基本思想,ID3算法的实现是基于如下两种假设:

①在向量空间E上的一棵正确的决策树对任意样本集的分类概率同E中的正、反例的概率一致。

②根据定义2,一棵决策树对一样本集做出正确分类,所需信息熵为

$$I(P,N) = -\frac{P}{P+N}\log\frac{P}{P+N} - \frac{N}{P+N}\log\frac{N}{P+N} \tag{8.8-3}$$

如果选择属性A作为决策树的根,A取V个不同的值$\{A_1,\cdots,A_V\}$,利用属性A可以将E划分为V个子集$\{E_1,\cdots,E_V\}$,其中$E_i(1\leqslant i\leqslant V)$包含了$E$中的属性$A$取$A_i$值的样本数据,假设$E_i$中含有$p_i$个正例和$n_i$个反例,那么子集$E_i$所需要的期望信息是$I(p_i,n_i)$,以属性$A$为根,所需要的期望熵为

$$E(A) = -\sum_{i=1}^{V}\frac{P_i+n_i}{P+N}I(p_i,n_i) \tag{8.8-4}$$

式中,$I(p_i,n_i)=\frac{p_i}{p_i+n_i}\log\frac{p_i}{p_i+n_i}-\frac{n_i}{p_i+n_i}\log\frac{n_i}{p_i+n_i}$。

以A为根的信息增益为:

$$\mathrm{Gain}(A) = T(P,N) - E(A) \tag{8.8-5}$$

ID3算法为了选择获得最多信息的分支属性,对所有候选属性进行检查并选择A作为

Gain(A)的增益最大化,以此形成树,然后递归地使用相同的过程来形成决策树。

(2)C4.5算法。

Quinlan于1993年在其*Programs for Machine Learning*一书中,对ID3算法进行了补充和改进,提出了C4.5算法。在应用单机的决策树算法中,C4.5算法不仅分类准确率高,而且速度快。与ID3算法不同,C4.5算法挑选具有最高信息增益率的属性作为测试属性。对于样本集X,假设变量a有m个属性,属性值为$a_1,a_2,\cdots,a_m$。对应a取值,a_i出现的样本个数为n_i。若n是样本的总数,则应有$n_1+n_2+\cdots+n_m=n$。Quinlan利用属性a的信息熵$H(X,a)$定义为了获取样本关于属性a的信息所需要付出的代价,即

$$H(X,a)=-\sum_{i=1}^{m}P(a_i)\log_2 P(a_i)\approx-\sum_{i=1}^{m}\frac{n_i}{n}\log_2\frac{n_i}{n} \tag{8.8-6}$$

信息增益率(简称"增益率")定义为平均互信息与获取a信息所付出代价的比值,即

$$E(X,a)=\frac{I(X,a)}{H(X,a)} \tag{8.8-7}$$

即信息增益率定义为平均互信息与获取a信息量不确定性度量。以信息增益率作为测试属性的选择标准,是选择$E(X,a)$最大的属性a作为测试属性。

C4.5算法基于ID3算法的改进:

①一些样本的某些属性值可能为空,在构建决策树时,可以简单地忽略缺失的属性。为了对一个具有缺失属性值的记录进行分类,可以基于已知属性值的其他记录来预测缺失的属性值。

②C4.5算法不仅可以处理离散属性,还可以处理连续属性。基本思想是基于训练样本中元组的属性值将数据划分在一些区域。

③增加了剪枝算法,在C4.5算法中,有两种基本的剪枝策略:子树替代法剪枝,指用叶节点替代子树;子树上升法剪枝,指用一棵子树中最常用的子树来代替这棵子树。

④分裂时,ID3算法偏袒具有较多值的属性,因而可能导致过拟合,而信息增益率函数可以弥补这个缺陷。

(3)CART算法。

CART算法(Classification and Regression Tree)可以处理高度倾斜或多态的数值型数据,也可处理顺序或无序的类属型数据。这种算法与ID3、C4.5算法最大的不同是选择具有最小基尼指数值的属性作为测试属性。该算法采用二分递归分割技术,将当前样本集分为两个子样本集,使得生成的决策树的每个非叶子节点都有两个分支。因此,CART算法生成的决策树是二叉树。在ID3和C4.5算法中,当确定作为某层树节点的变量属性取值较多时,按每一属性值引出一个分支进行递归算法,就会出现引出的分支数过多的情况,对应的算法次数也多,使得决策树建树算法速度过于缓慢。为了减少每个节点的分支数,提高决策算法的效率,Breiman、Friedman和Olshen等在1984年提出了该算法。该算法与ID3算法一样以平均互信息作为分裂属性的度量标准,并以此来选择最佳的划分属性,但它与ID3算法的不同在于每个子类生成一个子节点的时候,CART算法只产生两个分支,同时根据最佳的划分节点完成子树的划分。

在每一步操作中都要查找并决定最好的划分节点,假设在某步操作中t作为测试属性变量,t具有n个属性值$s_1,s_2,\cdots,s_n$,若要实现从这n个属性值中选取一个属性值作为分裂节点,

保证引出的两个分支对整个样本集分类结果最佳,则可以通过下列公式来计算:

$$\phi\left(\frac{s_0}{t}\right)=\max_i\left\{\phi\left(\frac{s_i}{t}\right)\right\} \tag{8.8-8}$$

式(8.8-8)中

$$\phi\left(\frac{s}{t}\right)=2P_{\mathrm{L}}P_{\mathrm{R}}\sum_{j=1}^{m}\left|P\left(\frac{C_i}{t_{\mathrm{L}}}\right)-P\left(\frac{C_i}{t_{\mathrm{R}}}\right)\right| \tag{8.8-9}$$

式(8.8-9)主要用于度量在节点 t 的 s 属性值引出两个分支时,两个分支出现的可能性以及两个分支每个分类结果出现的可能性差异大小。当 $\phi\left(\frac{s}{t}\right)$ 比较大时,表示两个分支分类结果出现的可能性差异大,即分类不均匀。特别是,当一个分支完全含有同一个类别的结果的样本而另一分支不含有时,差异最大,这种情况越早出现越有利,表示利用越少的节点可以越快地获得分类结果。式(8.8-9)中的 L 和 R 是指树中当前节点的左子树和右子树。其中 P_{L} 和 P_{R} 分别指在训练集(样本集)中的样本在树的左边和右边的概率,具体定义为

$$P_{\mathrm{L}}=\frac{\text{左子树中的样本数}}{\text{样本总数}} \tag{8.8-10}$$

$$P_{\mathrm{R}}=\frac{\text{右子树中的样本数}}{\text{样本总数}} \tag{8.8-11}$$

$$P\left(\frac{C_i}{t_{\mathrm{L}}}\right)=\frac{\text{左子树属于 } C_i \text{ 类的样本数}}{t_{\mathrm{L}}\text{ 节点样本数}} \tag{8.8-12}$$

$$P\left(\frac{C_i}{t_{\mathrm{R}}}\right)=\frac{\text{右子树属于 } C_i \text{ 类的样本数}}{t_{\mathrm{R}}\text{ 节点样本数}} \tag{8.8-13}$$

利用 CART 算法处理数据集分类时,当生成的决策树中某一分支结点上的子数据集的类分布大致属于一类时,就可以利用多数表决的方式,将绝大多数记录所代表的类作为该节点的类标识,停止对该节点的继续拓展,该节点变成叶节点。重复上述的过程,直至生成最终满足要求的决策树。

8.8.3 决策树算法在土木工程领域中的应用

决策树算法在土木工程领域中的应用也相对较多,主要有预测预报、计划编制、风险评估、成本管理、制定决策等。

在工程建设方面,决策树算法主要用于:①预测预报,如:隧道掘进速度预测、公路建设进度预测等;②计划编制,如:道路路面建设计划编制,道路维修计划编制等;③风险评估,如:山区道路建设地质灾害风险评估、地铁基坑塌方风险评估等;④成本管理,如市政工程造价管理等。

在岩土工程方面,决策树算法主要用于:①预测预报,如岩爆烈度预测、抗滑桩破坏概率预测等;②制订决策,如地铁施工隧道掘进方案制订等。

除此之外,决策树算法在交通运输工程、建筑学、结构工程等领域也有较多应用。

8.9 关联规则算法

8.9.1 方法简介

关联规则(Association Rules)是由美国 IBM Almaden Research Center 的 Agrawal 等于 1993 年首先提出的 KDD 研究中的一个重要课题。关联规则分析最早用来确定事务数据库中事务项之间的关联关系,这种关系是在支持度和置信度约束下的布尔型关联关系。在自然科学领域,更多是需要研究与确定数据项(属性)间的关联关系,而这种关系是不能够用线性或非线性函数关系来表达的,只能用在一定约束条件下的量化关联规则来表达。关联规则挖掘就是查找事务数据库中不同商品之间是否存在某种关联关系。通过这些规则找出顾客购买行为模式,如购买了某一商品对购买其他商品的影响。这样的规则可以应用于商品货架设计、存货安排以及根据购买模式对用户进行分类。

关联规则相关定义以及基本概念如下。

(1)关联规则。

给定一组项集 $I=\{i_1,i_2,\cdots,i_k\}$ 和一个事务数据库 $D=\{t_1,t_2,\cdots,t_k\}$,其中 $t_i=\{i_{i1},i_{i2},\cdots,i_{ik}\}$。关联规则是形如 $A\Rightarrow B$ 的蕴涵式,其中 $A\subset I,B\subset I,A\cap B=\varnothing$。关联规则 $A\Rightarrow B$ 在事务集 D 中成立,具有支持度 α,α 是 D 中事务包含 $A\cup B$(即 A 和 B 二者)的百分比,记为 $P(A\cup B)$。

(2)支持度。

关联规则 $A\Rightarrow B$ 在事务集 D 中成立,具有支持度 α,支持度是事务集同时包含 A 和 B 的百分比,记为 $\text{Supp}(A\Rightarrow B)$,即

$$\text{Supp}(A\Rightarrow B)=\text{Supp}(A\cup B)=P(A\cup B) \tag{8.9-1}$$

支持度反映了 A 和 B 中所含的项在事务集中同时出现的概率。

(3)置信度。

关联规则 $A\Rightarrow B$ 在事务集 D 中具有置信度 β,置信度是事务集 D 中包含事务 A 同时也包含事务 B 的百分比,记为 $\text{Conf}(A\cup B)$,即

$$\text{Conf}(A\Rightarrow B)=P(B|A)=\frac{\text{support-count}(A\cup B)}{\text{support-count}(A)} \tag{8.9-2}$$

式中,$\text{support-count}(A\cup B)$ 是包含项集 $(A\cup B)$ 的事务数;$\text{support-count}(A)$ 是包含项集 (A) 的事务数。

(4)项集(Item-set)与项集的频率。

项的集合称为项集,包含数据项数目为 k 的项集称为 k-项集。项集的出现频率即包含项集的事务数,简称项集的频率、支持率或计数。

(5)频繁项集(Frequent Item-set)。

如果项集出现的频率大于或等于最小支持度,即满足最小支持度阈值(Min-sup),则称它为频繁项集。频繁 k-项集的集合通常记为 L_k。

(6)强规则。

同时满足最小支持度阈值和最小置信度阈值(Min-conf)的规则称作强规则。关联规则挖掘的任务就是在事务集 D 中找出满足用户给定的最小支持度和最小置信度的强关联规则。

8.9.2 常见的几种关联规则算法

1993 年,Agrawal 等在提出关联规则概念的同时给出了相应的挖掘算法 AIS,但是其性能较差。1994 年,他们建立了项目集格空间理论,并依据上述两个定理,提出了著名的 Apriori 算法,至今 Apriori 算法仍然作为关联规则挖掘的经典算法被广泛讨论,以后诸多的研究人员对关联规则的挖掘问题进行了大量的研究。下面将重点介绍 Apriori 算法、FP-Growth 算法以及基于 Apriori 算法的改进算法——DHP 算法和 Sampling 算法。

1. Apriori 算法

Apriori 算法的核心思想就是以概率为基础由少到多,从简单到复杂的循序渐进的方式从数据集中挖掘出所有频繁项集并利用概率的表示形成关联规则。该算法的实现建立在两个基本原则之上:频繁项集的子集必为频繁项集;非频繁项集的子集一定是非频繁项集。该算法的实现分两步:第一步,通过迭代,检索出数据集中所有的频繁项集;第二步,通过引入一些经验或经过数学证明的判定条件,利用频繁项集构造出满足用户最小信任度的规则。第一步称为连接过程,即通过 k 项频繁项集构建 $k+1$ 项频繁项集;第二步称为剪枝过程,目的是提高算法的效率,避免一些不必要的计算步骤。

Apriori 算法的基本过程:

(1)设定最小支持度和最小置信度。

(2)扫描整个数据集合 D,计算出各个 1-项集的支持度,从而得到频繁 1-项集构成的集合,记为 L_1。

(3)将频繁 1-项集两两进行连接,产生候选的 2 项集合 C_2。

(4)再次扫描整个数据集合 D,计算出候选的 2 项集合 C_2的支持度,并与设定的最小支持度进行比较,确定频繁 2-项集集合 L_2。

(5)重复(3)(4)步骤,得到频繁 3-项集集合 L_3,频繁 4-项集集合 L_4,……,直到不再结合产生出新的候选项集。

2. FP-Growth 算法

FP-Growth(Frequent Pattern Growth)算法由韩家炜等人于2000 年提出,能够在不产生候选项集的情况下产生所有的频繁项集。其采用了一个两步骤分而治之的策略:首先将数据库压缩为一棵频繁模式树(FP-Tree),同时保留项集的相关信息;然后将压缩后的数据库分成一组条件数据库,每个条件数据库关联一个频繁项,再分别对它们进行挖掘。该算法最大的优点是只需要扫描数据库两次,整个过程不使用候选项集。

FP-Growth 算法的基本过程:

(1)从优先度最低的项目开始,从 FP-Tree 获取条件模式基。条件模式基是以所查找元素项为结尾的路径集合,表示所查找的元素项与树根节点之间的所有内容。利用条件模式基,构建关于该项目的条件频繁树。

(2)对于条件频繁树,根据最小支持度,进行剪枝,删除小于最小支持度的节点。

(3)对经过剪枝后的条件频繁树提取频繁集,得到所有包含该项目的频繁集。

(4)按照优先度的逆序,选择下一个项目,重复步骤(1)~(3),找到全部包含该项目的频繁集。

(5)直到找到全部包含优先度最高的项目的频繁集,算法结束。

3. DHP 算法

在 Apriori 算法的推导过程中,都是从单一项目开始,先组合出所有可能的候选项集,再从这些候选项集中找出真正的频繁项集,而下一层的候选项集就是将上一层的频繁项集排列组合,再重新分析,如此循环,所以当重复 n 层之后,就会出现 $n+1$ 层的频繁项集。其最大的问题就是每个候选项集都必须经过上一层的频繁项集排列组合而成,再将所有的候选项集与数据库比对以计算其支持度,效能将会随着候选项集数量的增加而降低,往往在第二层的过程中就几乎消耗掉所有的执行成本,所以候选项集的数量是影响效能的关键,减少候选项集就能减少比对的次数,所需要的时间就能减少。DHP 算法以 Apriori 算法为基础,引入了 hash 表的结构,并根据统计学上的定理,将其转换为非频繁项集的删选机制,减少执行过程中不必要的项集的数量,降低所需要的计算成本,从而有效提升挖掘关联规则的效率。

DHP 算法的具体步骤:

(1)利用频繁 1-项集对第二层的候选项集建立 hash 表。

(2)根据 hash 表所产生的候选项集,筛选出频繁项集,再利用频繁项集削减数据库的大小。

(3)产生频繁 2-项集之后,以后的步骤就与 Apriori 算法相同,直到无法再产生更高层次的频繁项集。

4. Sampling 算法

挖掘频繁项集需要花费很多时间的主要原因在于数据库中的数据量过于庞大,以及需要多次扫描数据库,如果能够有效地减少所需要处理的数据量便可提高挖掘的效率。Toivonen 在 1996 年提出 Sampling 算法,他希望利用抽样方式从原始数据库中抽取样本,以便直接存储在内存中,再针对样本数据库挖掘频繁项集,以减少挖掘时间。这是因为样本体积比原始数据库小了许多,所以可以快速挖掘出频繁项集。采用抽样技术产生的样本数据必定含有抽样误差,所以 Toivonen 提出利用降低最小支持度以避免遗漏频繁项集。Toivonen 提出的抽样算法是利用单纯随机抽样法来进行抽样的动作,由于样本数据库所含的数据量较少,所以能借此针对样本数据进行挖掘以减少原本所需要耗费的时间,提高挖掘效率。Sampling 算法具有简单快速的特点,但由于单纯随机抽样法实施时不会对抽样方法做任何限制,所以比较容易发生数据扭曲,数据扭曲严重的话,会使样本数据库不具有代表性,从而导致用样本数据库挖掘出来的频繁项集与用原始数据库挖掘出来的结果不符。另外,在抽样算法中,降低最小支持度的方式虽然可以避免频繁项集的遗漏,但是会使不应被看作频繁项集的候选项集被当作频繁项集,此种情况将会对后续的关联规则挖掘带来严重影响。

8.9.3 关联规则算法在土木工程领域中的应用

关联规则算法在土木工程领域中的应用主要有危险源预测、施工监测、事故影响因素分析与预警等。

在建设工程方面,关联规则算法可以用于:①危险源预测,如:施工人员不安全行为预测、施工场地危险源预测等;②施工监测,如:地铁基坑工程施工风险监测、房屋建设工程施工风险监测等;③事故影响因素分析与预警,如:地铁施工危险预警,道路施工路面损坏影响因素分析等。

此外在岩土工程中,关联规则算法在对岩体滑坡的预测及分析可能造成岩体滑坡的因素方面也有着广泛的应用。

8.10 贝叶斯分类算法

8.10.1 方法简介

贝叶斯分类是基于贝叶斯原理的一种分类方法。贝叶斯原理最早在1763年由英国学者Thomas Bayes提出,是贝叶斯学习方法的理论基础,其将事件的先验概率、后验概率以及训练样本数据巧妙地联系起来。贝叶斯方法使用概率表示所有形式的不确定性,学习或推理都用概率规则来实现,学习的结果也表示为随机变量的概率分布,学习结果的概率可以解释为观测者对不同事件的信任程度。不确定性常用贝叶斯概率表示,它是一种主观概率。通常的经典概率代表事件的物理特性,是不随人意识变化而客观存在的。而贝叶斯概率则基于人的认识,是个人主观的估计,随个人的主观认识的变化而变化。贝叶斯分类的特点主要包括:①能够进行增量学习(图8.10-1);②能够结合先验知识和样本数据;③具有不确定性知识表达能力。

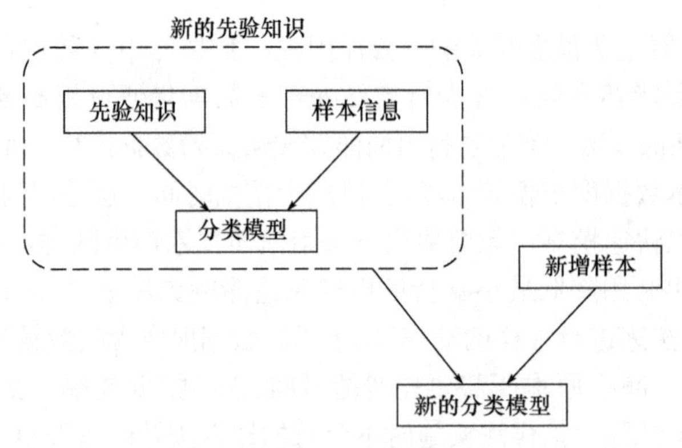

图8.10-1 增量学习

8.10.2 贝叶斯分类器

分类是机器学习、模式识别和数据挖掘的基本任务,其目标是根据训练数据样本构造一个分类器,对由属性集描述的实例指定最适合的类标签。贝叶斯分类是一种统计分类方法,它以贝叶斯定理为理论基础,给出样本数据属于每个类的概率值。采用贝叶斯方法进行学习和问题求解,主要包括以下步骤:①定义随机变量 A;②确定随机变量 A 的先验分布;③利用贝叶斯定理计算随机变量 A 的后验分布;④根据计算得到的后验概率,完成学习或求解任务。通常把这种基于贝叶斯方法构造的分类模型称为贝叶斯分类器。贝叶斯分类器的分类原理是先获得某对象的先验概率，然后利用贝叶斯公式计算出其后验概率，即该对象属于某一类的概率，选择具有最大后验概率的类作为该对象所属的类。先验概率可以通过对已有数据归纳学习或专家经验等方式获得。本节主要介绍三种典型的贝叶斯分类器。

1. 贝叶斯最优分类器

给定训练数据集 B，分类模型空间 A 中与 B 匹配的分类模型常常并不唯一。此外，尽管我们总是假设 B 与问题空间 W 满足相同的分布，即所谓的一致性假设，但是，在大多数情况下，由于观察能力的限制，通常只能获得 W 的一个真子集，样本集合在统计上不能满足一致性假设，因此，合并与 B 匹配的多个分类模型的预测结果，应该能获得更好的分类性能。贝叶斯最优分类器采用的正是这种思想，即将所有分类模型的预测结果，用后验概率加权，得到新实例的最可能的分类值。如果新实例的可能分类值是类标签集合 $C=\{c_1,c_2\cdots,c_n\}$ 的任一值 c_i，那么，概率 $P(c_i|B)$ 表示将新实例分为类 c_i 的概率，即

$$P(c_i|B)=\sum_{h_j\in A}P(c_i|a_j)P(a_j|B) \tag{8.10-1}$$

选择使概率 $P(c_i|B)$ 最大的类 c_i 为新实例最可能的类值，即

$$\underset{c_i\in V}{\operatorname{argmax}}=\sum_{h_j\in A}P(a_i|a_j)P(a_j|B) \tag{8.10-2}$$

由式(8.10-2)确定的分类系统就是著名的贝叶斯最优分类器。

在给定训练数据、分类模型空间以及分类模型的先验概率的条件下，贝叶斯最优分类器是所有分类方法中对新实例正确分类的最好分类器。尽管贝叶斯最优分类器能从给定的训练数据中获得最好的分类性能，但是，贝叶斯最优分类器归纳出的决策边界常常相当复杂，使用时算法的开销很大，难以进行实际使用。此外，联合概率分布的估计值对训练数据中噪声特别敏感，这就意味着决策边界对噪声也同样敏感。作为贝叶斯最优分类器的简化，Opper 提出了 Gibbs 算法。当对一个新实例分类时，Gibbs 算法简单地根据当前的后验概率分布，使用随机抽取的假设进行分类。Haussler 证明，在一定条件下，Gibbs 算法误分率的期望值可能达到贝叶斯最优分类器的两倍。这个研究结果表明，如果学习器假定分类模型空间 A 有均匀的先验概率，且目标概念实际上也按该分布抽取，那么，当前假设空间中随机抽取的假设对新实例分类的期望误差最多为贝叶斯最优分类器的两倍。

2. 朴素贝叶斯分类器

在贝叶斯分类器诸多算法中，朴素贝叶斯分类器(Naive Bayes Classifier)模型是最早的。它的算法逻辑简单，结构也比较简单，运算速度比同类算法快很多，分类所需的时间也比较短，并且大多数情况下其分类精度也比较高，因而在实际中得到了广泛的应用。该分类器有一个朴素的假定：以属性的类条件独立性假设为前提，即在给定类别状态条件下，属性之间是相互独立的。朴素贝叶斯分类器结构示意图如图 8.10-2 所示。

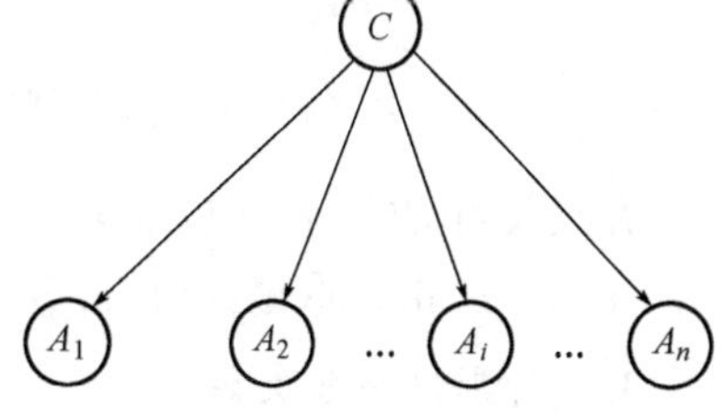

图 8.10-2 朴素贝叶斯分类器结构示意图

朴素贝叶斯分类模型假定特征向量的各分量间相对于决策变量是相互独立的，也就是各分量独立作用于决策变量。尽管这一假定在一定程度上

限制了朴素贝叶斯分类模型的使用范围,但在实际应用中,大大降低了贝叶斯网络构建的复杂性。朴素贝叶斯分类模型已成功地应用到聚类、分类等数据挖掘任务中。

朴素贝叶斯分类器工作过程描述如下:

(1)每一个待分类的实例样本元组数据都是由一个类 c_j 和一组 m 维特征向量 $\boldsymbol{x}=(a_1, a_2,\cdots,a_m)$ 组成的。

(2)假设存在着 n 个类 $c_1,c_2,\cdots,c_n$,已知现有一个实例样本 x,但是不知道它属于哪一个类别,此时,可以使用朴素贝叶斯分类算法来预测该实例样本 x 应归于哪一类。

当且仅当 $P(c_j|x)>P(c_i|x)(1\leqslant j\leqslant n,1\leqslant i\leqslant n,j\neq i)$ 时,朴素贝叶斯分类器会自动地将该实例样本 x 划分到 c_j 类中。其中

$$P(c_j|x)=\frac{P(x|c_j)P(c_j)}{P(x)} \tag{8.10-3}$$

(3)在概率的计算过程中,都是针对同一个实例样本进行概率的比较,所以分母 $P(x)$ 是固定不变的,为了减少计算量,只要简单地对分子 $P(x|c_j)P(c_j)$ 进行计算,并取最大值。一般情况下,各类的先验概率 $P(c_j)$ 可以由频率估算,即 $P(c_j)=s_j/s$,其中 s_j 是所有训练实例样本中类别为 c_j 的个体总数,s 是所有训练实例样本的总数量。若是无法估算或是事先不知道,通常默认这些类的概率相等,即 $P(c_1)=P(c_2)=\cdots=P(c_n)$,因此只需要将 $P(x|c_j)$ 最大化。

(4)假设待分类项的所有特征属性之间互不相容,即彼此之间相互排斥,没有任何依赖关系。对于公式

$$P(x|c_j)=\prod_{k=1}^{m}P(a_k|c_j) \tag{8.10-4}$$

式中,a_k、c_j 均为训练实例样本中的样本个数。

概率 $P(a_1|c_j),P(a_2|c_j),\cdots,P(a_m|c_j)$,可以从训练样本数据集中获取。

如果 a_k 的属性值是离散型的,则 $P(a_k|c_j)=s_{jk}/s_j$,其中 s_j 是所有训练实例样本中类为 c_j 的样本个数,s_{jk} 表示训练实例样本集中类为 c_j 的特征属性为 a_k 的样本个数。

如果 a_k 的属性值是连续型的,通常情况下采用高斯分布来计算,即

$$P(a_k|c_j)=g(a_k,\mu_{c_j},\sigma_{c_j})=\frac{1}{\sqrt{2}\pi\sigma_{c_j}}\mathrm{e}^{\frac{(a_k-\mu_{c_j})^2}{2\sigma_{c_j}{}^2}} \tag{8.10-5}$$

式中,$g(a_k,\mu_{c_j},\sigma_{c_j})$ 为属性 a_k 的高斯密度函数;μ_{c_j}、σ_{c_j} 分别为训练实例样本集中属于类 c_j 的 a_k 属性值的平均值及标准差。

对预先不知道其类别的测试实例样本进行分类,需要另外计算 $P(x|c_j)P(c_j)$,即

$$P(x|c_j)P(c_j)=P(c_j)\prod_{k=1}^{m}P(a_k|c_j) \tag{8.10-6}$$

并且仅当 $P(x|c_j)P(c_j)>P(x|c_i)P(c_i)$,其中 $1\leqslant j\leqslant n,1\leqslant i\leqslant n,j\neq i$ 时成立,也就是当 $P(x|c_j)P(c_j)$ 的值取最大时,待分类实例样本 x 属于 c_j 类。

3. 贝叶斯网络分类器

贝叶斯网络分类器(Bayesian Network Classifer)是结合概率论和图论的概率模型。作为概率模型,一个基本的假设是兴趣的数量取决于概率分布,同时最优决策可以通过对它们的概率

与观测数据推理得到。贝叶斯网络分类器不仅有严密的概率基础，还有直观上很有吸引力的界面，所以在数据挖掘与机器学习的算法设计与分析中起着越来越重要的作用。

贝叶斯网络分类器有两种类型：增强的朴素贝叶斯网络分类器(Augmented Naive Bayesian network Classifier, ANB)和一般的贝叶斯网络分类器(general Bayesian network classifier, GBN)。GBN的学习算法不加区分地对待类节点和属性节点，因此，只有类节点的"马尔可夫链"中的属性节点参与分类，其他属性均被忽略；ANB将类节点作为一个特殊的节点，它与每个属性节点都有关联，也就是说，所有属性节点都在类节点的"马尔可夫链"中。ANB可以看作是GBN的特殊结构，它的学习算法只需在属性节点之间确定条件独立性关系，所有属性节点都参与分类。

贝叶斯网络分类器使用联合概率的最优压缩展开式进行分类，能够充分利用属性变量之间的依赖关系，提高分类能力。由于去除了条件概率中的冗余变量，有效地降低了条件概率的维数，使分类器具有较高的效率。

贝叶斯网络分类器也可以定义为对概率分布 $p(x_1,\cdots,x_n,c)$，称使用

$$\underset{c(x_1,\cdots,x_n)}{\operatorname{argmax}}\left\{p(c\mid\pi_c)\prod_{i=1}^{n}p(x_i\mid\pi_i,G_B)\right\} \tag{8.10-7}$$

对变量 C 进行预测的分类器，其中 G_B 表示变量 $C,x_1,\cdots,x_n$ 的贝叶斯网络结构，π_c 是类变量 C 父结点集 $\prod c$ 的配置，π_i 是属性变量 x_i 父节点集 $\prod_i$ 的配置。

贝叶斯网络分类器结构也就是由 $C,x_1,\cdots,x_n$ 构成的贝叶斯网络结构，其一种具有13个属性的贝叶斯网络分类器结构示意如图8.10-3所示。

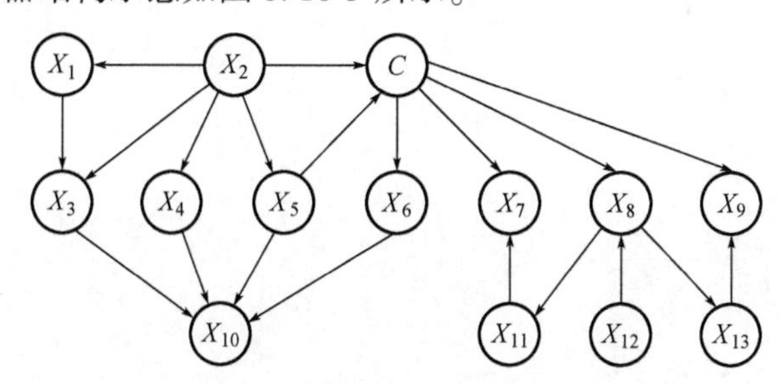

图8.10-3 贝叶斯网络分类器结构示意图

根据图8.10-3得到的贝叶斯网络分类器表示形式为

$$\begin{aligned}\underset{c(x_1,\cdots,x_{13})}{\operatorname{argmax}}\left\{p(c)\prod_{i=1}^{13}p(x_i\mid\pi_i,c)\right\} = & p(x_1\mid x_2)p(x_2)p(x_3\mid x_1,x_2)\times \\ & p(x_4\mid x_2)p(x_5\mid x_2)p(x_6\mid c)p(x_7\mid x_{11},c)p(x_8\mid x_{12},c)p(x_9\mid x_{13},c)\times \\ & p(x_{10}\mid x_3,x_4,x_5,x_6)p(x_{11}\mid x_8)p(x_{12})p(x_{13}\mid x_8)p(c\mid x_2,x_5)\end{aligned} \tag{8.10-8}$$

贝叶斯网络分类器继承了贝叶斯分类器的最优性，能够基于贝叶斯网络进行联合概率分解，因此可避免贝叶斯分类器的指数复杂性问题。但贝叶斯网络分类器可能存在无关和冗余属性变量，这样易导致对数据的过度拟合，并且其抗噪声能力也有待提高。

8.10.3 贝叶斯分类算法在土木工程领域中的应用

近年来，贝叶斯分类算法在土木工程领域中的应用已经越来越广泛，主要有风险评估、风险管理、不确定性分析、施工进度预测等。

在建设工程方面,贝叶斯分类算法可以用于:①风险评估,如桥梁施工、隧道施工等;②风险管理,如地铁施工、房屋建筑施工等;③故障诊断,如运输路线道路分叉故障诊断、复式交通分叉道路故障诊断等。

在岩土工程方面,贝叶斯分类算法可以用于:①边坡失稳概率评估,如桩锚支护边坡失稳可能性评估、土质边坡稳定性评价等;②基坑开挖评估及基坑坍塌风险预测,如地下厂房开挖进度预测、地铁深基坑坍塌可能性评价等。

此外,贝叶斯分类算法还应用于结构工程、盾构隧道、道路交通等土木工程领域。

附　表

附表1　标准正态分布表

$$\Phi(x)=\int_{-\infty}^{x}\frac{1}{\sqrt{2\pi}}e^{-u^2/2}du=P\{X\leq x\}$$

x	0	1	2	3	4	5	6	7	8	9
0.0	0.5000	0.5040	0.5080	0.5120	0.5160	0.5199	0.5239	0.5279	0.5319	0.5359
0.1	0.5398	0.5438	0.5478	0.5517	0.5557	0.5596	0.5636	0.5675	0.5714	0.5753
0.2	0.5793	0.5832	0.5871	0.5910	0.5948	0.5987	0.6026	0.6064	0.6103	0.6141
0.3	0.6179	0.6217	0.6255	0.6293	0.6331	0.6368	0.6406	0.6443	0.6480	0.6517
0.4	0.6554	0.6591	0.6628	0.6664	0.6700	0.6736	0.6772	0.6808	0.6844	0.6879
0.5	0.6915	0.6950	0.6985	0.7019	0.7054	0.7088	0.7123	0.7157	0.7190	0.7224
0.6	0.7257	0.7291	0.7324	0.7357	0.7389	0.7422	0.7454	0.7486	0.7517	0.7549
0.7	0.7580	0.7611	0.7642	0.7673	0.7703	0.7734	0.7764	0.7794	0.7823	0.7852
0.8	0.7881	0.7910	0.7939	0.7967	0.7995	0.8023	0.8051	0.8078	0.8106	0.8133

续上表

x	0	1	2	3	4	5	6	7	8	9
0.9	0.8159	0.8186	0.8212	0.8238	0.8264	0.8289	0.8315	0.8340	0.8365	0.8389
1.0	0.8413	0.8438	0.8461	0.8485	0.8508	0.8531	0.8554	0.8577	0.8599	0.8621
1.1	0.8643	0.8665	0.8686	0.8708	0.8729	0.8749	0.8770	0.8790	0.8810	0.8830
1.2	0.8849	0.8869	0.8888	0.8907	0.8925	0.8944	0.8962	0.8980	0.8997	0.9015
1.3	0.9032	0.9049	0.9066	0.9082	0.9099	0.9115	0.9131	0.9147	0.9162	0.9177
1.4	0.9192	0.9207	0.9222	0.9236	0.9251	0.9265	0.9278	0.9292	0.9306	0.9319
1.5	0.9332	0.9345	0.9357	0.9370	0.9382	0.9394	0.9406	0.9418	0.9430	0.9441
1.6	0.9452	0.9463	0.9474	0.9484	0.9495	0.9505	0.9515	0.9525	0.9535	0.9545
1.7	0.9554	0.9564	0.9573	0.9582	0.9591	0.9599	0.9608	0.9616	0.9625	0.9633
1.8	0.9641	0.9648	0.9656	0.9664	0.9671	0.9678	0.9686	0.9693	0.9700	0.9706
1.9	0.9713	0.9719	0.9726	0.9732	0.9738	0.9744	0.9750	0.9756	0.9762	0.9767
2.0	0.9772	0.9778	0.9783	0.9788	0.9793	0.9798	0.9803	0.9808	0.9812	0.9817
2.1	0.9821	0.9826	0.9830	0.9834	0.9838	0.9842	0.9846	0.9850	0.9854	0.9857
2.2	0.9861	0.9864	0.9868	0.9871	0.9874	0.9878	0.9881	0.9884	0.9887	0.9890
2.3	0.9893	0.9896	0.9898	0.9901	0.9904	0.9906	0.9909	0.9911	0.9913	0.9916
2.4	0.9918	0.9920	0.9922	0.9925	0.9927	0.9929	0.9931	0.9932	0.9934	0.9936
2.5	0.9938	0.9940	0.9941	0.9943	0.9945	0.9946	0.9948	0.9949	0.9951	0.9952
2.6	0.9953	0.9955	0.9956	0.9957	0.9959	0.9960	0.9961	0.9962	0.9963	0.9964
2.7	0.9965	0.9966	0.9967	0.9968	0.9969	0.9970	0.9971	0.9972	0.9973	0.9974
2.8	0.9974	0.9975	0.9976	0.9977	0.9977	0.9978	0.9979	0.9979	0.9980	0.9981
2.9	0.9981	0.9982	0.9982	0.9983	0.9984	0.9984	0.9985	0.9985	0.9986	0.9986
3.0	0.9987	0.9990	0.9993	0.9995	0.9997	0.9998	0.9998	0.9999	0.9999	1.000

附表2　*t* 分布表

$$P\{t(n) \geqslant t_{\alpha}(n) = \alpha\}$$

n	α					
	0.25	0.10	0.05	0.025	0.01	0.005
1	1.0000	3.0777	6.3138	12.7062	31.8207	63.6574
2	0.8165	1.8856	2.9200	4.3027	6.9646	9.9248
3	0.7649	1.6377	2.3534	3.1824	4.5407	5.8409
4	0.7407	1.5332	2.1318	2.7764	3.7469	4.6041
5	0.7267	1.4759	2.0150	2.5706	3.3649	4.0322
6	0.7176	1.4398	1.9432	2.4469	3.1427	3.7074
7	0.7111	1.4149	1.8946	2.3646	2.9980	3.4995
8	0.7064	1.3968	1.8595	2.3060	2.8965	3.3554

续上表

n	α					
	0.25	0.10	0.05	0.025	0.01	0.005
9	0.7027	1.3830	1.8331	2.2622	2.8214	3.2498
10	0.6998	1.3722	1.8125	2.2281	2.7638	3.1693
11	0.6974	1.3634	1.7959	2.2010	2.7181	3.1058
12	0.6955	1.3562	1.7823	2.1788	2.6810	3.0545
13	0.6938	1.3502	1.7709	2.1604	2.6503	3.0123
14	0.6924	1.3450	1.7613	2.1448	2.6245	2.9768
15	0.6912	1.3406	1.7531	2.1315	2.6025	2.9467
16	0.6901	1.3368	1.7459	2.1199	2.5835	2.9208
17	0.6892	1.3334	1.7396	2.1098	2.5669	2.8982
18	0.6884	1.3304	1.7341	2.1009	2.5524	2.8784
19	0.6876	1.3277	1.7291	2.0930	2.5395	2.8609
20	0.6870	1.3253	1.7247	2.0860	2.5280	2.8453
21	0.6864	1.3232	1.7207	2.0796	2.5177	2.8314
22	0.6858	1.3212	1.7171	2.0739	2.5083	2.8188
23	0.6853	1.3195	1.7139	2.0687	2.4999	2.8073
24	0.6848	1.3178	1.7109	2.0639	2.4922	2.7969
25	0.6844	1.3163	1.7081	2.0595	2.4851	2.7874
26	0.6840	1.3150	1.7058	2.0555	2.4786	2.7787
27	0.6837	1.3137	1.7033	2.0518	2.4727	2.7707
28	0.6834	1.3125	1.7011	2.0484	2.4671	2.7633
29	0.6830	1.3114	1.6991	2.0452	2.4620	2.7564
30	0.6828	1.3104	1.6973	2.0423	2.4573	2.7500
31	0.6825	1.3095	1.6955	2.0395	2.4528	2.7440
32	0.6822	1.3086	1.6939	2.0369	2.4487	2.7385
33	0.6820	1.3077	1.6924	2.0345	2.4448	2.7333
34	0.6818	1.3070	1.6909	2.0322	2.4411	2.7284
35	0.6816	1.3062	1.6896	2.0301	2.4377	2.7238
36	0.6814	1.3055	1.6883	2.0281	2.4345	2.7195
37	0.6812	1.3049	1.6871	2.0262	2.4314	2.7154
38	0.6810	1.3042	1.6860	2.0244	2.4286	2.7116
39	0.6808	1.3036	1.6849	2.0227	2.4258	2.7079
40	0.6807	1.3031	1.6839	2.0211	2.4233	2.7045
41	0.6805	1.3025	1.6829	2.0195	2.4208	2.7012
42	0.6804	1.3020	1.6820	2.0181	2.4185	2.6981
43	0.6802	1.3016	1.6811	2.0167	2.4163	2.6951
44	0.6801	1.3011	1.6802	2.0154	2.4141	2.6923
45	0.6800	1.3006	1.6794	2.0141	2.4121	2.6896

附表3 χ^2 分布表

$$P\{\chi^2(n) > \chi^2_\alpha(n)\} = \alpha$$

n	α					
	0.995	0.99	0.975	0.95	0.90	0.75
1	—	—	0.001	0.004	0.016	0.102
2	0.010	0.020	0.051	0.103	0.211	0.575
3	0.072	0.115	0.216	0.352	0.584	0.213
4	0.207	0.297	0.484	0.711	1.064	1.923
5	0.412	0.554	0.831	1.145	1.610	2.675
6	0.676	0.872	1.237	1.635	2.204	3.455
7	0.989	1.239	1.690	2.167	2.833	4.255
8	1.344	1.646	2.180	2.733	3.490	5.071
9	1.735	2.088	2.700	3.325	4.168	5.899
10	2.156	2.558	3.247	3.940	4.865	6.737
11	2.603	3.053	3.816	4.575	5.578	7.584
12	3.074	3.571	4.404	5.226	6.304	8.438
13	3.565	4.107	5.009	5.892	7.042	9.299
14	4.075	4.660	5.629	6.571	7.790	10.165
15	4.601	5.229	6.262	7.261	8.547	11.037
16	5.142	5.812	6.908	7.962	9.312	11.912
17	5.697	6.408	7.564	8.672	10.085	12.792
18	6.265	7.015	8.231	9.390	10.865	13.675
19	6.844	7.633	8.907	10.117	11.651	14.562
20	7.434	8.260	9.591	10.851	12.443	15.452
21	8.034	8.897	10.283	11.591	13.240	16.344
22	8.643	9.542	10.982	12.338	14.042	17.240
23	9.260	10.196	11.689	13.091	14.848	18.137
24	9.886	10.856	12.401	13.848	15.659	19.037
25	10.520	11.524	13.120	14.611	16.473	19.939
26	11.160	12.198	13.844	15.379	17.292	20.843
27	11.808	12.879	14.573	16.151	18.114	21.749
28	12.461	13.565	15.308	16.928	18.939	22.657
29	13.121	14.257	16.047	17.708	19.768	23.567

续上表

n	α					
	0.995	0.99	0.975	0.95	0.90	0.75
30	13.787	14.954	16.791	18.493	20.599	24.478
31	14.458	15.655	17.539	19.281	21.434	25.390
32	15.134	16.362	18.291	20.072	22.271	26.304
33	15.815	17.074	19.047	20.807	23.110	27.219
34	16.501	17.789	19.806	21.664	23.952	28.136
35	17.192	18.509	20.569	22.465	24.797	29.054
36	17.887	19.233	21.336	23.269	25.613	29.973
37	18.586	19.960	22.106	24.075	26.492	30.893
38	19.289	20.691	22.878	24.884	27.343	31.815
39	19.996	21.426	23.654	25.695	28.196	32.737
40	20.707	22.164	24.433	26.509	29.051	33.660
41	21.421	22.906	25.215	27.326	29.907	34.585
42	22.138	23.650	25.999	28.144	30.765	35.510
43	22.859	24.398	26.785	28.965	31.625	36.430
44	23.584	25.143	27.575	29.787	32.487	37.363
45	24.311	25.901	28.366	30.612	33.350	38.291
n	α					
	0.25	0.10	0.05	0.025	0.01	0.005
1	1.323	2.706	3.841	5.024	6.635	7.879
2	2.773	4.605	5.991	7.378	9.210	10.597
3	4.108	6.251	7.815	9.348	11.345	12.838
4	5.385	7.779	9.488	11.143	13.277	14.860
5	6.626	9.236	11.071	12.833	15.086	16.750
6	7.841	10.645	12.592	14.449	16.812	18.548
7	9.037	12.017	14.067	16.013	18.475	20.278
8	10.219	13.362	15.507	17.535	20.090	21.955
9	11.389	14.684	16.919	19.023	21.666	23.589
10	12.549	15.987	18.307	20.483	23.209	25.188
11	13.701	17.275	19.675	21.920	24.725	26.757
12	14.845	18.549	21.026	23.337	26.217	28.299
13	15.984	19.812	22.362	24.736	27.688	29.819
14	17.117	21.064	23.685	26.119	29.141	31.319
15	18.245	22.307	24.996	27.488	30.578	32.801

续上表

n	α					
	0.25	0.10	0.05	0.025	0.01	0.005
16	19.369	23.542	26.296	28.845	32.000	34.267
17	20.489	24.769	27.587	30.191	33.409	35.718
18	21.606	25.989	28.869	31.526	34.805	37.156
19	22.718	27.204	30.144	32.852	36.191	38.582
20	23.828	28.412	31.410	34.170	37.566	39.997
21	24.935	29.615	32.671	35.479	38.932	41.401
22	26.039	30.813	33.924	36.781	40.289	42.796
23	27.141	32.007	35.172	38.076	41.638	44.181
24	28.241	33.196	36.415	39.364	42.980	45.559
25	29.339	34.382	37.652	40.646	44.314	46.928
26	30.435	35.563	38.885	41.923	45.642	48.290
27	31.528	36.741	40.113	43.194	46.963	49.645
28	32.620	37.916	41.337	44.461	48.278	50.993
29	33.711	39.087	42.557	45.722	49.588	52.336
30	34.800	40.256	43.773	46.979	50.892	53.672
31	35.887	41.422	44.985	48.232	52.191	55.003
32	36.973	42.585	46.194	49.480	53.486	56.328
33	38.053	43.745	47.400	50.725	54.776	57.648
34	39.141	44.903	48.602	51.966	56.061	58.964
35	40.223	46.059	49.802	53.203	57.342	60.275
36	41.304	47.212	50.998	54.437	58.619	61.581
37	42.383	48.363	52.192	55.668	59.892	62.883
38	43.462	49.513	53.384	56.896	61.162	64.181
39	44.539	50.660	54.572	58.120	62.428	65.476
40	45.616	51.805	55.758	59.342	63.691	66.766
41	46.692	52.949	53.942	60.561	64.950	68.053
42	47.766	54.090	58.124	61.777	66.206	69.336
43	48.840	55.230	59.304	62.990	67.459	70.606
44	49.913	56.369	60.481	64.201	68.710	71.893
45	50.985	57.505	61.656	65.410	69.957	73.166

附表4　F 分布表

$$P\{F(n_1,n_2)>F_\alpha(n_1,n_2)\}=\alpha$$

n_2	n_1																		
	1	2	3	4	5	6	7	8	9	10	12	15	20	24	30	40	60	120	∞
	$\alpha=0.10$																		
1	39.86	49.50	53.59	55.83	57.24	58.20	58.91	59.44	59.86	60.19	60.71	61.22	61.74	62.00	62.26	62.53	62.79	63.06	63.33
2	8.53	9.00	9.16	9.24	9.29	9.33	9.35	9.37	9.38	9.39	9.41	9.42	9.44	9.45	9.46	9.47	9.47	9.48	9.49
3	5.54	5.46	5.39	5.34	5.31	5.28	5.27	5.25	5.24	5.23	5.22	5.20	5.18	5.18	5.17	5.16	5.15	5.14	5.13
4	4.54	4.32	4.19	4.11	4.05	4.01	3.98	3.95	3.94	3.92	3.90	3.87	3.84	3.83	3.82	3.80	3.79	3.78	3.76
5	4.06	3.78	3.62	3.52	3.45	3.40	3.37	3.34	3.32	3.30	3.27	3.24	3.21	3.19	3.17	3.16	3.14	3.12	3.10
6	3.78	3.46	3.29	3.18	3.11	3.05	3.01	2.98	2.96	2.94	2.90	2.87	2.84	2.82	2.80	2.78	2.76	2.74	2.72
7	3.59	3.26	3.07	2.96	2.88	2.83	2.78	2.75	2.72	2.70	2.67	2.63	2.59	2.58	2.56	2.54	2.51	2.49	2.47
8	3.46	3.11	2.92	2.81	2.73	2.67	2.62	2.59	2.56	2.54	2.50	2.46	2.42	2.40	2.38	2.36	2.34	2.32	2.29
9	3.36	3.01	2.81	2.69	2.61	2.55	2.51	2.47	2.44	2.42	2.38	2.34	2.30	2.28	2.25	2.23	2.21	2.18	2.16
10	3.29	2.92	2.73	2.61	2.52	2.46	2.41	2.38	2.35	2.32	2.28	2.24	2.20	2.18	2.16	2.13	2.11	2.08	2.06
11	3.23	2.86	2.66	2.54	2.45	2.39	2.34	2.30	2.27	2.25	2.21	2.17	2.12	2.10	2.08	2.05	2.03	2.00	1.97
12	3.18	2.81	2.61	2.48	2.39	2.33	2.28	2.24	2.21	2.19	2.15	2.10	2.06	2.04	2.01	1.99	1.96	1.93	1.90
13	3.14	2.76	2.56	2.43	2.35	2.28	2.23	2.20	2.16	2.14	2.10	2.05	2.01	1.98	1.96	1.93	1.90	1.88	1.85
14	3.10	2.73	2.52	2.39	2.31	2.24	2.19	2.15	2.12	2.10	2.05	2.01	1.96	1.94	1.91	1.89	1.86	1.83	1.80
15	3.07	2.70	2.49	2.36	2.27	2.21	2.16	2.12	2.09	2.06	2.02	1.97	1.92	1.90	1.87	1.85	1.82	1.79	1.76
16	3.05	2.67	2.46	2.33	2.24	2.18	2.13	2.09	2.06	2.03	1.99	1.94	1.89	1.87	1.84	1.81	1.78	1.75	1.72
17	3.03	2.64	2.44	2.31	2.22	2.15	2.10	2.06	2.03	2.00	1.96	1.91	1.86	1.84	1.81	1.78	1.75	1.72	1.69

续上表

n_2	n_1																		
	1	2	3	4	5	6	7	8	9	10	12	15	20	24	30	40	60	120	∞
18	3.01	2.62	2.42	2.29	2.20	2.13	2.08	2.04	2.00	1.98	1.93	1.89	1.84	1.81	1.78	1.75	1.72	1.69	1.66
19	2.99	2.61	2.40	2.27	2.18	2.11	2.06	2.02	1.98	1.96	1.91	1.86	1.81	1.79	1.76	1.73	1.70	1.67	1.63
20	2.97	2.59	2.38	2.25	2.16	2.09	2.04	2.00	1.96	1.94	1.89	1.84	1.79	1.77	1.74	1.71	1.68	1.64	1.61
21	2.96	2.57	2.36	2.23	2.14	2.08	2.02	1.98	1.95	1.92	1.87	1.83	1.78	1.75	1.72	1.69	1.66	1.62	1.59
22	2.95	2.56	2.35	2.22	2.13	2.06	2.01	1.97	1.93	1.90	1.86	1.81	1.76	1.73	1.70	1.67	1.64	1.60	1.57
23	2.94	2.55	2.34	2.21	2.11	2.05	1.99	1.95	1.92	1.89	1.84	1.80	1.74	1.72	1.69	1.66	1.62	1.59	1.55
24	2.93	2.54	2.33	2.19	2.10	2.04	1.98	1.94	1.91	1.88	1.83	1.78	1.73	1.70	1.67	1.64	1.61	1.57	1.53
25	2.92	2.53	2.32	2.18	2.09	2.02	1.97	1.93	1.89	1.87	1.82	1.77	1.72	1.69	1.66	1.63	1.59	1.56	1.52
26	2.91	2.52	2.31	2.17	2.08	2.01	1.96	1.92	1.88	1.86	1.81	1.76	1.71	1.68	1.65	1.61	1.58	1.54	1.50
27	2.90	2.51	2.30	2.17	2.07	2.00	1.95	1.91	1.87	1.85	1.80	1.75	1.70	1.67	1.64	1.60	1.57	1.53	1.49
28	2.89	2.50	2.29	2.16	2.06	2.00	1.94	1.90	1.87	1.84	1.79	1.74	1.69	1.66	1.63	1.59	1.56	1.52	1.48
29	2.89	2.50	2.28	2.15	2.06	1.99	1.93	1.89	1.86	1.83	1.78	1.73	1.68	1.65	1.62	1.58	1.55	1.51	1.47
30	2.88	2.49	2.28	2.14	2.05	1.98	1.93	1.88	1.85	1.82	1.77	1.72	1.67	1.64	1.61	1.57	1.54	1.50	1.46
40	2.84	2.44	2.23	2.09	2.00	1.93	1.87	1.83	1.79	1.76	1.71	1.66	1.61	1.57	1.54	1.51	1.47	1.42	1.38
60	2.79	2.39	2.18	2.04	1.95	1.87	1.82	1.77	1.74	1.71	1.66	1.60	1.54	1.51	1.48	1.44	1.40	1.35	1.29
120	2.75	2.35	2.13	1.99	1.90	1.82	1.77	1.72	1.68	1.65	1.60	1.55	1.48	1.45	1.41	1.37	1.32	1.26	1.19
∞	2.71	2.30	2.08	1.94	1.85	1.77	1.72	1.67	1.63	1.60	1.55	1.49	1.42	1.38	1.34	1.30	1.24	1.17	1.00
$\alpha=0.05$																			
1	161.4	199.5	215.7	224.6	230.2	234.0	236.8	238.9	240.5	241.9	243.9	245.9	248.0	249.1	250.1	251.1	252.2	253.3	254.3
2	18.51	19.00	19.16	19.25	19.30	19.33	19.35	19.37	19.38	19.40	19.41	19.43	19.45	19.45	19.46	19.47	19.48	19.49	19.50
3	10.13	9.55	9.28	9.12	9.01	8.94	8.89	8.85	8.81	8.79	8.74	8.70	8.66	8.64	8.62	8.59	8.57	8.55	8.53
4	7.71	6.94	6.59	6.39	6.26	6.16	6.09	6.04	6.00	5.96	5.91	5.86	5.80	5.77	5.75	5.72	5.69	5.66	5.63

续上表

n_2	n_1=1	2	3	4	5	6	7	8	9	10	12	15	20	24	30	40	60	120	∞
5	6.61	5.79	5.41	5.19	5.05	4.95	4.88	4.82	4.77	4.74	4.68	4.62	4.56	4.53	4.50	4.46	4.43	4.40	4.36
6	5.99	5.14	4.76	4.53	4.39	4.28	4.21	4.15	4.10	4.06	4.00	3.94	3.87	3.84	3.81	3.77	3.74	3.70	3.67
7	5.59	4.74	4.35	4.12	3.97	3.87	3.79	3.73	3.68	3.64	3.57	3.51	3.44	3.41	3.38	3.34	3.30	3.27	3.23
8	5.32	4.46	4.07	3.84	3.69	3.58	3.50	3.44	3.39	3.35	3.28	3.22	3.15	3.12	3.08	3.04	3.01	2.97	2.93
9	5.12	4.26	3.86	3.63	3.48	3.37	3.29	3.23	3.18	3.14	3.07	3.01	2.94	2.90	2.86	2.83	2.79	2.75	2.71
10	4.96	4.10	3.71	3.48	3.33	3.22	3.14	3.07	3.02	2.98	2.91	2.85	2.77	2.74	2.70	2.66	2.62	2.58	2.54
11	4.84	3.98	3.59	3.36	3.20	3.09	3.01	2.95	2.90	2.85	2.79	2.72	2.65	2.61	2.57	2.53	2.49	2.45	2.40
12	4.75	3.89	3.49	3.26	3.11	3.00	2.91	2.85	2.80	2.75	2.69	2.62	2.54	2.51	2.47	2.43	2.38	2.34	2.30
13	4.67	3.81	3.41	3.18	3.03	2.92	2.83	2.77	2.71	2.67	2.60	2.53	2.46	2.42	2.38	2.34	2.30	2.25	2.21
14	4.60	3.74	3.34	3.11	2.96	2.85	2.76	2.70	2.65	2.60	2.53	2.46	2.39	2.35	2.31	2.27	2.22	2.18	2.13
15	4.54	3.68	3.29	3.06	2.90	2.79	2.71	2.64	2.59	2.54	2.48	2.40	2.33	2.29	2.25	2.20	2.16	2.11	2.07
16	4.49	3.63	3.24	3.01	2.85	2.74	2.66	2.59	2.54	2.49	2.42	2.35	2.28	2.24	2.19	2.15	2.11	2.06	2.01
17	4.45	3.59	3.20	2.96	2.81	2.70	2.61	2.55	2.49	2.45	2.38	2.31	2.23	2.19	2.15	2.10	2.06	2.01	1.96
18	4.41	3.55	3.16	2.93	2.77	2.66	2.58	2.51	2.46	2.41	2.34	2.27	2.19	2.15	2.11	2.06	2.02	1.97	1.92
19	4.38	3.52	3.13	2.90	2.74	2.63	2.54	2.48	2.42	2.38	2.31	2.23	2.16	2.11	2.07	2.03	1.98	1.93	1.88
20	4.35	3.49	3.10	2.87	2.71	2.60	2.51	2.45	2.39	2.35	2.28	2.20	2.12	2.08	2.04	1.99	1.95	1.90	1.84
21	4.32	3.47	3.07	2.84	2.68	2.57	2.49	2.42	2.37	2.32	2.25	2.18	2.10	2.05	2.01	1.96	1.92	1.87	1.81
22	4.30	3.44	3.05	2.82	2.66	2.55	2.46	2.40	2.34	2.30	2.23	2.15	2.07	2.03	1.98	1.94	1.89	1.84	1.78
23	4.28	3.42	3.03	2.80	2.64	2.53	2.44	2.37	2.32	2.27	2.20	2.13	2.05	2.01	1.96	1.91	1.86	1.81	1.76
24	4.26	3.40	3.01	2.78	2.62	2.51	2.42	2.36	2.30	2.25	2.18	2.11	2.03	1.98	1.94	1.89	1.84	1.79	1.73
25	4.24	3.39	2.99	2.76	2.60	2.49	2.40	2.34	2.28	2.24	2.16	2.09	2.01	1.96	1.92	1.87	1.82	1.77	1.71
26	4.23	3.37	2.98	2.74	2.59	2.47	2.39	2.32	2.27	2.22	2.15	2.07	1.99	1.95	1.90	1.85	1.80	1.75	1.69

续上表

n_2	n_1																		
	1	2	3	4	5	6	7	8	9	10	12	15	20	24	30	40	60	120	∞
27	4.21	3.35	2.96	2.73	2.57	2.46	2.37	2.31	2.25	2.20	2.13	2.06	1.97	1.93	1.88	1.84	1.79	1.73	1.67
28	4.20	3.34	2.95	2.71	2.56	2.45	2.36	2.29	2.24	2.19	2.12	2.04	1.96	1.91	1.87	1.82	1.77	1.71	1.65
29	4.18	3.33	2.93	2.70	2.55	2.43	2.35	2.28	2.22	2.18	2.10	2.03	1.94	1.90	1.85	1.81	1.75	1.70	1.64
30	4.17	3.32	2.92	2.69	2.53	2.42	2.33	2.27	2.21	2.16	2.09	2.01	1.93	1.89	1.84	1.79	1.74	1.68	1.62
40	4.08	3.23	2.84	2.61	2.45	2.34	2.25	2.18	2.12	2.08	2.00	1.92	1.84	1.79	1.74	1.69	1.64	1.58	1.51
60	4.00	3.15	2.76	2.53	2.37	2.25	2.17	2.10	2.04	1.99	1.92	1.84	1.75	1.70	1.65	1.59	1.53	1.47	1.39
120	3.92	3.07	2.68	2.45	2.29	2.17	2.09	2.02	1.96	1.91	1.83	1.75	1.66	1.61	1.55	1.50	1.43	1.35	1.25
∞	3.84	3.00	2.60	2.37	2.21	2.10	2.01	1.94	1.88	1.83	1.75	1.67	1.57	1.52	1.46	1.39	1.32	1.22	1.00
$\alpha=0.025$																			
1	647.8	799.5	864.2	899.6	921.8	937.1	948.2	956.7	963.3	968.6	976.7	984.9	993.1	997.2	1001	1006	1010	1014	1018
2	38.51	39.00	39.17	39.25	39.30	39.33	39.36	39.37	39.39	39.40	39.41	39.43	39.45	39.46	39.46	39.47	39.48	39.49	39.50
3	17.44	16.04	15.44	15.10	14.88	14.73	14.62	14.54	14.47	14.42	14.34	14.25	14.17	14.12	14.08	14.04	13.99	13.95	13.90
4	12.22	10.65	9.98	9.60	9.36	9.20	9.07	8.98	8.90	8.84	8.75	8.66	8.56	8.51	8.46	8.41	8.36	8.31	8.26
5	10.01	8.43	7.76	7.39	7.15	6.98	6.85	6.76	6.68	6.62	6.52	6.43	6.33	6.28	6.23	6.18	6.12	6.07	6.02
6	8.81	7.26	6.60	6.23	5.99	5.82	5.70	5.60	5.52	5.46	5.37	5.27	5.17	5.12	5.07	5.01	4.96	4.90	4.85
7	8.07	6.54	5.89	5.52	5.29	5.12	4.99	4.90	4.82	4.76	4.67	4.57	4.47	4.42	4.36	4.31	4.25	4.20	4.14
8	7.57	6.06	5.42	5.05	4.82	4.65	4.53	4.43	4.36	4.30	4.20	4.10	4.00	3.95	3.89	3.84	3.78	3.73	3.67
9	7.21	5.71	5.08	4.72	4.48	4.23	4.20	4.10	4.03	3.96	3.87	3.77	3.67	3.61	3.56	3.51	3.45	3.39	3.33
10	6.94	5.46	4.83	4.47	4.24	4.07	3.95	3.85	3.78	3.72	3.62	3.52	3.42	3.37	3.31	3.26	3.20	3.14	3.08
11	6.72	5.26	4.63	4.28	4.04	3.88	3.76	3.66	3.59	3.53	3.43	3.33	3.23	3.17	3.12	3.06	3.00	2.94	2.88
12	6.55	5.10	4.47	4.12	3.89	3.73	3.61	3.51	3.44	3.37	3.28	3.18	3.07	3.02	2.96	2.91	2.85	2.79	2.72
13	6.41	4.97	4.35	4.00	3.77	3.60	3.48	3.39	3.31	3.25	3.15	3.05	2.95	2.89	2.84	2.78	2.72	2.66	2.60

续上表

n_2	n_1 1	2	3	4	5	6	7	8	9	10	12	15	20	24	30	40	60	120	∞
14	6.30	4.86	4.24	3.89	3.66	3.50	3.38	3.29	3.21	3.15	3.05	2.95	2.84	2.79	2.73	2.67	2.61	2.55	2.49
15	6.20	4.77	4.15	3.80	3.58	3.41	3.29	3.20	3.12	3.06	2.96	2.86	2.76	2.70	2.64	2.59	2.52	2.46	2.40
16	6.12	4.69	4.08	3.73	3.50	3.34	3.22	3.12	3.05	2.99	2.89	2.79	2.68	2.63	2.57	2.51	2.45	2.38	2.32
17	6.04	4.62	4.01	3.66	3.44	3.28	3.16	3.06	2.98	2.92	2.82	2.72	2.62	2.56	2.50	2.44	2.38	2.32	2.25
18	5.98	4.56	3.95	3.61	3.38	3.22	3.10	3.01	2.93	2.87	2.77	2.67	2.56	2.50	2.44	2.38	2.32	2.26	2.19
19	5.92	4.51	3.90	3.56	3.33	3.17	3.05	2.96	2.88	2.82	2.72	2.62	2.51	2.45	2.39	2.33	2.27	2.20	2.13
20	5.87	4.46	3.86	3.51	3.29	3.13	3.01	2.91	2.84	2.77	2.68	2.57	2.46	2.41	2.35	2.29	2.22	2.16	2.09
21	5.83	4.42	3.82	3.48	3.25	3.09	2.97	2.87	2.80	2.73	2.64	2.53	2.42	2.37	2.31	2.25	2.18	2.11	2.04
22	5.79	4.38	3.78	3.44	3.22	3.05	2.93	2.84	2.76	2.70	2.60	2.50	2.39	2.33	2.27	2.21	2.14	2.08	2.00
23	5.75	4.35	3.75	3.41	3.18	3.02	2.90	2.81	2.73	2.67	2.57	2.47	2.36	2.30	2.24	2.18	2.11	2.04	1.97
24	5.72	4.32	3.72	3.38	3.15	2.99	2.87	2.78	2.70	2.64	2.54	2.44	2.33	2.27	2.21	2.15	2.08	2.01	1.94
25	5.69	4.29	3.69	3.35	3.13	2.97	2.85	2.75	2.68	2.61	2.51	2.41	2.30	2.24	2.18	2.12	2.05	1.98	1.91
26	5.66	4.27	3.67	3.33	3.10	2.94	2.82	2.73	2.65	2.59	2.49	2.39	2.28	2.22	2.16	2.09	2.03	1.95	1.88
27	5.63	4.24	3.65	3.31	3.08	2.92	2.80	2.71	2.63	2.57	2.47	2.36	2.25	2.19	2.13	2.07	2.00	1.93	1.85
28	5.61	4.22	3.63	3.29	3.06	2.90	2.78	2.69	2.61	2.55	2.45	2.34	2.23	2.17	2.11	2.05	1.98	1.91	1.83
29	5.59	4.20	3.61	3.27	3.04	2.88	2.76	2.67	2.59	2.53	2.43	2.32	2.21	2.15	2.09	2.03	1.96	1.89	1.81
30	5.57	4.18	3.59	3.25	3.03	2.87	2.75	2.65	2.57	2.51	2.41	2.31	2.20	2.14	2.07	2.01	1.94	1.87	1.79
40	5.42	4.05	3.46	3.13	2.90	2.74	2.62	2.53	2.45	2.39	2.29	2.18	2.07	2.01	1.94	1.88	1.80	1.72	1.64
60	5.29	3.93	3.34	3.01	2.79	2.63	2.51	2.41	2.33	2.27	2.17	2.06	1.94	1.88	1.82	1.74	1.67	1.58	1.48
120	5.15	3.80	3.23	2.89	2.67	2.52	2.39	2.30	2.22	2.16	2.05	1.94	1.82	1.76	1.69	1.61	1.53	1.43	1.31
∞	5.02	3.69	3.12	2.79	2.57	2.41	2.29	2.19	2.11	2.05	1.94	1.83	1.71	1.64	1.57	1.48	1.39	1.27	1.00

续上表

n_2	n_1 = 1	2	3	4	5	6	7	8	9	10	12	15	20	24	30	40	60	120	∞
	$\alpha=0.01$																		
1	4052	4999.5	5403	5625	5764	5859	5928	5982	6022	6056	6106	6157	6209	6235	6261	6287	6313	6339	6366
2	98.50	99.00	99.17	99.25	99.30	99.33	99.36	99.37	99.39	99.40	99.42	99.43	99.45	99.46	99.47	99.47	99.48	99.49	99.50
3	34.12	30.82	29.46	28.71	28.24	27.91	27.67	27.49	27.35	27.23	27.05	26.87	26.69	26.60	26.50	26.41	26.32	26.22	26.13
4	21.20	18.00	16.69	15.98	15.52	15.21	14.98	14.80	14.66	14.55	14.37	14.20	14.02	13.93	13.84	13.75	13.65	13.56	13.46
5	16.26	13.27	12.06	11.39	10.97	10.67	10.46	10.29	10.16	10.05	9.89	9.72	9.55	9.47	9.38	9.29	9.20	9.11	9.02
6	13.75	10.92	9.78	9.15	8.75	8.47	8.26	8.10	7.98	7.87	7.72	7.56	7.40	7.31	7.23	7.14	7.06	6.97	6.88
7	12.25	9.55	8.45	7.85	7.46	7.19	6.99	6.84	6.72	6.62	6.47	6.31	6.16	6.07	5.99	5.91	5.82	5.74	5.65
8	11.26	8.65	7.59	7.01	6.63	6.37	6.18	6.03	5.91	5.81	5.67	5.52	5.36	5.28	5.20	5.12	5.03	4.95	4.86
9	10.56	8.02	6.99	6.42	6.06	5.80	5.61	5.47	5.35	5.26	5.11	4.96	4.81	4.73	4.65	4.57	4.48	4.40	4.31
10	10.04	7.56	6.55	5.99	5.64	5.39	5.20	5.06	4.94	4.85	4.71	4.56	4.41	4.33	4.25	4.17	4.08	4.00	3.91
11	9.65	7.21	6.22	5.67	5.32	5.07	4.89	4.74	4.63	4.54	4.40	4.25	4.10	4.02	3.94	3.86	3.78	3.69	3.60
12	9.33	6.93	5.95	5.41	5.06	4.82	4.64	4.50	4.39	4.30	4.16	4.01	3.86	3.78	3.70	3.62	3.54	3.45	3.36
13	9.07	6.70	5.74	5.21	4.86	4.62	4.44	4.30	4.19	4.10	3.96	3.82	3.66	3.59	3.51	3.43	3.34	3.25	3.17
14	8.86	6.51	5.56	5.04	4.69	4.46	4.28	4.14	4.03	3.94	3.80	3.66	3.51	3.43	3.35	3.27	3.18	3.09	3.00
15	8.68	6.36	5.42	4.89	4.56	4.32	4.14	4.00	3.89	3.80	3.67	3.52	3.37	3.29	3.21	3.13	3.05	2.96	2.87
16	8.53	6.23	5.29	4.77	4.44	4.20	4.03	3.89	3.78	3.69	3.55	3.41	3.26	3.18	3.10	3.02	2.93	2.84	2.75
17	8.40	6.11	5.18	4.67	4.34	4.10	3.93	3.79	3.68	3.59	3.46	3.31	3.16	3.08	3.00	2.92	2.83	2.75	2.65
18	8.29	6.01	5.09	4.58	4.25	4.01	3.84	3.71	3.60	3.51	3.37	3.23	3.08	3.00	2.92	2.84	2.75	2.66	2.57
19	8.18	5.93	5.01	4.50	4.17	3.94	3.77	3.63	3.52	3.43	3.30	3.15	3.00	2.92	2.84	2.76	2.67	2.58	2.49
20	8.10	5.85	4.94	4.43	4.10	3.87	3.70	3.56	3.46	3.37	3.23	3.09	2.94	2.86	2.78	2.69	2.61	2.52	2.42
21	8.02	5.78	4.87	4.37	4.04	3.81	3.64	3.51	3.40	3.31	3.17	3.03	2.88	2.80	2.72	2.64	2.55	2.46	2.36
22	7.95	5.72	4.82	4.31	3.99	3.76	3.59	3.45	3.35	3.26	3.12	2.98	2.83	2.75	2.67	2.58	2.50	2.40	2.31

续上表

n_2	n_1																		
	1	2	3	4	5	6	7	8	9	10	12	15	20	24	30	40	60	120	∞
23	7.88	5.66	4.76	4.26	3.94	3.71	3.54	3.41	3.30	3.21	3.07	2.93	2.78	2.70	2.62	2.54	2.45	2.35	2.26
24	7.82	5.61	4.72	4.22	3.90	3.67	3.50	3.36	3.26	3.17	3.03	2.89	2.74	2.66	2.58	2.49	2.40	2.31	2.21
25	7.77	5.57	4.68	4.18	3.85	3.63	3.46	3.32	3.22	3.13	2.99	2.85	2.70	2.62	2.54	2.45	2.36	2.27	2.17
26	7.72	5.53	4.64	4.14	3.82	3.59	3.42	3.29	3.18	3.09	2.96	2.81	2.66	2.58	2.50	2.42	2.33	2.23	2.13
27	7.68	5.49	4.60	4.11	3.78	3.56	3.39	3.26	3.15	3.06	2.93	2.78	2.63	2.55	2.47	2.38	2.29	2.20	2.10
28	7.64	5.45	4.57	4.07	3.75	3.53	3.36	3.23	3.12	3.03	2.90	2.75	2.60	2.52	2.44	2.35	2.26	2.17	2.06
29	7.60	5.42	4.54	4.04	3.73	3.50	3.33	3.20	3.09	3.00	2.87	2.73	2.57	2.49	2.41	2.33	2.23	2.14	2.03
30	7.56	5.39	4.51	4.02	3.70	3.47	3.30	3.17	3.07	2.98	2.84	2.70	2.55	2.47	2.39	2.30	2.21	2.11	2.01
40	7.31	5.18	4.31	3.83	3.51	3.29	3.12	2.99	2.89	2.80	2.66	2.52	2.37	2.29	2.20	2.11	2.02	1.92	1.80
60	7.08	4.98	4.13	3.65	3.34	3.12	2.95	2.82	2.72	2.63	2.50	2.35	2.20	2.12	2.03	1.94	1.84	1.73	1.60
120	6.85	4.79	3.95	3.48	3.17	2.96	2.79	2.66	2.56	2.47	2.34	2.19	2.03	1.95	1.86	1.76	1.66	1.53	1.38
∞	6.63	4.61	3.78	3.32	3.02	2.80	2.64	2.51	2.41	2.32	2.18	2.04	1.88	1.79	1.70	1.59	1.47	1.32	1.00
$\alpha = 0.005$																			
1	16211	20000	21615	22500	23056	23437	23715	23925	24091	24224	24426	24630	24836	24940	25044	25148	25253	25359	25465
2	198.5	199.0	199.2	199.2	199.3	199.3	199.4	199.4	199.4	199.4	199.4	199.4	199.4	199.5	199.5	199.5	199.5	199.5	199.5
3	55.55	49.80	47.47	46.19	45.39	44.84	44.43	44.13	43.88	43.69	43.39	43.08	42.78	42.62	42.47	42.31	42.15	41.99	41.83
4	31.33	26.28	24.26	23.15	22.46	21.97	21.62	21.35	21.14	20.97	20.70	20.44	20.17	20.03	19.89	19.75	19.61	19.47	19.32
5	22.78	18.31	16.53	15.56	14.94	14.51	14.20	13.96	13.77	13.62	13.38	13.15	12.90	12.78	12.66	12.53	12.40	12.27	12.14
6	18.63	14.54	12.92	12.03	11.46	11.07	10.79	10.57	10.39	10.25	10.03	9.81	9.59	9.47	9.36	9.24	9.12	9.00	8.88
7	16.24	12.40	10.88	10.05	9.52	9.16	8.89	8.68	8.51	8.38	8.18	7.97	7.75	7.65	7.53	7.42	7.31	7.19	7.08
8	14.69	11.04	9.60	8.81	8.30	7.95	7.69	7.50	7.34	7.21	7.01	6.81	6.61	6.50	6.40	6.29	6.18	6.06	5.95
9	13.61	10.11	8.72	7.96	7.47	7.13	6.88	6.69	6.54	6.42	6.23	6.03	5.83	5.73	5.62	5.52	5.41	5.30	5.19
10	12.83	9.43	8.08	7.34	6.87	6.54	6.30	6.12	5.97	5.85	5.66	5.47	5.27	5.17	5.07	4.97	4.86	4.75	4.64

续上表

n_2	n_1																		
	1	2	3	4	5	6	7	8	9	10	12	15	20	24	30	40	60	120	∞
11	12.23	8.91	7.60	6.88	6.42	6.10	5.86	5.68	5.54	5.42	5.24	5.05	4.86	4.76	4.65	4.55	4.44	4.34	4.23
12	11.75	8.51	7.23	6.52	6.07	5.76	5.52	5.35	5.20	5.09	4.91	4.72	4.53	4.43	4.33	4.23	4.12	4.01	3.90
13	11.37	8.19	6.93	6.23	5.79	5.48	5.25	5.08	4.94	4.82	4.64	4.46	4.27	4.17	4.07	3.97	3.87	3.76	3.65
14	11.06	7.92	6.68	6.00	5.56	5.26	5.03	4.86	4.72	4.60	4.43	4.25	4.06	3.96	3.86	3.76	3.66	3.55	3.44
15	10.80	7.70	6.48	5.80	5.37	5.07	4.85	4.67	4.54	4.42	4.25	4.07	3.88	3.79	3.69	3.58	3.48	3.37	3.26
16	10.58	7.51	6.30	5.64	5.21	4.91	4.69	4.52	4.38	4.27	4.10	3.92	3.73	3.64	3.54	3.44	3.33	3.22	3.11
17	10.38	7.35	6.16	5.50	5.07	4.78	4.56	4.39	4.25	4.14	3.97	3.79	3.61	3.51	3.41	3.31	3.21	3.10	2.98
18	10.22	7.21	6.03	5.37	4.96	4.66	4.44	4.28	4.14	4.03	3.86	3.68	3.50	3.40	3.30	3.20	3.10	2.99	2.87
19	10.07	7.09	5.92	5.27	4.85	4.56	4.34	4.18	4.04	3.93	3.76	3.59	3.40	3.31	3.21	3.11	3.00	2.89	2.78
20	9.94	6.99	5.82	5.17	4.76	4.47	4.26	4.09	3.96	3.85	3.68	3.50	3.32	3.22	3.12	3.02	2.92	2.81	2.69
21	9.83	6.89	5.73	5.09	4.68	4.39	4.18	4.01	3.88	3.77	3.60	3.43	3.24	3.15	3.05	2.95	2.84	2.73	2.61
22	9.73	6.81	5.65	5.02	4.61	4.32	4.11	3.94	3.81	3.70	3.54	3.36	3.18	3.08	2.98	2.88	2.77	2.66	2.55
23	9.63	6.73	5.58	4.95	4.54	4.26	4.05	3.88	3.75	3.64	3.47	3.30	3.12	3.02	2.92	2.82	2.71	2.60	2.48
24	9.55	6.66	5.52	4.89	4.49	4.20	3.99	3.83	3.69	3.59	3.42	3.25	3.06	2.97	2.87	2.77	2.66	2.55	2.43
25	9.48	6.60	5.46	4.84	4.43	4.15	3.94	3.78	3.64	3.54	3.37	3.20	3.01	2.92	2.82	2.72	2.61	2.50	2.38
26	9.41	6.54	5.41	4.79	4.38	4.10	3.89	3.73	3.60	3.49	3.33	3.15	2.97	2.87	2.77	2.67	2.56	2.45	2.33
27	9.34	6.49	5.36	4.74	4.34	4.06	3.85	3.69	3.56	3.45	3.28	3.11	2.93	2.83	2.73	2.63	2.52	2.41	2.29
28	9.28	6.44	5.32	4.70	4.30	4.02	3.81	3.65	3.52	3.41	3.25	3.07	2.89	2.79	2.69	2.59	2.48	2.37	2.25
29	9.23	6.40	5.28	4.66	4.26	3.98	3.77	3.61	3.48	3.38	3.21	3.04	2.86	2.76	2.66	2.56	2.45	2.33	2.21
30	9.18	6.35	5.24	4.62	4.23	3.95	3.74	3.58	3.45	3.34	3.18	3.01	2.82	2.73	2.63	2.52	2.42	2.30	2.18
40	8.83	6.07	4.98	4.37	3.99	3.71	3.51	3.35	3.22	3.12	2.95	2.78	2.60	2.50	2.40	2.30	2.18	2.06	1.93
60	8.49	5.79	4.73	4.14	3.76	3.49	3.29	3.13	3.01	2.90	2.74	2.57	2.39	2.29	2.19	2.08	1.96	1.83	1.69
120	8.18	5.54	4.50	3.92	3.55	3.28	3.09	2.93	2.81	2.71	2.54	2.37	2.19	2.09	1.98	1.87	1.75	1.61	1.43
∞	7.88	5.30	4.28	3.72	3.35	3.09	2.90	2.74	2.62	2.52	2.36	2.19	2.00	1.90	1.79	1.67	1.53	1.36	1.00

参考文献

[1] 蔡丽艳.数据挖掘算法及其应用研究[M].成都:电子科技大学出版社,2013.

[2] 杨晓帆,陈廷槐.人工神经网络固有的优点和缺点[J].计算机科学,1994,21(2):23-26.

[3] 沈清,胡德文,时春.神经网络应用技术[M].长沙:国防科技大学出版社,1993.

[4] 邹阿金,张雨浓.基函数神经网络及应用[M].广州:中山大学出版社,2009.

[5] 徐丽娜.神经网络控制[M].3版.北京:电子工业出版社,2009.

[6] 李学桥,马莉.神经网络·工程应用[M].重庆:重庆大学出版社,1996.

[7] CORTES C,VAPNIK V. Support-vector networks[J]. Machine Learning,1995,20(3):273-297.

[8] VAPNIK V N. The nature of statistical learning theory[M]. New York:Springer,1996.

[9] VAPNIK V N. Statistical learning theory[M]. New York:Wiley,1998.

[10] 谷雨.基于支持向量机的入侵检测算法研究[M].西安:西安交通大学出版社,2011.

[11] 刘大莲.稀疏非平行支持向量机与最优化[M].北京:北京邮电大学出版社,2017.

[12] CRISTIANINI N,SHAWE-TAYLOR J.支持向量机导论[M].李国正,王猛,曾华军,译.北京:电子工业出版社,2004.

[13] SHAWE-TAYLOR J,CRISTIANINI N.模式分析的核方法[M].赵玲玲,翁苏明,曾华军,等译.北京:机械工业出版社,2006.

[14] 洪旭,彭勇波,李杰.脉动风速随机傅里叶谱模型的参数聚类分析[J].同济大学学报(自然科学版),2018,46(6):715-721,736.

[15] 孙佳龙,沈立祥,李太春.聚类分析在地球物理学研究中的应用[M].武汉:武汉大学出版社,2018.

[16] 侯钦宽,雍睿,杜时贵,等.基于编网算法的岩体结构面优势产状聚类分析[J].岩石力学与工程学报,2020,39(S1):2871-2881.

[17] 程东东,黄金龙,朱庆生.基于自然邻居的聚类分析和离群检测算法研究[M].上海:上海交通大学出版社,2019.

[18] 于秀林,任雪松.多元统计分析[M].北京:中国统计出版社,1999.

[19] 王学民.应用多元分析[M].2版.上海:上海财经大学出版社,2004.

[20] 王静敏.多元统计分析方法:SPSS软件应用[M].长春:吉林人民出版社,2003.

[21] 李亚杰.多元统计分析[M].北京:北京邮电大学出版社,2018.

[22] 胡文生,杨剑锋,张豹.大数据经典算法简介[M].成都:电子科技大学出版社,2017.

[23] 冯宪彬,丁蕊.改进型遗传算法及其应用[M].北京:冶金工业出版社,2016.

[24] 颜雪松,伍庆华,胡成玉.遗传算法及其应用[M].武汉:中国地质大学出版社,2018.

[25] 陆金桂,李谦,王浩,等.遗传算法原理及其工程应用[M].徐州:中国矿业大学出版社,1997.

[26] 熊赟,朱扬勇,陈志渊.大数据挖掘[M].上海:上海科学技术出版社,2016.

[27] 孟海东,宋宇辰.大数据挖掘技术与应用[M].北京:冶金工业出版社,2014.

[28] 郝志峰.数据科学与数学建模[M].武汉:华中科技大学出版社,2019.

[29] 陶再平.基于约束的关联规则挖掘[M].杭州:浙江工商大学出版社,2012.

[30] 石洪波. 贝叶斯分类方法研究[M]. 北京:中国科学技术出版社,2005.
[31] 訾小艳. 贝叶斯网基础及应用[M]. 武汉:武汉大学出版社,2019.
[32] 蒋良孝,李超群. 贝叶斯网络分类器:算法与应用[M]. 武汉:中国地质大学出版社,2015.
[33] 王双成. 贝叶斯网络学习、推理与应用[M]. 上海:立信会计出版社,2010.
[34] 熊慧素,黎玉兰,杨明桂. SPSS 统计分析案例教程[M]. 上海:上海交通大学出版社,2017.
[35] 何晓群,刘文卿. 应用回归分析[M]. 5 版. 北京:中国人民大学出版社,2019.
[36] 王黎明. 回归分析:概念、方法和应用[M]. 上海:上海财经大学出版社,2019.
[37] 王黎明,陈颖,杨楠. 应用回归分析[M]. 2 版. 上海:复旦大学出版社,2018.
[38] 周建成,杨贱秀. 回归分析在混凝土配合比设计中的应用[J]. 南昌水专学报,2004,23(3):48-49,56.
[39] 何晓群,闵素芹. 实用回归分析[M]. 2 版. 北京:高等教育出版社,2014.
[40] 龚文惠,李鹏,罗重阳. 土工试验中回归分析法的应用[J]. 华中科技大学学报(城市科学版),2006(z1):34-35.
[41] 黄声享,严晖,蒋征. 变形监测数据处理[M]. 2 版. 武汉:武汉大学出版社,2010.
[42] 盛骤,谢式千,潘承毅. 概率论与数理统计[M]. 5 版. 北京:高等教育出版社,2019.
[43] 马阳明,朱方霞,陈佩树,等. 应用概率与数理统计[M]. 2 版. 合肥:中国科学技术大学出版社,2018.
[44] 王学刚,李瑞峰. 基于 BP 神经网络高风险隧道围岩判定模型的研究[J]. 路基工程,2015(6):187-190,196.
[45] 张建伟. Origin 9. 0 科技绘图与数据分析超级学习手册[M]. 北京:人民邮电出版社,2020.